U0352742

海盗分金博弈

讨价还价博弈

博弈论

事业与人生的成功之道

圣铎◎编著

四川人民出版社

图书在版编目（CIP）数据

博弈论：事业与人生的成功之道/圣铎编著．--
成都：四川人民出版社，2019.5
ISBN 978-7-220-11057-3

Ⅰ．①博… Ⅱ．①圣… Ⅲ．①博弈论—通俗读物
Ⅳ．① O225-49

中国版本图书馆 CIP 数据核字 (2018) 第 239008 号

BOYI LUN：SHIYE YU RENSHENG DE CHENGGONGZHIDAO

博弈论：事业与人生的成功之道

圣铎　编著

出 版 人	黄立新
策划组稿	张明辉
编辑统筹	罗晓春
责任编辑	薛玉茹　张东升
营销策划	张明辉
插画绘制	金版文化
封面设计	黄健民
责任校对	申婷婷
责任印刷	许　茜
出版发行	四川人民出版社（成都槐树街2号）
网　　址	http：//www.scpph.com
E-mail	sarmcbs@sina.com
新浪微博	@四川人民出版社
微信公众号	四川人民出版社
发行部业务电话	（028）86259624　86259453
防盗版举报电话	（028）86259624
印　　刷	深圳市雅佳图印刷有限公司
成品尺寸	135mm×180mm
印　　张	14
字　　数	300千
版　　次	2019年5月第1版
印　　次	2019年5月第1次印刷
书　　号	ISBN 978-7-220-11057-3
定　　价	42.80元

前言

Preface

　　博弈论，又称对策论，是使用严谨的数学模型研究冲突对抗条件下最优决策问题的理论。作为一门正式学科，博弈论是在20世纪40年代形成并发展起来的。它原是数学运筹中的一个支系，用来处理博弈各方参与者最理想的决策和行为的均衡，或帮助具有理性的竞赛者找到他们应采用的最佳策略。在博弈中，每个参与者都在特定条件下争取其最大利益。博弈的结果，不仅取决于某个参与者的行动，还取决于其他参与者的行动。

　　当下社会，人际交往日趋频繁，人们越来越相互依赖又相互制约，彼此的关系日益复杂了。不管懂不懂博弈论，你都处在这世事的弈局之中，都在不断地博弈着。我们日常的工作和生活就是不停的博弈决策过程。我们几乎每天都面对各种各样的选择，在各种选择中进行适当的决策。工作中，关注领导、同事，据此采取适当的对策。平日生活里，结交哪些人当朋友，选择谁做伴侣，其实都处在博弈之中。这样看来，人生仿佛很累，但事实就是如此，博弈就是无处不在的真实策略"游戏"。古语有云，世事如棋。生活中每个人如同棋手，每一个行为如同在一张看不见的棋盘上布一个子，精明慎重的棋手们相互揣摩、相互牵制，人人争赢，下出诸多精彩纷呈、变化多端的棋局。在社会的博弈中，人与人之间的对立与斗争会淋漓尽致地呈现出来。博弈论的伟大之处正在于其通过规则、身份、信息、行动、效用、平衡等各种量化概念对人情世事进行了精妙的分析，清晰地揭示了当下社会中人们的各种互动行为、互动关系，为人们正确决策提供了指导。如果将博弈论与下围棋联系在一起，那么博弈论就是研究棋手们"出棋"时理性化、逻辑化的部分，并将其系统化为一门科学。

目前，博弈论在经济学中占据越来越重要的地位，在商战中被频繁地运用。此外，它在国际关系、政治学、军事战略以及其他很多领域也都得到了广泛的应用，甚至人际关系的互动、夫妻关系的协调、职场关系的竞争、商场关系的出招、股市基金的投资等等，都可以用博弈论的思维加以解决。总之，博弈无处不在，从古至今，从战场到商场、从政治到管理、从恋爱到婚姻、从生活到工作……几乎每一个人类行为都离不开博弈。现实生活中，如果你能够掌握博弈智慧，就会发现身边的每一件让你头痛的小事，从夫妻吵架到要求加薪，都能够借用博弈智慧达到自己的目的。而一旦你能够在生活和工作的各个方面把博弈智慧运用得游刃有余，成功也就在不远处向你招手了。

博弈是智慧的较量，互为攻守却又相互制约。有人的地方就有竞争，有竞争的地方就有博弈。人生充满博弈，若想在现代社会做一个强者，就必须懂得博弈的运用。本书用轻松活泼的语言对博弈论的基本原理进行了深入浅出的探讨，详细介绍了各类博弈模型的内涵、适用范围、作用形式，将原本深奥的博弈论通俗化、简单化。同时，对博弈论在政治、管理、营销、信息战及人们日常的工作和生活中的应用做了详尽而深入的剖析。通过本书，读者可以了解博弈论的来龙去脉，掌握博弈论的精义，开阔眼界，提高自己的博弈水平和决策能力，将博弈论的原理和规则运用到自己的人生实践中，面对问题做出理性选择，避免盲目行动，在人生博弈的大棋局中占据优势，获得事业的成功和人生的幸福。

目录
CONTENTS

第一篇　博弈论入门

第二篇　纳什均衡

第三篇　囚徒博弈

第四篇　走出囚徒困境

第五篇　智猪博弈

第六篇　猎鹿博弈

第七篇　酒吧博弈

第八篇　枪手博弈

第九篇　警察与小偷博弈

第十篇　斗鸡博弈

第十一篇　协和博弈

第十二篇　海盗分金博弈

第十三篇　讨价还价博弈

第十四篇　路径依赖中的博弈

第十五篇　营销中的博弈

第十六篇　博弈是一场信息战

 第十七篇　私有信息与公共知识

第十八篇 概率、风险与边缘策略

第十九篇 威胁与承诺：胡萝卜加大棒

第一篇

博弈论入门

PART

01

什么是博弈论：
从囚徒困境说起

  一天，警局接到报案，一位富翁被杀死在自己的别墅中，家中的财物也被洗劫一空。经过多方调查，警方最终将嫌疑人锁定在杰克和亚当身上，因为事发当晚有人看到他们两个神色慌张地从被害人的家中跑出来。警方到两人的家中进行搜查，结果发现了一部分被害人家中失窃的财物，于是将二人作为谋杀和盗窃嫌疑人拘留。

  但是，到了拘留所里，两人都矢口否认自己杀过人，他们辩称自己只是路过那里，想进去偷点东西，结果进去的时候发现主人已经被人杀死了，于是他们随便拿了点东西走了。这样的解释不能让人信服，再说，谁都知道在量刑方面杀人要比盗窃严重得多。警察决定将两人隔离审讯。

  隔离审讯的时候，警察告诉杰克："尽管你们不承认，但是我知道人就是你们两个杀的，事情早晚会水落石出。现在我给你一个坦白的机会，如果你坦白了，亚当拒不承认，那你就是主动自首，同时协助警方破案，你将被立即释放，亚当则要坐10年牢；如果你们都坦白了，每人坐8年牢；都不坦白的话，可能以入室盗窃罪判你们每人1年，如何选择你自己想一想吧。"同样的话，警察也说给了亚当。

一般人可能认为杰克和亚当都会选择不坦白，这样他们只能以入室盗窃的罪名被判刑，每人只需坐1年牢。这对于两人来说是一个最好的结局。可结果会是这样的吗？答案是否定的，两人都选择了招供，结果两人各被判了8年。

事情为什么会这样呢？杰克和亚当为什么会做出这样"不理智"的选择呢？其实，这种结果正是两人的理智造成的。我们先看一下两人坦白与否及其结局的矩阵图：

亚当

		坦白	不坦白
杰克	坦白	（8，8）	（0，10）
	不坦白	（10，0）	（1，1）

当警察把坦白与否的后果告诉杰克的时候，杰克心中就会开始盘算坦白对自己有利，还是不坦白对自己有利。杰克会想，如果选择坦白，要么当即释放，要么同亚当一起坐8年牢；如果选择不坦白，虽然可能只坐1年牢，但也可能坐10年牢。虽然（1，1）对两人而言是最好的一种结局，但是由于是被分开审讯，信息不通，所以谁也没法保证对方是否会选择坦白。选择坦白的结局是8年或者释放，选择不坦白的结局是10年或者1年，在不知道对方选择的情况下，选择坦白对自己来说是一种优势策略。于是，杰克会选择坦白。同时，亚当也会这样想。最终的结局便是两个人都选择坦白，每人都要坐8年牢。

上面这个案例就是著名的囚徒困境，是博弈论中最出名的一种模型。为什么杰克和亚当两人都选择了对自己最有利的策略，最后得到的却是最差的结果呢？这其中便蕴含着博弈论的道理。

　　博弈论是指双方或者多方在竞争、合作、冲突等情况下，充分了解各方信息，并依此选择一种能为本方争取最大利益的最优决策的理论。

　　囚徒困境中杰克和亚当便是参与博弈的双方，也称为博弈参与者。两人之所以陷入困境，是因为他们没有选择对两人来说最优的决策，也就是都不坦白。其根本原因则是两人被隔离审讯，无法掌握对方的信息。所以，看似每个人都做出了对自己最有利的策略，结果却是两败俱伤。

我们身边的很多事情和典故中也有博弈论的应用，我们就用大家比较熟悉的"田忌赛马"这个故事来解释一下什么是博弈论。

齐国大将田忌，平日里喜欢与贵族赛马赌钱。当时赛马的规矩是每一方出上等马、中等马、下等马各一匹，共赛三场，三局两胜制。由于田忌的马比贵族们的马略逊一筹，所以十赌九输。当时孙膑在田忌的府中做客，经常见田忌同贵族们赛马，对赛马的比赛规则和双方马的实力差距都比较了解。这天田忌赛马又输了，非常沮丧地回到府中。孙膑见状，便对田忌说："明天你尽管同那些贵族们下大赌注，我保证让你把以前输的全赢回来。"田忌相信了孙膑，第二天约贵族赛马，并下了千金赌注。

孙膑为什么敢保证呢？因为他对这场赛马的博弈做了分析：双方都派上等马、中等马、下等马各一匹，田忌每一等级的马都比对方同一等级的马慢一点，因为没有规定出场顺序，所以比赛的对阵形式可能有六种，每一种对阵形式的结局是很容易猜测的：

第一种情况：上等马对上等马，中等马对中等马，下等马对下等马。结局：三局零胜。

第二种情况：上等马对上等马，下等马对中等马，中等马对下等马。结局：三局一胜。

第三种情况：中等马对上等马，上等马对中等马，下等马对下等马。结局：三局一胜。

第四种情况：中等马对上等马，下等马对中等马，上等马对下等马。结局：三局一胜。

第五种情况：下等马对上等马，上等马对中等马，中等马对下等马。结局：三局两胜。

第六种情况：下等马对上等马，中等马对中等马，上等马对下等马。结局：三局一胜。

六种对阵形式中，只有一种能使田忌取胜，孙膑采取的正是这一种。赛前孙膑对田忌说："你用自己的下等马去对阵他的上等马，然后用上等马去对阵他的中等马，最后用中等马去对阵他的下等马。"比赛结束之后，田忌三局两胜，赢得了比赛。田忌从此对孙膑刮目相看，并将他推荐给了齐威王。同样的马，只是调整了出场顺序，便取得截然相反的结果。这里面蕴含着博弈论的道理。

在田忌赛马这个故事中，田忌同齐国的贵族便是博弈的双方，也称为博弈的参与者。孙膑充分了解了各方的信息，也就是比赛的规则与各匹马之间的实力差距，并在六种可以选择的策略中帮田忌选择了一种能争取最大利益的策略，也就是最优策略。所以说，这是一个很典型的博弈论在实际中应用的例子。

在这里还要区分一下博弈与博弈论的概念，以免混淆。它们既有共同点，又有很大的差别。

"博弈"的字面意思是指赌博和下围棋，用来比喻为了利益进行竞争。从人类存在的那一天开始，博弈便存在，我们身边也无时无刻不在上演着一场场博弈。而博弈论则是一种系统的理论，属于应用数学的一个分支。可以说博弈中体现着博弈论的思想，是博弈论在现实中的体现。

博弈作为一种争取利益的竞争，始终伴随着人类的发展。但是博弈论作为一门科学理论，是1928年由美籍匈牙利裔数学家约翰·冯·诺依曼建立起来的。他同时也是计算机的发明者，计算机在发明最初不过是庞大、笨重的算数器，但是今天已经深深影响到了我们生活、工作的各个方面。博弈论也是如此，最初冯·诺依曼证明了博弈论基本原理的时候，它只不过是一个数学理论，对现实生活影响甚微，所以没有引起人们的注意。

直到1944年，冯·诺依曼与摩根斯坦合著的《博弈论与经济行为》发行出版。这本书的面世意义重大，先前冯·诺依曼的博弈理论主要研究二人博弈，这本书将研究范围推广到多人博弈；同时，还将博弈论从一种单纯的理论应用于经济领域。在经济领域的应用，奠定了博弈论发展为一门学科的基础和理论体系。

谈到博弈论的发展，就不能不提到约翰·福布斯·纳什。这是一位传奇的人物，他于1950年写出了论文《n人博弈中的均衡点》，当时年仅22岁。第二年他又发表了另外一篇论文《非合作博弈》。这两篇论文将博弈论的研究范围和应用领域大大推广。论文中提出的纳什均衡已经成为博弈论中最重要和最基础的理论。他也因此成为一代大师，于1994年获得诺贝尔经济学奖。后面我们还会详细介绍纳什其人与纳什均衡理论。

经济学史上有三次伟大的革命，它们是"边际分析革命""凯恩斯革命"和"博弈论革命"。博弈论为人们提供了一种解决问题的新方法。

博弈论发展到今天，已经成了一门比较完善的学科，应用范围也涉及各个领域。2005年的诺贝尔经济学奖又一次颁发给了研究博弈论的经济学家，瑞典皇家科学院给出的授奖理由是"他们对博弈论的分析，加深了我们对合作和冲突的理解"。

那么，博弈论对我们个人的生活有什么影响呢？这种影响可以说是无处不在的。

假设，你去酒店参加一个同学的生日聚会，当天晚上他的亲人、朋友、同学、同事去了很多人，大家都玩得很高兴。可就在这时，外面突然失火，并且火势很大，无法扑灭，只能逃生。酒店里面人很多，但是安全出口只有两个。一个安全出口距离较近，但是人特别多，非常拥挤；另外一个安全出口人很少，但是距离相对远。如果抛开道德因素来考虑，这时你该如何选择？

这便是一个博弈论的问题。我们知道，博弈论就是在一定情况下，充分了解各方面信息，并做出最优决策的一种理论。在这个例子里，你身处火灾之中，了解到的信息就是远近共有两个安全门，以及这两个门的拥挤程度。在这里，你需要做出最优决策，也就是最有可能逃生的选择。那应该如何选择呢？

你现在要做的事情是尽快从酒店的安全门出去，也就是说，走哪个门出去花费的时间最短，就应该走哪个门。这个时候，你要迅速地估算一下到两个门之间的距离，以及人流通过的速度，算出走哪个门逃生会用更短的时间。估算的这个结果便是你的最优策略。

　　这样的案例有很多。2008年9月22日，深圳一家舞厅发生火灾，当时舞厅里面有三四百人，大家都抢着从狭窄的出口逃生，最终导致踩踏事件的发生，事故造成43人死亡，59人受伤。令人痛心的是，舞厅虽设有消防通道，但是只有几十个人选择从消防通道逃生。

　　不仅仅是火灾，我们身边无时无刻不在上演着一场场博弈，有博弈的地方就用得到博弈论。

博弈四要素

我们已经知道了博弈论的概念和发展过程，概念中显示了博弈论必须拥有的几个要素。我们结合下面的例子介绍一下这些要素。

某天是周末，难得的休息时间。晚饭过后，一对夫妻坐在沙发上看电视。丈夫早早地就把频道锁定在了体育频道，因为此时恰逢世界杯，这晚比赛的球队又有他喜欢的阿根廷队。丈夫以前便是马拉多纳的铁杆球迷，现在又是梅西的球迷，这场比赛好几天之前他就开始关注了。但是这个时间另外一个频道马上要播出一部连续剧，妻子已经连续追了20多集，剧情跌宕起伏，已经发展到了高潮阶段，妻子自然不想错过。于是，一场关于电视选台的博弈便展开了。

丈夫认为自己平时工作忙，根本没有时间看球赛，电视都是妻子一个人独享，今晚好不容易有机会看一场球赛，妻子应该让给他一次。而且连续剧以后还会重播，到时候再补上就行了。但是妻子不这么认为，她觉得丈夫把体育频道锁定大半天了，现在应该让给她看。再说，想要知道比赛结局，直接看新闻就行了，想要看比赛过程，明天还会有重播。两个人各执一词，互不相让。比赛马上就要开始了，连续剧播出的时间也快到了，两个人应该做出怎样的选择呢？

我们根据博弈论的定义，以及具体的例子来介绍一下博弈的要素。一场博弈一般包含了4个基本要素。

（1）至少两个参与者。博弈论的参与者又被称为决策主体，也就是在博弈中制定决策的人。没有参与者也就不会有博弈，而且参与者至少为两人。在上面的例子中，如果只有丈夫一个人在家，或者只有妻子一个人在家，便不会发生关于电视选台的博弈。博弈必须要有对象，好比是做生意，只有买方没有卖方，或者只有卖方没有买方，都做不成生意。

博弈论的奠基人冯·诺依曼在《博弈论与经济行为》中就曾经举例说过，他说，《鲁滨孙漂流记》中的鲁滨孙一个人在荒岛上，与世隔绝，形成了只有一个参与者的独立系统，没有博弈。但是，黑人仆人"礼拜五"一加入，系统中有了两个参与者，便有了博弈。

有两个参与者的博弈被称为两人博弈。象棋、围棋、拳击就属于两人博弈。有多个参与者的博弈被称为多人博弈，如打麻将、六方会谈、三英战吕布就属于多人博弈。

参与者在博弈中的表现便是制定决策与对方的决策抗衡，并为自己争取最大利益。参与者之间是相互影响的，自己在制定策略的时候往往需要考虑对方的策略。

（2）利益。从博弈论的定义中我们知道，双方或者多方进行博弈的最终目的都是为自己争取最大利益。因此，利益是博弈中必不可少的一个要素。一开始关于电视选台的例子中，丈夫的利益便是看体育频道，看自己喜欢的足球比赛，享受足球带来的那种狂热和喜悦；而对妻子来说，她的利益则是看电视剧频道，满足剧情带来的好奇心，跟着剧中的主人公一起哭一起笑。正是因为双方有各自不同的利益，所以才会产生博弈。假设这对夫妻都是铁杆球迷的话，就不存在双方争频道的博弈了。

在商业中，买方和卖方之间博弈的目的便是一方想多挣钱，一方想少花钱。卖方的利益是怎样让同样的东西卖出更多的钱，而买方的利益便是怎样花更少的钱，或者怎样用同样的钱买更多的东西。

决策主体之所以投入到博弈中来，就是为了争取最大的利益。利益越大，对参与者的吸引力便越大，博弈的过程也就越激烈。

利益是一个抽象的概念，不单是指钱，可以是在一定时间段内锁定哪个电视频道，可以是指战争的胜利、获得的荣誉、赢得的比赛，等等。但是有一点，必须是决策主体在意的东西才能称之为利益。比如说，夫妻二人看电视，丈夫要看体育频道的球赛，而妻子看什么无所谓，她只想享受陪爱人一起看电视的过程。这样的话，就不存在利益之争，两人之间也就不存在博弈。

再比如，《红楼梦》中曾经写到一群人陪同贾母打牌，其中有王熙凤，结果凤姐输了钱，贾母赢了钱。在这场博弈中王熙凤是输家吗？如果把利益单纯看作是金钱的话，她确实是输了。但是，王熙凤陪贾母打牌不是为了赢钱，而是为了哄贾母高兴。贾母赢了钱，非常高兴，因此王熙凤便达到了自己的目的。所以，这场博弈中，王熙凤不是输家。

（3）策略。在博弈中，决策主体根据获得的信息和自己的判断，制定出一个行动方案。这个行动方案便是策略。通俗地讲，策略就是指决策主体做出的，用来解决问题的手段、计谋、计策。

从博弈论的定义中我们也可以看出，博弈论的关键在于制定一个能帮助本方获取最大利益的策略，也就是最优策略。由此可见，策略是博弈论的核心，关系着最后的胜败得失。博弈也可以看作是各方策略之间的较量。因此，有人把博弈论称为"对策论"。因研究博弈论而获得2005年诺贝尔经济学奖的罗伯特·约翰·奥曼就曾经说过："博弈，不过就是双方或者多方之间的策略互动。"由此可见，无论是在打牌、下象棋的时候，还是在田忌赛马或者两军对垒的时候，决定输赢的关键是谁能做出一个更好的决策。

《三国演义》是一本充满智慧和谋略的小说，它给我们奉献了很多经典的故事。其中第五十回"诸葛亮智算华容 关云长义释曹操"的故事大家都很熟悉。这个故事说的是赤壁大战中曹军溃败，曹操带着几个残兵败将落荒而逃。当时有大道、小道两条路可选，略懂计谋的人都会认为小道是安全的，但是曹操生性多疑，他会选择走大道，因为最危险的地方便是最安全的地方。曹操知道诸葛亮机智多谋，定会识破自己，所以最后还是选择了走小道。没想到，诸葛亮早就识破了曹操的策略，派关羽把守华容道，等待曹操送上门来。这场博弈中，曹操与诸葛亮根据对方的性格，制定出了各自的策略。最终诸葛亮技高一筹。

在接下来曹操与关羽的博弈中，曹操利用自己当年有恩于他，并抓住关羽为人仁义的性格，最终成功逃脱。曹操在策略上败给了诸葛亮，却赢了关羽。

这个故事充分体现了博弈中策略的互动，曹操不仅要自己制定策略，还要考虑诸葛亮是如何想的，如果诸葛亮知道自己是这样想的，自己就偏不这样做。这就跟下棋一样，你出棋的时候会考虑自己走完这一步之后，对方会走哪一步，他走那一步的话，自己再走哪一步。这样就形成了策略的互动。你的策略会影响对方的策略，对方的策略反过来又会影响你的策略。

此外，策略必须要有选择性，只有一种选择那就不是策略了。假如曹操面前只有一条路可走，并且诸葛亮已经派关羽把守，那就不存在曹操同诸葛亮之间的博弈了。只存在曹操同关羽之间的博弈。如果一个犯人被抓，但是他的同伙没有落网，这时他有"供出同伙"和"不供出同伙"两种选择，同时他也有两种策略：供出同伙可以少判几年，但是出狱后有被同伙报复的危险；不供出同伙的话，就得多坐几年牢。如果当时他是一个人作案，没有同伙，并且证据确凿，无论他招认还是不招认，都将被判刑。这时候他就没有选择，没有选择也就没有策略，只得乖乖接受判罚。

（4）信息。上面已经讲过，利益是博弈的目的，策略是获得利益的手段，而信息就是制定策略的依据。要想制定出战胜对方的策略，就得获得全面的信息，对对方有更多的了解。两千多年前的《孙子兵法》中就说"知彼知己，百战不殆"。比如前面提到的例子，如果丈夫得知妻子最近对一个新款皮包很感兴趣，他可以提出为妻子买这样一款皮包来讨好妻子，既不伤感情，又能让妻子主动放弃跟自己争频道。在这里，知道妻子最近喜欢的一款包，便是博弈中的信息。

现在无论是商场还是战场，都可以说是在打一场信息战。商业中好多企业都有自己的商业机密，还有一大批专门从事窃取其他企业机密的商业间谍；战场上，作战之前双方都会派出侦察员，侦察敌方信息。现代化战争中，侦察卫星、侦察飞机，一系列高科技设备被用在侦察敌方情报上。这些足以说明信息对于博弈双方的重要性，只有掌握了准确、全面的信息，才能做出准确的判断。

信息在博弈中占有如此重要的地位，能左右博弈双方的输赢，因此，信息也成了一种作战手段。在中国家喻户晓的故事"空城计"中，诸葛亮便传递出了城中藏有大量埋伏的假信息，司马懿误以为真，被诸葛亮吓退。传递错误信息迷惑对方，声东击西，已经成了商战和两军作战经常用的一种战术。

既然信息有真假，甄别信息真假便显得格外重要。除了甄别真假，还应该学会从看似平常的事物中识别信息。有一个流传很广的故事，当年美国西部发现了金矿，很多人都蜂拥而至，进行淘金。一个小伙子发现，真正能淘到金子的人没有几个，但是卖水不失为一个好商机。于是他便引水至此，做起了卖水的生意。很多人嘲笑他不去淘金，做这种只有蝇头小利的生意。实践证明

信息

参与者

利益

策略

他是对的，大多数人最终空手离开，他却很快赚到了人生的第一桶金。这其中的关键便是他识别出了一条信息：不一定每一个人都能淘到金子，但是每一个人肯定要喝水。关于信息的更多知识，我们在后面还会详细讲到。

以上便是博弈的4个要素，最后让我们回到开头的例子中。丈夫和妻子关于电视频道之争的博弈有什么结局呢？我们知道结局不外乎3种：

一是双方争执不下，关掉电视谁也不看了。

二是一方选择退出，丈夫可以选择去做别的事情，或者妻子选择去做别的事情。

三是一方说服了另一方，妻子陪丈夫看球赛，或者丈夫陪妻子看连续剧。

第一种选择的结局是两败俱伤，第二种选择的结局是只有一方获利，第三种选择中双方总会有一方要牺牲掉一部分利益，但是利益总和将大于前两种选择。很明显，第三种选择是最好的选择，也是这场博弈中的最优策略。

PART
03

最坏的一种结果：
两败俱伤

　　两败俱伤是博弈中最坏的一种结果，每一位参与者的收益都小于损失，都没有占到便宜。有人可能想，理智的人是不会做出这种事情的，如果预见结果会是两败俱伤，那他们将不会参加这场博弈。但是事实上呢？人们经常置自己和对手于两败俱伤的困境中。

　　战争是典型的负和博弈，无论是"一战""二战"，还是美军在阿富汗、伊拉克发起的战争，都是如此。

　　第二次世界大战是人类历史上规模最大的一场战争，前后长达6年，共有61个国家和地区被卷入了这场混战，涉及的人口有20亿人以上，给世界人民带来了深重的灾难。虽然这场战争中英勇的反法西斯人民取得了最后的胜利，但是战后的一些统计数据让我们明白，这是一场负和博弈。

　　"二战"中，军民伤亡人数达1.9亿，其中死亡人数6000万左右，受伤人数1.3亿左右。其中死亡的平民有2730万之多。盟军中苏联军队伤亡最为惨重，死亡890万人，中国军队死亡148万人，英国与美国各死亡38万人。同样，法西斯国家也伤亡惨重，德国军队伤亡人数达1170万，其中军队死亡人数超过600万，日本军队的伤亡人数也超过了216万。

再看一下美军在阿富汗和伊拉克发起的战争，这也是我们比较熟悉的一场战争。据美国公布的军事报告显示，截至2009年3月，美军在伊拉克死亡的军人已经达到4261人。而当地的伊拉克平民伤亡人数将近10万。在阿富汗死亡的美军人数为673人，当地伤亡的平民数量将近1万。

战争中看似有一方是获胜者，其实结果是两败俱伤。"二战"中各国的伤亡人数和财产损失便是很好的证明。美军看似是阿富汗战争和伊拉克战争的胜利者，其实不然。战后的阿富汗非常混乱，人们为了生计不得不种植鸦片，这里也成了世界上最大的毒品生产基地，提供了世界上90％以上的鸦片和海洛因。再看一下伊拉克，虽然推倒了萨达姆的政权，但是激增的军费开支和不断攀升的伤亡人数使得美国深陷战争泥潭，难以自拔。

战争是世界上的头号杀手，表面上看战争有胜利的一方，但它并不是获益的一方，它同战败国一样是损失的一方。因此，我们要热爱和平，警惕战争。

负和博弈不仅仅体现在战争中，人际交往处理不当，也会陷入负和博弈之中。

在印度流传着这样一个故事，北印度有一位木匠，技艺高超，他的绝活是雕刻各种人物模型，尤其是他雕刻的侍女，栩栩如生，不仅漂亮，还会行走。外人根本分不清真假。在南印度有一位画家，画技高超，最擅长的便是画人物。

有一天，北印度的木匠请南印度的画家来家中做客。吃饭的时候，木匠让自己制作的木人侍女出来侍奉画家，端菜端饭，斟茶倒酒，无微不至。画家不知道这是个木人，他见这位侍女相貌俊俏，侍奉周到，便想与她搭腔。木人不会说话，画家还以为她是在害羞。木匠看到了这一幕，便心生一计，想捉弄一下画家。

晚饭过后，木匠留画家在家过夜，并安排侍女夜里伺候画家。画家非常高兴，他等木匠走后便细细观察这位侍女。灯光下，侍女愈发好看，但是画家怎么与她说话她都不回应，最后画家着急了便伸手去拉她。这才发现，侍女原来是个木人，顿感羞愧万分，原来自己上了木匠的当。画家越想越生气，决定要报复木匠。于是，他在墙上画了一幅自己的全身像，画中的自己披头散发，脖子上还有一根通向房顶的绳子，看上去像是上吊的样子。画好之后，他便躲到了床底。

第二天，木匠见画家迟迟不起床，便去敲门。敲了一会儿也不见画家回应，便从门缝中往里看，隐隐约约看到画家上吊了。木匠吓坏了，赶紧撞开门去解画家脖子上的绳子，等他摸到绳子之后才发现是一幅画。画家这个时候从床底下钻出来，对着木匠哈哈大笑。木匠十分气愤，认为画家这个玩笑开得太大了。画家则责怪木匠昨晚羞辱自己。说着说着，两人便厮打起来。

这是一个典型的人际交往的负和博弈，原本两位应该惺惺相惜，把酒言欢，没想到最后的结局却是两败俱伤。虽然这只是一个故事，但还是能给我们很多有益的启示。冲突的起源在于木匠用木人侍女戏弄画家，画家发现后又选择了报复。戏弄对方和报复对方是造成这场负和博弈的主要原因。

人是群居的高等动物，只要生活在这个世界上，就免不了同其他人交往，这种交往关系就是人际关系。由于每个人都有自己的追求，都有自己的利益，可能是物质方面的，也可能是精神方面的，因此交际中就免不了要发生冲突。冲突的结局跟博弈的结局一样，也有三种，或两败俱伤，或一方受益，或共赢。两败俱伤是最糟糕的一种情况，有过这种经历的人一般会选择反目成仇，互不往来。

曾经发生过这样的案例，两个人合伙做生意，一个有资金但是不善交际，另一个没有资金但是能说会道。两个人凑到一起之后，互相赏识，很快便决定开一家公司，有资金的出资金，没有资金的负责联络客户。

在两个人的努力之下，公司很快运转起来，并发展得越来越好。看到公司开始赢利，能说会道的那个人便想独自霸占公司，他把当初出资人出的注册资金还给出资人，并表示公司不再欠他的了，从此以后也不再与他有关系。出资人当然不愿意，告到了法院。到了法院出资人才知道，当初那个能说会道的人注册公司的时候写的是他一个人的名字。打官司没占到便宜，出资人一气之下一把火把公司烧了个干净。到头来，两个人谁也没有占到便宜。

这场负和博弈告诉我们，处理人际关系的时候，要做到"己所不欲，勿施于人"，不能自私自利，更不能见利忘义。

最理想的结局：
双赢

正和博弈就是参与各方本着相互合作、公平公正、互惠互利的原则来分配利益，让每一个参与者都满意的博弈。

有一种鸟被称为鳄鱼鸟，它们专门从鳄鱼口中觅食。鳄鱼凶残无比，却允许一只小鸟到自己的牙缝中找肉吃，这是为什么呢？因为它们之间是相互合作的关系，鳄鱼为鳄鱼鸟提供食物，鳄鱼鸟除了能用自己的鸣叫报告危险情况以外，还能清理鳄鱼牙缝间的残肉，避免细菌滋生。所以，它们能够和谐相处，成为好搭档。

博弈中发生冲突的时候，充分了解对方，取长补短，各取所需，往往会使双方走出负和博弈或者零和博弈，实现合作共赢。

看这样一个例子，一对双胞胎姐妹要分两个煮熟的鸡蛋，妈妈分给她们每人一个。姐姐只喜欢吃蛋清，所以她只吃掉了蛋清，扔掉了蛋黄；相反，妹妹只喜欢吃蛋黄，便把蛋清扔掉了。这一幕被她们的爸爸看在眼里。下次分鸡蛋的时候，爸爸分给姐姐两个蛋清，分给妹妹两个蛋黄，这样既没有浪费，每个人又多吃到了自己喜欢的东西。

再看一个例子，有一对老年夫妻，丈夫是个哑巴，不会说话，妻子下半身残疾，不能走路。由于丈夫不会说话，所以出去买东西，与人打交道都不方便；而妻子由于不能走路，整天待在家中，非常苦闷。为了解决两位老人的烦恼，他们的儿女为他们买了一辆三轮车。此后，丈夫出去的时候便带着妻子，买东西、与人交际的时候就让妻子说话；而妻子呢，也可以出去到处转转，不用老待在家中苦闷。一辆三轮车，解决了两个人的烦恼，同时又使两人取长补短。

合作共赢的模式在古代战争期间经常被小国家采用，他们自己无力抵抗强国，便联合其他与自己处境相似的国家，结成联盟。其中，最典型的例子莫过于春秋战国时期的"合纵"策略。

春秋战国时期，各国之间连年征战，为了抵抗强大的秦国，苏秦凭借自己的三寸不烂之舌游说六国结盟，采取"合纵"策略。一荣俱荣，一损俱损。正是这个结盟使得强大的秦国不敢轻易出兵，换来了几十年的和平。在此之前，六国在面临强敌的时候，总是想尽一切手段自保，六国之间偶尔也会发生征战。这个时候，秦国往往坐山观虎斗，坐收渔翁之利。自从六国结盟之后，六国间不再争斗，而是团结一心，共同对抗秦国。

眼看六国团结如铁，无法完成统一大业，秦国的张仪便游说六国，说服他们单独同秦国交好，以瓦解他们的结盟。六国中齐国与楚国是实力最强大的两个国家，张仪便从这两个国家开始。他先是拆散了齐国与楚国之间的结盟，又游说楚国同秦国交好。之后，张仪又用同样的手段拆散了其他国家之间的结盟，为秦国统一六国做好了前期准备。等秦国相继消灭了韩国、赵国、魏国的时候，其他国家因为结盟已经被拆散，不敢贸然出兵。最终，他们也没能逃脱被灭亡的命运。

六国间的结盟便是一场正和博弈，博弈的参与各方都得到了自己想要的东西，即不用担心秦国的入侵。可惜的是，这场正和博弈最后变成了负和博弈。他们放弃了合作，纷纷与秦国交好，失去了作为一个整体与秦国对话的优势，最后导致灭亡。

从古代回到现代，中国与美国是世界上两个大国，我们从两国的经济结构和两国之间的贸易关系来谈一下竞争与合作。

中国经济近些年一直保持着高速增长。但是同美国相比，中国的产业结构调整还有很长的路要走。美国经济中，第三产业的贡献超过GDP总量的70%，而中国只有50%多一点。进出口方面，中国经济对进出口贸易的依赖比较大，进出口贸易额一度占到GDP总量的60%以上。美国随着第三产业占经济总量的比重越来越大，进出口贸易对经济增长的影响逐渐减弱。美国是中国的第二大贸易伙伴，仅次于欧盟。由于中国现在的很多加工制造业都是劳动密集型产业，所以生产出的产品物美价廉，深受美国人民喜欢。这也是中国对美国贸易顺差不断增加的原因。

中国过去对进出口贸易过于依赖的缺点是需要看别人脸色，主动权没有掌握在自己手中。2008年掀起的全球金融风暴中，中国沿海的制造业便受到重创，很多以出口为主的加工制造企业纷纷倒闭。同时，对美国贸易顺差不断增加并不一定是件好事，顺差越多，美国就会制定越多的贸易壁垒，以保护本国的产业。

由此可见，中国首先应该改善本国的产业结构，加速发展第三产业，减少对进出口贸易的依赖，将主动权掌握在自己的手中。同时，根据全球经济一体化的必然趋势，清除贸易壁垒，互惠互利，不能只追求一时的高顺差，要注意可持续发展。也就是竞争的同时不要忘了合作，双赢是当今世界的共同追求。

20世纪可以说是人类史上最复杂的一个世纪，爆发了两次世界大战，战后经济、科技飞速发展，全球一体化程度日益加深。同时也面临一些共同的问题，比如环境污染。这一系列发展和问题让人们意识到，只有合作才是人类唯一的出路。正和博弈也逐渐取代了零和博弈，通过合作实现共赢已经成为当今社会的共识。无论是在人际交往方面，还是企业与企业之间，国与国之间都是如此。

然而，合作共赢有时候只是一个梦想和目标。我们为找到这样的目标欢呼的同时，不要忘了在很多领域中零和博弈是不能被正和博弈取代的，再加上人的贪心，往往让合作只停留在梦想阶段。比如在股市当中，原本股市投资是为了获取公司收益的分成，但是由于高回报的诱惑，现在被演化成了赚取买卖之间的差额。有人买就得有人卖，有人赚钱就会有人赔钱。

由此可见，我们距离理性地对待合作、真正实现合作共赢的时代还有很长的路需要走。

第二篇

纳什均衡

纳什：天才还是
疯子？

《美丽心灵》是一部非常经典的影片，它再现了伟大的数学天才约翰·纳什的传奇经历，影片本身以及背后的人物原型都深深地打动了人们。这部影片上映后接连获得了第59届金球奖的4项大奖，以及2002年第74届奥斯卡奖的4项大奖。纳什是一位数学天才，他提出的纳什均衡是博弈论的理论支柱。同时，他还是诺贝尔经济学奖获得者。但这并不是他的全部，只是他传奇人生中辉煌的一面。我们在讲述纳什均衡之前，先来了解这位天才的传奇人生。

纳什于1928年出生在美国西弗吉尼亚州。他的家庭条件非常优越，父亲是工程师，母亲是教师。纳什小时候性格孤僻，不愿意和同龄孩子一起玩耍，喜欢一个人在书中寻找快乐。当时纳什的数学成绩并不好，但还是展现出了一些天赋。比如，老师用一黑板公式才能证明的定理，纳什只需要几步便可完成，这也时常会让老师感到尴尬。

1948年，纳什同时被4所大学录取，其中便包括普林斯顿、哈佛这样的名校，最终纳什选择了普林斯顿。当时的普林斯顿学术风气非常自由，云集了爱因斯坦、冯·诺依曼等一批世界级的大师，并且在数学研究领域一直独占鳌头，是世界的数学中心。纳什在普林斯顿如鱼得水，进步非常大。

1950年，纳什完成博士论文《非合作博弈》，他在对这个问题继续研究之后，同年又发表了一篇论文《n人博弈中的均衡点》。这两篇论文不过是几十页纸，中间还掺杂着一些纳什画的图表。但就是这几十页纸，改变了博弈论的发展，甚至可以说改变了我们的生活。他将博弈论的研究范围从合作博弈扩展到非合作博弈，应用领域也从经济领域拓展到几乎各个领域。可以说纳什均衡之后的博弈论变成了一种在各行业各领域通用的工具。

完成博士论文的当年，纳什获得数学博士学位。1957年他同自己的女学生艾丽西亚结婚，第二年获得了麻省理工学院的终身学位。此时的纳什意气风发，不到30岁便成了闻名遐迩的数学家。1958年，《财富》杂志做了一个评选，纳什被评选为当时数学家中最杰出的明星。

上帝喜欢与天才开玩笑，处于事业巅峰时期的纳什遭遇到了命运的无情打击，他得了一种叫作"妄想型精神分裂症"的疾病。他常常看到一些虚幻的人物，并且开始衣着怪异，上课时会说一些毫无意义的话，常常在黑板上乱写乱画一些谁都不懂的内容。这使得他无法正常授课，只得辞去了麻省理工学院教授的职位。

辞职后纳什的病情变得更加严重，他开始给政治人物写一些奇怪的信，并总是幻觉自己身边有许多苏联间谍，而他被安排发掘出这些间谍的情报。精神和思维的分裂已经让这个曾经的天才变成了一个疯子。

他的妻子艾丽西亚曾经深深被他的才华折服，但是现在面对着脾气日益暴躁和精神分裂的丈夫，为了让孩子不受到伤害，她不得不选择同他离婚。不过，他们的感情并没有就此结束，她一直在帮他恢复。1970年，纳什的母亲去世，他的姐姐也无力抚养他，当纳什面临着露宿街头的困境时艾丽西亚接收了他，他们又住到了一起。艾丽西亚不但在生活中细致入微地照顾纳什，还特意把家迁到僻静的普林斯顿，远离大城市的喧嚣，她希望曾经见证纳什辉煌的普林斯顿大学能重新唤起纳什的才情。

妻子坚定的信念和不曾动摇过的爱深深地感动了纳什，他下定决心与病魔做斗争。最终在妻子的照顾和朋友的关怀下，20世纪80年代纳什的病情奇迹般地好转，并最终康复。至此，他不但可以与人沟通，还可以继续从事自己喜欢的数学研究。在这场与病魔的斗争中，他的妻子艾丽西亚起了关键作用。

走出阴影后的纳什成为1985年诺贝尔经济学奖的候选人，依据是他在博弈论方面的研究对经济的影响。但是，最终他并没有获奖，原因有几个方面，一方面当时博弈论的影响和贡献还没有被人们充分认识；另一方面瑞典皇家学院对刚刚病愈的纳什还不放心，毕竟他患精神分裂症已经将近30年了，诺贝尔奖获得者通常要在颁奖典礼上进行一次演说，人们担心纳什的心智没有完全康复。

等到了1994年，博弈论在各领域取得的成就有目共睹，机会又一次靠近了纳什。但是此时的纳什没有头衔，瑞典皇家学院无法将他提名。这时纳什的老同学、普林斯顿大学的数理经济学家库恩出马，他先是向诺贝尔奖评选委员会表明：纳什获得诺贝尔奖是当之无愧的，如果以身体健康为理由将他排除在诺贝尔奖之外的话，那将是非常糟糕的一个决定。同时，库恩从普林斯顿大学数学系为纳什争取了一个"访问研究合作者"的身份。这些努力没有白费，最终纳什站在了诺贝尔经济学奖高高的领奖台上。

当年，同时获得诺贝尔经济学奖的还有美国经济学家约翰•海萨尼和德国波恩大学的莱茵哈德•泽尔腾教授。他们都是在博弈论领域做出过突出贡献的学者，这标志着博弈论得到了广泛的认可，已经成为经济学的一个重要组成部分。

经过几十年的发展，纳什均衡已经成为博弈论的核心，纳什甚至已经成了博弈论的代名词。

PART 02

解放博弈论

　　我们一直在说纳什在博弈论发展中所占的重要地位，但是感性的描述是没有力量的，下面我们将从博弈论的研究和应用范围具体谈一下纳什的贡献，看一下纳什均衡到底在博弈论中占有什么地位。

　　前面我们已经介绍过了，博弈论是由美籍匈牙利裔数学家冯·诺依曼创立的。创立之初博弈论的研究和应用范围非常狭窄，仅仅是一个理论。1944年，随着《博弈论与经济行为》的发表，博弈论开始被应用到经济学领域，现代博弈论的系统理论开始逐步形成。

　　直到1950年纳什创立纳什均衡以前，博弈论的研究范围仅限于二人零和博弈。我们前面简单介绍过博弈论的分类，按照博弈参与人数的多少，可以分为两人博弈和多人博弈；按照博弈的结果可以分为正和博弈、零和博弈和负和博弈；按照博弈双方或者多方之间是否存在一个对各方都有约束力的协议，可以分为合作博弈和非合作博弈。

　　在纳什之前博弈论的研究范围仅限于二人零和博弈，也就是参与者只有两方，并且两方之间有胜有负，总获利为零的那种博弈。例如，两个人打羽毛球，参与者只有两人，而且必须有胜负，胜者赢的分数恰好是另一方输的分数。

两人零和博弈是游戏和赌博中最常见的模式，博弈论最早便是研究赌博和游戏的理论。生活中的二人零和博弈没有游戏和体育比赛那么简单，虽然是一输一赢，但是这个输赢的范围还是可以计算和控制的。冯·诺依曼通过线性运算计算出每一方可以获取利益的最大值和最小值，也就是博弈中损失和赢利的范围。计算出的利益最大值便是博弈中我们最希望看到的结果，而最小值便是我们最不愿意看到的结果。这比较符合一般人做事的思想，那就是"抱最好的希望，做最坏的打算"。

二人零和博弈的研究虽然在当时非常先进，但是作为一个理论来说，它的覆盖面太小。这种博弈模式的局限性显而易见，它只能研究有两人参与的博弈，而现实中的博弈常常是多方参与，并且现实情况错综复杂，博弈的结局不止有一方获利另一方损失这一种，也会出现双方都赢利，或者双方都没有占到便宜的情况。这些情况都不在冯·诺依曼当时的研究范围内。

这一切随着纳什均衡的提出全被打破了。1950年，纳什写出了论文《n人博弈中的均衡点》，其中便提到了纳什均衡的概念以及解法。当时纳什带着自己的观点去见博弈论的创始人冯·诺依曼，遭到了冷遇，之前他还遭受过爱因斯坦的冷遇。但是这并不能影响纳什均衡带给人们的轰动。

从纳什的论文题目《n人博弈中的均衡点》中可以看出，纳什主要研究的是多人参与，非零和的博弈问题。这些问题在他之前没人进行研究，或者说没人能找到对于各方来说都合适的均衡点。就像找出两条不平行的直线的交会点很容易，但是找出几条线的共同交会点则非常困难。找到多方之间的均衡点是这个问题的关键，找不到这个均衡点，这个问题的研究便会变得没有意义，更谈不上对实践活动有什么指导作用。而纳什的伟大之处便是提出了解决这个难题的办法，这把钥匙便是纳什均衡，它将博弈论的研究范围从"小胡同"里引到了广阔天地中，为博弈中大多数的多人非零和博弈找到意义。

纳什的论文《n人博弈中的均衡点》就像惊雷一样震撼了人们，他将一种看似不可能的事情变成了现实，那就是证明了非合作多人博弈中也有均衡，并给出了这种均衡的解法。纳什均衡的提出，彻底改变了人们以往对竞争、市场，以及博弈论的看法，它让人们明白了市场竞争中的均衡同博弈均衡的关系。

纳什均衡的提出奠定了非合作博弈论发展的基础，此后，博弈论的发展主要沿着这条线进行。此后很长一段时间内，博弈论领域的主要成就都是对纳什均衡的解读或者延伸。甚至有人开玩笑说，如果每个人引用纳什均衡一次需要付给纳什一美元的话，他早就成为最富有的人了。

不仅是在非合作博弈领域，在合作博弈领域纳什也有突出的贡献。合作型博弈是冯·诺依曼在《博弈论与经济行为》一书中建立起来的，合作型博弈的关键是如何分配利益，其中分配利益过程中的相互协商是非常重要的，也就是双方之间你来我往的讨价还价。但是冯·诺依曼并没有给出这种讨价还价的解法，或者说没有找到这个问题的解法。纳什对这个问题进行了研究，并提出了讨价还价问题的解法，他还进一步扩大范围，将合作型博弈看作是某种意义上的非合作型博弈，因为利益分配中的讨价还价问题归根结底还是为自己争取最大利益。

除此之外，纳什还研究博弈论的行为实验，他曾经提出，简单的囚徒困境是一个单步策略，若是让参与者反复进行实验，就会变成一个多步策略。单步策略中，囚徒双方不会串供，但是在多步策略模式中，就有可能发生串供。这种预见性后也来得到了验证，重复博弈模型在政治和经济上都

博弈中的
衡点

发挥了重要作用。

纳什在博弈论上做出的贡献对现实的影响得到越来越多的体现。20世纪90年代，美国政府和新西兰政府几乎在同一时间各自举行了一场拍卖会。美国政府请经济学家和博弈论专家对这场拍卖会进行了分析和设计，参照因素就是让政府获得更多的利益，同时让商家获得最大的利用率和效益，在政府和商家之间找到一个平衡点。最终的结局是皆大欢喜，拍卖会十分成功，政府获得巨额收益，同时各商家也各取所需。而新西兰举行的那场拍卖会却是非常惨淡，关键原因是在机制设计上出现了问题，最终大家都去追捧热门商品，导致最后拍出的价格远远高于其本身的价值；而一些商品则无人问津，甚至有的商品只有一个人参与竞拍，以非常低的成交价就拍走了。

正是因为对现实影响的日益体现，所以1994年的诺贝尔经济学奖被授予了包括纳什在内的三位博弈论专家。

我们最后总结一下纳什在博弈论中的地位。中国有句话叫"天不生仲尼，万古长如夜"。意思是老天不把孔子派到人间，人们就像永远生活在黑夜里一样。我们如果这样说纳什同博弈论的关系的话，就会显得夸张。但是，纳什对博弈论的开拓性发展是任何人都无可比拟的，在他之前的博弈论就像是一条逼仄的胡同，而纳什则推倒了胡同两边的墙，把人们的视野拓展到无边的天际。

PART

03

该不该表白：博弈中的均衡

　　我们一直在提均衡，在讲纳什均衡之前，我们需要了解一下什么是均衡。均衡在英文中为equilibrium，是来自经济学中的一个概念。均衡也就是平衡的意思，在经济学中是指相关因素处在一种稳定的关系中，相关因素的量都是稳定值。举例说，市场上有人买东西，有人卖东西，商家和顾客之间是买卖关系，经过一番讨价还价，最终将商品的价格定在了一个数值上。这个价格既是顾客满意的，也是商家可以接受的，这个时候我们就说商家和客户之间达成了一种均衡。均衡是经济学中一个非常重要的概念，可以说是所有经济行为追求的共同目的。

　　说完了经济学中的均衡，再来看一下博弈论中的均衡。博弈均衡是指参与者之间经过博弈，最终达成一个稳定的结果。均衡只是博弈的一种结果，但并不是唯一的结果，否则，纳什寻找均衡的努力就没有意义了。博弈的均衡是稳定的，这种稳定点是可以通过计算找到的，就像同一平面内两条不平行的直线必定有一个交点一样，只要我们知道存在这个交点，就一定能把它找出来。

让我们看看下面这个例子，共同分析一下博弈中的均衡。

男孩甲与女孩乙青梅竹马，对彼此都有好感，但是这份感情一直埋在各自心中，谁也没有跟对方表白过。这些年，不断有其他男孩跟女孩乙表白心意，但是都被女孩乙拒绝了，人家问她理由，她只是说自己心中已经有了人，他总有一天会向自己表白的。

同样，这些年男孩甲也碰到了不少向他表达爱意的女孩，他同样拒绝了她们，他说自己心里已经有了一个女孩，她会明白自己的心意的。

又过了几年，女孩乙迟迟不见男孩甲表白，有点心灰意冷，她决定试探一下他。这天她对男孩甲说："我决定到另外一个城市去工作。"

女孩乙希望男孩甲能挽留她，或者向她表白。但是没有，男孩甲心里只有失落，他想难道你不明白我的心意吗？最终他也没有说出口，只是祝对方幸福。女孩乙一气之下真的去了另外一个城市。

一年之后，女孩乙回来了，他见到男孩甲身边已经有了女朋友。原来男孩甲在经历了一段失落之后，重新振作，找了一个女朋友。现在，男孩甲才明白当初女孩乙只是在试探自己，不过一切都已经晚了。

这是一个让人很失望的故事，原本应该在一起的两个人，最终却落得了这样的结局。我们来分析一下其中的原因，最直接的原因是两个人中没人愿意表白，怕被对方拒绝，都希望另一方先表白。我们假设，两人走到一块儿之后每人得到的利益为10，假设什么也得不到利益为0，便可以得到以下矩阵图：

女孩乙

		表白	不表白
男孩甲	表白	（10，10）	（X，X）
	不表白	（X，X）	（0，0）

图表中，双方同时表白，可以得到皆大欢喜的结果（10，10），若是都不表白，双方只能是一无所获（0，0）。若是只有一方表白，由于男孩和女孩都怕被对方拒绝，不知道结果会如何，所以我们用（X，X）表示。

由此可见，这场博弈有两个均衡，要么同时表白，皆大欢喜，这几乎是不可能的；要么都不表白，各自忍受。这其中，双方同时表白几乎是不可能的，因为不知道表白之后会有什么样的结局，所以单方表白也不会被选择，最后只能选择沉默，双方都不表白。在这里，表白后可能会成功，也可能会失败；而不表白则至少不会失去什么，所以不表白相对来说是最好的选择。

上面是我们以主人公的身份进行的分析，现在我们作为第三人，知道双方心中都给对方留了位置，其实不需要双方同时表白，只需要一方表白，便会得到皆大欢喜的结局。这样的话，上面的矩阵图就要变一下了：

女孩乙

		表白	不表白
男孩甲	表白	（10，10）	（10，10）
	不表白	（10，10）	（0，0）

这样再来看的话，也是有两个均衡，不过此时要想皆大欢喜不再需要双方同时表白，只需一人表白即可。这时，最好的选择已经不是双方都保持沉默，而是任何一方大胆地说出自己的爱。

有的博弈中只有一个均衡，有的博弈中有多个均衡，还有的博弈中的均衡之间是可以相互转换的。当双方之间连续博弈，也就是所谓的重复性博弈的时候，博弈之间的均衡便会发生转换。我们看一下下面这个例子：

一对夫妻正在屋子里休息，突然听到有人来敲门，原来是邻居想要借用一下锤子，丈夫非常不情愿地借给了他。原来，这个邻居隔三岔五地来借东西，借了往往不主动归还，当你去要回的时候，他便装出一副很抱歉的样子说自己把这件事忘了。这让这对夫妻非常厌恶这个邻居，但是他们又没有什么像样的理由来拒绝他。

第二天这个邻居又来借锯，丈夫一想，我得想个办法治一下他这个坏毛病。于是便说："真是太巧了，我们下午要用锯去修剪树枝，十分抱歉。"

"你们两个都要去吗？"这位邻居显得非常沮丧。

"是的，我们两个都要去。"丈夫又说。

"那太好了！"这位邻居脸上立刻多云转晴，并说道，"你们去修剪树枝，肯定就不打球了，那能不能把你们家的高尔夫球杆借我用一下？"

通过这两个例子我们就可以明白什么是均衡和博弈均衡，均衡就是一种稳定，而博弈均衡就是博弈参与者之间的一种博弈结果的稳定。关于均衡讲了这么多，下面就来讲本章的主题：纳什均衡。

身边的纳什均衡

我们来看几个纳什均衡在现实中应用的实例。

商场之间的价格战近些年屡见不鲜，尤其是家电之间的价格大战，无论是冰箱、空调，还是彩电、微波炉，一波未息一波又起，这其中最高兴的数消费者了。我们仔细分析一下就可以发现，商场每一次价格战的模式都是一样的，其中都包含着纳什均衡。

我们假设某市有甲、乙两家商场，国庆假期将至，正是家电销售的旺季，甲商场决定采取降价手段促销。降价之前，两家的利益均等，假设是（10，10）。甲商场想，我若是降价，虽然单位利润会变小，但是销量肯定会增加，最终仍会增加效益，假设增加为14。而对方的一部分消费者被吸引到了我这边，利润会下降为6。若同时降价的话，两家的销量是不变的，但是单位利润的下降会导致总利润的下降，结果为（8，8）。两个商场降价与否的最终结局如表所示：

乙商场

		降价	不降价
甲商场	降价	（8，8）	（14，6）
	不降价	（6，14）	（10，10）

从表中可看出，两个商场在价格大战博弈中有两个纳什均衡：同时降价、同时不降价，也就是（8，8）和（10，10）。这其中，（10，10）的均衡是好均衡。按理说，其中任何一方没有理由在对方降价之前决定降价，那这里为什么会出现价格大战呢？我们来分析一下。

选择降价之后的甲商场有两种结果：（8，8）和（14，6）。后者是甲商场的优势策略，可以得到高于降价前的利润，即使得不到这种结果，最坏的结果也不过是前者，即（8，8），自己没占便宜，但是也没让对手占便宜。

而乙商场在甲商场做出降价策略之后，自己降价与否将会得到两种结果：（8，8）和（6，14），降价之后虽然利润比之前的10有所减少，但是比不降价的6要多，所以乙也只好选择降价。最终双方博弈的结果停留在（8，8）上。

其实最终博弈的结果是双方都能提前预料到的，那他们为什么还要进行价格战呢？这是因为多年价格大战恶性竞争的原因。往年都要进行价格大战，所以到了今年，他们知道自己不降价也得被对方逼得降价，总之早晚得降，所以晚降不如早降，不至于落于人后。

降价是消费者愿意看到的，但是从商场的角度来看则是一种损失，如果是特别恶性的价格战，甚至相互之间会出现连续几轮的降价，那样损失就更惨了。如果理性的话，双方都不降价，得到（10，10）的结果对双方来说是最好的。如果双方不但不降价，反而同时涨价的话，将会得到更大的利润。不过这样做属于垄断行为，是不被允许的。

看完了商场价格战中的纳什均衡之后，再来看一下污染博弈中的纳什均衡。

随着经济的发展，环境污染逐渐成为一个大问题。一些污染企业为了降低生产成本，并没有安装污水处理设备。站在污染企业的角度来看，其他企业不安装污水处理设备，自己也不会安装。这个时候他们之间是一种均衡。我们假设某市有甲、乙两家造纸厂，没有安装污水处理设备时，利润均为10，污水处理设备的成本为2，这样我们就可以看一下双方在是否安装污水处理设备上的博弈结果：

乙

	安装	不安装
甲 安装	（8，8）	（8，10）
不安装	（10，8）	（10，10）

可以发现，如果站在企业的角度来看的话，最好的情况就是两方都不安装污水处理设备，但是站在保护环境的角度来看的话，这是最坏的一种情况。也就是说，（10，10）的结果对于企业利益来说是一种好的纳什均衡，对于环境保护来说是一种坏的纳什均衡。同样，双方都安装污水处理设备的结果（8，

8）对于企业利益来说，是一种坏的均衡，对于环境保护来说则是一种好的均衡。

　　如果没有政府监督机制的话，（8，8）的结果是很难达到的，（8，10）的结果也很难达到，最有可能的便是（10，10）的结果。这是纳什均衡给我们的一个选择，如果选择经济发展为重的话，（10，10）是最好的；如果选择环境第一的话，（8，8）是最好的。发达国家的发展初期往往是先污染后治理，便是先选择（10，10），后选择（8，8）。过去很多发展中国家也在走这条老路，中国便是其中之一。近些年，人们切实感受到了环境污染带来的后果，对环境保护的意识大大提高，所以政府加强了污染监督管理机制，用强制手段达到一种环境与利益之间的均衡。

　　我们时常会发现自己的电子邮箱中收到一些垃圾邮件，大部分人的做法是看也不看直接删除。或许你不知道，这些令人厌恶的垃圾邮件中也包含着一种纳什均衡。

　　垃圾邮件的成本极低，我们假设发1万条只需要1元钱，而公司的产品最低消费额为100元。这样算的话，发100万条垃圾邮件需要的成本是100元，而这100万个收到邮件的人中只要有一个人相信了邮件中的内容，并成为其客户，公司就不算亏本。如果有两个人订购了其产品，公司就会赢利。这是典型的人海战术。现实情况是，总有那么一小部分人会通过垃圾邮件的介绍，成为某公司的消费者。

很多人觉得垃圾邮件不会有人去看，也有商家觉得这是一种非常傻的销售手段，从几百万人中挖掘几个或者十几个客户，并不值得去做。但是，只要挖掘出两个客户，公司就有赢利，再说这种销售手段非常简便，省时省力，几乎不用什么成本。所以，只要有一家企业借此赢利，其他没有发送垃圾邮件的企业便会后悔，立即加入垃圾邮件发送战中。我们来看一下其中的均衡。

		乙企业	
		发送	不发送
甲企业	发送	（1，1）	（1，0）
	不发送	（0，1）	（0，0）

通过这个图表，我们可以看出垃圾邮件是如何发展到今天这一步的。最开始没有这种销售手段的时候，商家之间在这一方面是均衡的，即（0，0）。后来，有的商家率先启用垃圾邮件销售方式，此时采用邮件销售与不采用邮件销售的企业之间的利益关系对比成了（1，0）。最后，没有采用的企业发现里面有利可图，于是跟进，便达成了现在的纳什均衡（1，1）。对于商家来说，这固然是一种好的均衡，但是，对于被动的收件人来说，这则是一种坏的均衡。因为几乎没有人会喜欢自己的电子邮箱里塞满了垃圾邮件。

夫妻过春节
应该去谁家?

　　春节是中国的传统佳节,大年三十晚上一家人团聚在一起,其乐融融。但是近些年,随着独生子女开始工作和结婚,一个令人棘手的问题便显现了出来,那就是春节该回谁家过年。刘冬和小台是一对年轻的夫妻,"春节回谁家过年"也是他们逃不过的一个问题。他们都是独生子女,刘冬家在山东,而小台家在广西。刘冬希望春节能回山东过年,而小台则希望回广西陪父母一起过春节。以前还没有结婚的时候都是各回各家,但是现在已经结婚了再分开两人还都有些不舍。再说,刘冬还想让家里的亲朋好友见一下自己的媳妇。而小台则想,刘冬从来没有去过她家,也应该认认门了。就这样,两人间展开了一场博弈。

　　为了更清晰地分析这场博弈,我们将其中的一些感情因素量化。假设,小台陪刘冬回山东过年,小台的满意度为5,刘冬的满意度为10;如果刘冬陪小台回广西过年,刘冬的满意度为5,小台的满意度为10;如果两人各回各家,则每人的满意度都为5,两人分别去对方家过年的可能性几乎不存在,满意度用X

表示。这样我们就得到了这场博弈的矩阵图：

小台

		山东	广西
刘冬	山东	（10，5）	（5，5）
	广西	（X，X）	（5，10）

从中可以看出，如果刘冬选择回山东过年，小台的最优决策是跟随他一起回山东过年；如果小台选择回广西过年，刘冬的最优决策是随她一起去广西过年。去对方家过年，两人的满意度之和为15，而选择分别回自己家过年，满意度之和只为10。因此，这场博弈中同时出现了两个纳什均衡：（10，5）和（5，10），并且两个纳什均衡没有哪个具有绝对优势，总有一方要做出一些牺牲。

那么这场博弈的最佳结局是什么呢？我们经过分析得出，博弈的结果取决于谁更坚持自己的想法，和谁甘愿做出牺牲。比如小台坚持要回家，非常坚决，则最好的结局便是刘冬陪她去广西，要不然的话就只能是（5，5）的结局。而若是一方甘愿牺牲，主动选择去对方家过年，放弃回自己家过年，那么这个问题也会迎刃而解。

纳什均衡的定义中说，当双方的策略达成一种纳什均衡之后，任何一方改变自己的策略都将会降低收益。在这个例子中，小台跟刘冬回山东过年是一种纳什均衡，如果此时小台突然决定不去山东过年，而是回广西过年，这个时候该怎么办？如果两人分开，则结局就是（5，5）。但是，如果刘

冬跟随小台回广西的话，结局就会变成（5，10）。因此，如果一方突然反悔了，另外一方最好的选择是也改变自己原先的打算。

以上这些模式提供给我们的只是理论上的启示，如果你非要问到底是刘冬陪小台回广西，还是小台陪刘冬回山东，那就只能具体问题具体分析了。看是丈夫更宽容一点，还是妻子更贤惠一点，每个家庭情况都是不一样的。若是做丈夫的更疼爱妻子一些，便会陪妻子回家过年；若是妻子更体贴丈夫一些，便会陪丈夫回家过年。

这个例子给我们的启示是，现实生活中，很多博弈不止有一个纳什均衡，但是这些均衡之间没有绝对的优势、劣势之分，尤其是类似于上面例子中这种与亲人之间利益冲突的时候。这种博弈中，我们需要做的就是学会协调，或者可以称之为讨价还价。

现实生活中，灵活应变很重要，比如上面的博弈有一种比较公平的解决办法，就是轮流陪对方回家，今年去你家，明年去我家。或者出现另外一种情况，那就是将两家的老人都接过来，吃一顿大团圆饭，这都是可以的。不过这都是现实中的灵活应变，不在我们博弈论的讨论范围之内。

第三篇

囚徒博弈

PART 01

如何争取到最低价格

　　现阶段的博弈论虽然被广泛应用，但主要还是体现在经济领域。当面对多个对手的时候，囚徒困境便是一个非常好的策略。囚徒困境会将对手置于一场博弈中，而你则可以坐收渔翁之利。本节主要通过一个"同几家供货商博弈争取最低进价"的案例，来说明一下囚徒困境在商战中的应用。

　　假设你是一家手机生产企业的负责人，产品所需要的大部分零配件需要购买，而不是自己生产。现在某一种零件主要由两家供货商供货，企业每周需要从他们那里各购进1万个零件，进价同为每个10元。这些零件的生产成本极低，在这个例子中我们将它们忽略不计。同时，你的企业是这两位供货商的主要客户，它们所产的零部件大部分供给你公司使用。

　　这样算来，两个供货商每人每周从你身上得到10万元的利润（我们假设生产这些零件的成本为0）。你觉得这种零件的进价过高，希望对方能够降价。这时采用什么手段呢？谈判？因为你们之间的供需是平衡的，所以谈判基本上不会起效，没人愿意主动让利。这个时候你可以设计一种囚徒困境，让对方

（两家企业）陷入其中，相互博弈，来一场价格战，最终就可能得到你想要的结果。

囚徒困境中要有一定的赏罚，就像两个犯人的故事中，为了鼓励他们坦白，会允诺若是一方坦白，对方没有坦白，就将当庭释放坦白一方。正是因为有赏罚，才会令双方博弈。在这里，也要设计一种赏罚机制，使得两位供货方开始厮杀。

每家企业每周从你身上获利10万元，你的奖励机制是如果哪家企业选择降价，便将所有订单都给这一家企业，使得这一家企业每周的利润高于先前的10万元。这样两家企业便会展开一场博弈。我们假设，你的企业经过预算之后，给出了每个零件7元的价格，如果一方选择降价，便将所有订单给降价一方，他每周的利润则会达到14万元，高于之前的10万元，但是不降价的一方利润将为0，若是双方同时降价，两家的周利润则将都变为7万元。下面便是这场博弈情形的一张矩阵图：

乙供货商

		降价	不降价
甲供货商	降价	（7，7）	（14，0）
	不降价	（0，14）	（10，10）

从这张表中我们可以看出，如果选择降价，周利润可能会降到7万元，如果运气好的话还有可能升至14万元。但是，如果选择不降价，周利润可能维持在原有的10万元水平上，也有可能利润为0。没有人能保证对方不降价，即使双方达成了协议，也不能保证对方不会暗地里降价。因为商家之间达成的价格协

议是违反反垄断法，不受法律保护的；再者，商人逐利，每一个人都想得到14万元的周利润。这也是囚徒困境中设立奖励机制的原因所在。经过分析，如果对方选择不降价，自己就应该选择降价；如果对方选择降价，自己更应该选择降价。对于每一家企业来说，选择降价都是一种优势策略。两家企业都选择这一策略的结果便是（7，7），每家企业的周利润降至7万元，你的采购成本一下子降低了30%。

上面分析的模型是现实情况的一个抽象表达，只能说明基本道理，但是实际情况远比这里要复杂得多。在囚徒困境的模式中，每一位罪犯只有一次选择的机会，这也叫一次性博弈。但是在这里，采购企业和供货商之间并非一次性博弈，不可能只打一次交道，这种多次博弈被称为重复性博弈。重复性博弈是我们在后面要讲的一种类型的博弈，在这里我们可以稍做了解。重复性博弈的特点便是博弈参与者在博弈后期做出策略调整。就本案例来说，两家供货商第一次博弈的结局是（7，7），也就是每一家的周利润从10万元变为了7万元。如果时间一长，两家企业可能会不满，他们重新审视降价与不降价可能产生的4种结果以后，肯定会要求涨价，以重新达到（10，10）的水平。因为每月供货数量没变，利润被凭空减少了30%，哪个企业都不会甘心接受。

如果这场博弈无限重复下去的话，（7，7）将不会是这场博弈的结局，因为这样两家企业都不满意；如果两位供货商都是理性人的话（14，0）和（0，14）也基本不可能出现；最终结局还将会定格在（10，10）上。好比囚徒困境中，如果警方给两个罪犯无数个选择的机会，最终他们肯定会选择同时坦白，如果出现每人各坐1年牢的结局，这样囚徒困境将会失效。

重复博弈中如果有时间限制，无限重复将会变为有限重复，但囚徒困境依然有效。因为过期不候。假设采购方对两家供货方发出最后通告，若是一定时间内双方都不选择降价，公司将赴外地采购，不再采购这两家企业的零件。这个时候，囚徒困境将重新发挥效果，两家企业最终依然会选择降价。

声称不再采购两家企业的产品略微有点偏激，因为企业做决策要留出一定的弹性空间，也就是给自己留条后路，不能把话说绝，把路堵死。这样的话，除了定下最后期限这一招之外还有一招：在第一次博弈结束，得到了（7，7）的结局之后，迅速与双方签订长期供货协议，不给他们重新选择的机会。

此外，还可以用囚徒困境之外的其他方法来处理这个问题，虽然手段不一样，但是基本思路一样，即让两家供货商相互博弈，然后"坐山观虎斗"，坐收渔人之利。

如果两家企业都选择不降价，坚持每个零件10元的价格，那么采购商可以选择将全部的订单都交到其中一家企业手中。这样一来，没有接到订单的一家企业心里就会怀疑，是不是对方暗地里降价了？就算是接到全部订单的企业再怎么解释，也不会打消同行的疑惑。这个时候，两家供货商之间便展开了博弈。没有接到订货单的一方无论对手降价与否，现在唯一的选择便是降价，因为降价或许会争取来一部分订单，不降价则什么也得不到。一旦一方降价，另一方的最优策略也是随之降价，不然市场份额就会被侵占。最终双方都选择降价，采购企业依然会得到自己想要的结果。

商家之间一般都有一定的了解，如果你不按套路出牌，就会让他们感到困惑。对手之间没有信任，也无所谓背叛，因为他们知道一旦对自己有益，也会选择不顾对方利益。无论是自己订单减少，还是对方订单增加，或者市场上出现价格下降，每一个商家都会怀疑是对方采取了策略，他们的第一反应便是跟着降价。

反之，如果我们是供货商，如何防止竞争对手私下降价，从自己手中抢客户和市场份额呢？可以尝试一下同所有采购商签订一个最惠客户协议，保证自己对所有客户统一定价，统一折扣。这样一来，就不会为了抢别人客户私自降价，因为一旦降价就必须针对所有采购商降价，若是被人发现私自降价，将会受到惩罚。如果每一家供应商都签订了这种最惠客户协议，自己降价与否就会被放大关注；同样，若是其他供应商也签订最惠客户协议，你便能更容易监督他人。这种协议表面上是对客户负责，提供统一价格，其实也是一种很有效的监督对手恶性降价的手段。

聪明不一定
是件好事情

　　博弈论不仅是一门实用的学问，同时也是一种有趣的学问。原本人们希望通过博弈论来使自己变得更聪明、更理智，更有效地处理复杂的人际关系和事情，但就是这种能让人变聪明的学问却告诉大家：人有时候不能太聪明，否则往往会聪明反被聪明误。哈佛大学教授巴罗在研究囚徒困境模式的时候，提出了一个很有趣的模型，被称作旅行者困境，阐述的就是人是如何因为"聪明"而吃亏的。

　　这是一种非常接近我们现实生活的模式，假设有两位旅行者，我们分别叫她们海伦和莉莉。这两位旅行者之前互不相识，但巧的是她们去了同一个地方旅游，在当地买了同样的一个瓷器花瓶作为纪念，并且乘坐同一个航班返回。当飞机在机场降落之后，她们两人都发现自己的花瓶在运输途中被损坏了，便向航空公司提出索赔。由于花瓶不是在正规商场买的，所以没有发票，航空公司也无法知道这两个花瓶的真实价格，但是估计不会超过1000元。航空公司担心两人漫天要价，最终有人想出了一个办法：将两个人分别带到不同的房间，让她们各自写下当初购买花瓶时花了多少钱，航空公司会按照其中最低的那个价格进行赔偿。同时，谁的价格低将会被认为是诚实的，额外给予200元的诚实奖励。

航空公司的想法很简单，既然两人是在同一个地方同时买了同样的东西，那么按理说两人购买的价格应该是相同的，如果有人说谎，那么写出来的价格低的一方应该是诚实的，或者说是相对诚实的，公司应该按照这个价格给予两人补偿。同时，价格低的一方将会得到200元的诚实奖励。这样算下来，会有4种情况：

第一种：双方都申报1000元，航空公司将支付2000元的赔偿金。

第二种：两人中有一人申报1000元，一人申报1000元以上，航空公司将支付2200元的补偿金。

第三种：两人中一人申报1000元，一人申报1000元以下，航空公司将支付小于2200元的补偿金。

第四种：两人都申报1000元以下，且相同，航空公司将支付小于2000元的补偿金。

总而言之，航空公司最多会支出2200元的补偿金。

但是对于两位旅行者来说，事情就没有这么简单了。海伦和莉莉两人都清楚航空公司知道这样的花瓶顶多值1000元，事实也确实是这样，并且谁申报的价格低，谁就将会获得200元的奖励。

海伦会想，航空公司不知道具体价格，但是莉莉知道，既然最高价格定在了1000元，那么莉莉肯定会认为多报多得，她的报价最有可能在900至1000元之间。如果我报900元以下，就可以拿到200元诚实奖，那我就报899吧，这样最后可以拿到1099元。

事情没有海伦想的那样简单，因为这时莉莉也想到了这些。她已经猜测出了海伦会这样想，谁也不想被别人利用和算计，所以决定将计就计，以牙还牙，申报889元，这样自己有可能拿到1089元。

海伦在申报之前，再三斟酌，想莉莉肯定已经猜出了我是怎样想的，她会申报一个更低的价格，干脆一不做二不休，来就来个狠的，直接申报879元。虽然这个价格已经低于自己当初买花瓶时花的888元，但是再加上200的诚实奖，自己就有可能拿到1079元，还是赚不少。

事情接下来的发展就像下棋一样，自己在出招之前总会想对方是怎样想的，然后又想到对方如果想到了我知道她是怎样想的会怎么样，这样两个人都在比谁会想得更远。两人越想越远，笔下申报的价格也越来越低，自己有可能得到的补偿也越来越低。最终两人都将报价定在了689元，因为这个价格再加上200元的奖励，就是889元，比自己当初花的钱还多1元。

两人都以为自己已经把事情做绝了，但是没想到对方也是如此。所以，当航空公司的工作人员将两人申报的价格同时打开的时候，海伦和莉莉两人都有点蒙了，唯有航空公司暗中偷着乐。

最终的结果是，航空公司只支出了1378元的补偿款，远远低于最初预计的2200元的最高额。而海伦和莉莉两人则每人损失了199元。原本两人可以共同申报最高限额1000元，这样两人就能各赚112元，但是两人却是互相算计对方，结果聪明反被聪明误。

聪明反被聪明误的例子比比皆是：一位有钱人家的狗丢了，被一个穷人捡到。穷人发现了有钱人贴在墙上的寻狗启事，声称谁若是发现了这条狗将给予1万元的奖励。这个穷人想第二天就带着这条狗去领钱。第二天早上，他从电视上得知，有钱人已经把奖金提高到了3万，寻求提供线索的人。他想了一下，准备下午带着狗去领钱，没想到到了中午电视中寻狗的奖金就升到了5万元。这下子这个穷人乐疯了，知道自己手里这条狗是"聚宝盆"，所以就一直守在电视前，眼看着有钱人给提供线索人的奖金从5万元升到了8万元，又升到了10万元。没过几天，这条狗的价值已经达到了20万元。这时候，这个穷人决定出手，带着狗去领钱。一回头才发现，这几天光顾着看电视，没有喂狗，狗已经饿死了。

还有这样一个故事，清朝人乔世荣曾经担任七品县令，一天他在路上碰到了一老一少在吵架，并且有不少人在围观，他便过去了解情况。原来是年轻人丢了一个钱袋，被老者捡到，老者还给年轻人的时候，年轻人说里面的钱少了，原本里面有五十两银子，现在只剩下十两，于是便怀疑被老者私藏了；而老者则不承认，认为自己捡到的时候里面就只有十两银子，是年轻人想敲诈他。围观的人中有人说老者私藏了别人的银子，也有人说年轻人恩将仇报。最后乔世荣上前询问老者："你捡到钱袋之后可曾离开原地？"老者说没有，一直在原地等待失主回来寻找。围观的人中不少站出来为老者做证。这时候乔世荣哈哈大笑起来，说道："这样事情就明白了，你捡的钱袋中有十两银子，而这位年轻人丢失的钱袋中有五十两银子，那说明这个钱袋并非年轻人丢失的那个。"说到这，他转头朝年轻人说，"年轻人，这个钱袋很明显不是你的，你还是去别处找找吧。"最终年轻人只能吃这个哑巴亏灰溜溜地走了，而这十两银子，被作为拾金不昧的奖励，奖给了捡钱的老者。

上面这两个故事，我们可以从中得到两点启示。一是人在为自己谋求私利的时候不要太精明，因为精明不等于聪明，也不等于高明，太过精明反而会坏事。我们在下棋的时候，顶多能想到对方之后三五步怎么走，几乎没有人会想到对方之后十几步甚至几十步会如何走。像旅行者困境故事中，每个人都想来想去，最终把自己的获利额降到了1元钱，结果弄巧成拙，太精明了反而没占到便宜。

故事给我们的第二个启示就是运用"理性"的时候要适当。理性的假设和理性的推断都没有错，但是如果不适当，过于理性，就会出现上面故事中的情况。有句话说"天才和疯子只有一步之遥，过度的理性和犯傻也只有一步之遥"一点也没有错，因为过度的理性不符合现实，谁也不能计算出对手会在几十步之后走哪一个棋子，如果你根据自以为是的理性计算出对手下面的每一步棋会如何走，并倒推算出现在自己该走哪一步棋，结论肯定是错误的。所以，有时候我们要审视一下自己的"理性"究竟够不够理性。

这一节我们来谈一下囚徒困境对领导有什么样的启示。启示主要有两方面，一是设置一个囚徒困境，将员工置入其中，可以促进员工之间相互竞争，提高工作效率，最终为企业创造更大的效益；第二个启示是领导在用人方面应做到"用人不疑，疑人不用"，怀疑是合作最大的障碍。

首先我们谈一下如何用囚徒困境提高企业的效益。老板可以设置一个囚徒困境的局面，奖励表现好的员工，同时淘汰表现不好的员工。如果员工接受这场博弈，他们就会很努力提高自己的工作效率，公司效益也就随之增长。通过下面这个例子具体谈一下该如何在员工之间设置囚徒困境。

某公司研发出了一种新产品，公司里有20位推销员负责这种新产品的推销工作。现在公司领导面临着一个问题：如何考评每位推销员的业绩？由于这是一种新产品，没有以往的销售业绩做比较，推销出多少算多呢？推销出多少才能说明这个员工非常勤奋、非常努力呢？

对于公司来说，最好的解决办法是在员工之间相互比较，业绩相对好的员工将被认为是勤奋努力的员工，对于这部分员工公司应该给予奖励；同时业绩相对不好的员工将会受到惩罚，或者淘汰。这时候，这种奖惩制度就会将员工置于一种囚徒困境之中。

我们假设张三和李四是公司的两名推销员，因为推销员主要在外面工作，而不是在办公室内，所以他们每周的工作时间都是由自己掌握，可以选择工作5天，也可以选择工作4天，但是效果是不一样的。我们假设一周工作5天能推销出10件产品，而一周工作4天只能推销出8件商品。这样我们就能得出两人一周工作情况的矩阵表：

李四

		工作四天	工作五天
张三	工作四天	（8，8）	（8，10）
	工作五天	（10，8）	（10，10）

我们假设公司不是根据业绩，而是根据工作时间来进行考评，并且没有设置奖惩机制。那么张三和李四肯定会选择集体偷懒，也就是都选择工作4天，因为只要工作时间差不多就会得到相同的评价，并且评价高的员工并没有什么奖励，谁也不会选择工作5天。

公司如果根据业绩进行考评，并且业绩高的员工将会获得奖励，这样大家都会选择工作5天，（10，10）将会成为最有可能的结局。这个时候，就体现出囚徒困境的作用了，选择每周工作5天。即使拿不到奖励，也不至于会受到惩罚或者被淘汰，对于所有员工来说这都是最优策略。

我们再来看这样一种情况，假设到了月底公司领导发现每个推销员的业绩都是一样的，其中有人每周工作4天，有人每周工作5天。我们前面说过，公司最后是根据每个人的业绩来进行考评，而不是根据每个人的工作时间。公司制定的考评结果分优、中、差三种，那么面对相同的工作业绩该如何评定呢？是评定为优、中，还是差？三种评定似乎都说得过去，但是得到的结果是不同的。我们分别来看一下这三种情况：

第一种情况：评定为优，这样做的缺陷是工作时间短的人原本可以做得更好，但是他们认为自己每周只需要工作4天就能获得优的评价，因此就失去了上进心。

第二种情况：评定为差，这样做的缺陷是员工觉得每周工作5天和4天没什么区别，同样得到差的评价，这样便使得员工失去了工作的积极性。

第三种情况：评定为中，这个时候，每周工作4天的人会想，我如果每周工作5天的话，肯定会得到优，这样就能得到奖励；而每周工作5天的人也会想到这一点，就会付出更多的时间在工作上，以免被别人超越。

综上所述，第三种方案是最优策略。总之，公司针对员工应用囚徒困境的核心便是使员工之间相互竞争，提高工作效率。达到了这样的效果，公司效益也就随之而增。

囚徒困境给领导的第二个启示是"用人不疑，疑人不用"。在囚徒困境模式的四种结局之中，对于两名罪犯来说最优结局便是都选择不坦白，这样每人只需坐一年牢。但是为什么他们没有选择这种方案呢？就是因为他们不信任对方，最后导致每个人心里都想在对方出卖自己之前先将对方出卖。

战国时期的魏国将领乐羊品德高尚，才华横溢。当时魏文侯派他去征伐中山国，巧的是乐羊的儿子乐舒在中山国为官。中山国为了逼迫乐羊退军，便将乐舒关押起来进行要挟。乐羊为人善良，不想看到众多百姓饱受战争之苦，于是采取了围而不攻的战术，将敌人围在城中。

双方僵持了很长时间，这时后方的一些官员便开始质疑乐羊为了自己的儿子，迟迟不攻城，损害国家利益，要求撤掉乐羊的军职。此时的魏文侯并没有听取这些人的意见，而是坚定不移地相信乐羊。他还派人给前线送去了慰问品，并且派人将乐羊家的宅院修缮一新，以表示对乐羊的信任。

没过多久，中山国便坚持不下去了，他们杀掉了乐舒，并将其熬成肉汤送给乐羊。乐羊见此，只是说："虽然他是我儿子，但是他替昏君做事，死如粪土。"这个时候，攻城的时机已到，乐羊指挥将士杀入城中，中山国君看到大势已去，便选择了自杀。中山国至此被灭。

当乐羊回到魏国以后，魏文侯命人将两个大箱子抬到乐羊面前打开，里面全是大臣们要求将他革职的奏章。这时乐羊恍然大悟，对魏文侯说："我原本以为攻下中山国是我乐羊一个人的功劳，现在才明白，要不是大王力排众议，始终不渝地相信我，我乐羊绝不会攻下中山国。"

魏文侯同乐羊之间既是君臣关系，同时也可以看作是领导与员工之间的关系。要想让员工发挥自己的聪明才智，领导的信任是必不可少的。有了领导的信任做保障，员工才可以做到放手去搏。同时，员工对上级的信任也会有所感激，必将加倍努力，回报公司。

PART

04

枪打出头鸟：
多人囚徒困境

在博弈中，我们大都是抽象为两人博弈的模型进行分析。可是现实中呢？大多数博弈并非只有两人参加。多人参与的囚徒困境主要反映的是个体理性和团体理性之间的冲突。

我们先通过两个例子来了解一下这种群体囚徒困境。

一辆长途客车正在路上行驶，突然两个"乘客"从座位上站起来，并且手中拿着刀，冲着车上的人喊："都把钱交出来，谁不老实就捅死谁。"很明显，这两位"乘客"并非真正的乘客，而是劫匪。他们假扮成乘客，等车到了偏僻的地方之后，便开始作案。这种形式的抢劫往往能获得成功，车上的几十个人眼睁睁看着两名劫匪得逞后扬长而去。

"长途客车上抢劫"这样的事件屡见不鲜。大家对这种事情的反应除了愤怒以外，大都是对车上乘客的谴责，认为他们过于冷漠，不够团结，几十个人怎么会对付不了两个蟊贼呢？这种谴责有一定的道理，但是并不全对。如果用博弈论和囚徒困境的道理来分析一下，你就会明白当时为什么很难有人站出来。要想了解当事人的心理，最好的办法就是把自己假设成当时车上的一名乘客，然后问自己一句：如果是你，你会第一个起来反抗吗？

若是大家团结一心，阻止两名劫匪并非难事，但问题的难点在于如何将乘客们都组织起来。劫匪的突然出现和穷凶极恶会给乘客造成一种心理畏惧，其实这个时候劫匪心里也很害怕，他们知道自己在人数上并不占优势，若是乘客们联合起来，自己必败无疑。劫匪为了阻止乘客之间沟通和联合，会采用几个策略，这也是他们惯用的招数：一是突然袭击，不给乘客们思考的机会，让每个人都处于吓蒙的状态；二是穷凶极恶，让人们心理畏惧；三是放出狠话，"谁不老实就弄死谁"之类的。这几招往往都会管用，尤其是最后一招——惩罚第一个反抗的人。

这个时候一部分乘客处于惊恐状态，甚至忘记了可以选择反抗，即使心里想着反抗的人也心有余悸，想等着别人起来反抗之后自己再上。总之，没有人愿意做第一个起来反抗的人，因为劫匪制定的策略是"枪打出头鸟"。这就令乘客们陷入了一种危机，在所有可以选择的策略中，做第一个站出来的人是最差的策略。每个人都不去选择它，每个人都在等别人先站出来，结果便是没有人站出来。做第一个站出来的人需要付出代价，甚至可能是付出生命。这个代价足够沉重，以至于大多数人都承担不起。劫匪们也懂得这个道理，这也是他们敢以少抢多的原因。

上面这个案例与一则寓言非常相似，故事大意是：老鼠们为了躲避猫，商议出一个办法，那就是给猫的脖子上拴个铃铛。大家都觉得这是一个好办法，但问题是谁去拴呢？老鼠面临的问题同上面乘客面临的问题相同，那就是关键时候谁第一个站出来。

难道我们真的就无法走出这种困境吗？其实并不是这样，集体陷入困境是囚徒困境的一种延伸，这种情况在我们身边有很多，这其中很大的原因在于缺乏沟通和合作。同时还有一点便是，人性的自私和懦弱。正因为如此，那些敢于在危险面前挺身而出的人才会被称为英雄。

现实中遇到困难的时候经常会出现英雄。1993年8月17日，人们一夜之间知道了一位英雄的名字，那便是徐洪刚。这一天他在探亲返回部队的长途汽车上，发现了4名歹徒在勒索一名女乘客，同时还伴随着肆意的侮辱。他勇敢地站出来，同4名歹徒进行搏斗。最终，身上被捅伤14处，肠子流出体外50多厘米。他以惊人的毅力，忍着剧痛，用背心兜住肠子，跳下车去追赶歹徒，最终倒在血泊中。他的这种精神感染了当地人民，在他住院期间，自发到医院看望他的人民群众达6000多人。

并不是每个人都可以做英雄，但是我们应该增强道德观和责任感。不敢做第一个站出来的人的确情有可原，但是在别人站出来之后还不敢站出来，那就是没有责任感。相对于没有人站出来与歹徒搏斗而言，只有一人站出来，而其他围观的人更令人愤怒。

再来谈一谈沟通与合作。如今，手机已经成为一种非常普遍的通信工具，几乎人手一部。曾经有媒体与警方联合推出了一项短信报警服务。在群众遇到困难的时候，可以不动声色地用短信报警，既不惹怒犯罪分子，也不用担心歹徒报复。如果"二战"之前的通信就如今天这般发达，人们能够通过手机、网络交流思想，进行沟通，那么希特勒的阴谋可能就无法实现了。

第四篇

走出
囚徒困境

最有效的手段
是合作

在囚徒困境模式中有一个比较重要的前提，那便是双方要被隔离审讯。这样做是为了防止他们达成协议，也就是防止他们进行合作。如果没有这个前提，囚徒困境也就不复存在。由此可见，合作是走出囚徒困境最有效的手段。

常春藤盟校中的每一所学校几乎在全美国，甚至全世界都有名，他们培养出的知名人士和美国总统更是令其他学校望尘莫及。就是这样积聚着人类智慧的地方，却曾经为了他们之间的橄榄球联赛而颇感苦恼。20世纪50年代，常春藤盟校之间每年都会举行橄榄球联赛。在美国，一所大学的体育代表队非常重要，不仅代表了自己学校的传统和精神，更是学校的一张名片。因此，每所大学都拿出相当长的时间和足够的精力来进行训练。这样的代价便是因为过于重视体育训练而使学术水准下降，仿佛有点本末倒置。每个学校都认识到了这个问题，但是他们又不能减少训练时间，因为那样做，体育成绩就会被其他几个盟校甩下。因此，这些学校陷入了囚徒困境之中。

为了更形象地看这个问题，我们来建立一个简单的博弈模型。假设橄榄球联赛中的参赛队只有哈佛大学和耶鲁大学，原有训练时间所得利益为10，若是其中一个学校减少训练时间，则所得利益为5。这样我们就能得到一个矩阵图：

耶鲁大学

	减少时间	不减少时间
哈佛大学 减少时间	（10，10）	（5，10）
不减少时间	（10，5）	（10，10）

首先解释一下，为什么两个学校同时减少训练时间得到的结果跟同时不减少时间时一样，都为（10，10）。因为大学生联赛虽然是联赛，但是无论如何训练，水准毕竟不如正式联赛。人们关注大学生联赛：一是为了关注各学校之间的名誉之争，二是大学生联赛更有激情。因为运动员都是血气方刚的大

学生。因此，如果两所大学同时减少训练时间，只会令两支球队的技术水平有所降低，但是这并不会影响到比赛的激烈程度和受关注程度。所以，同时减少训练时间，对两个学校几乎没有什么影响。

最后，各大学都认识到了这个问题。也就是说各大学付出大量的训练时间，接受巨额的赞助得到的结果，与只付出少量训练时间得到的结果是一样的。于是他们便联合起来，制定了一个协议。协议规定了各大学橄榄球队训练时间的上限，每所大学都不准违规。尽管以后的联赛技术水平不如以前，但是依旧激烈，观众人数和媒体关注度也没有下降。同时，各大学能拿出更多的时间来做学术研究，做到了两者兼顾。

上面例子中，大学走出囚徒困境依靠的是合作。合作是人类文明的基础。人是具有社会属性的群居动物，这就意味着人与人之间要进行合作。从伟大的人类登月，到我们身边的衣食住行，其中都包含着合作关系。囚徒困境也是如此，若是给两位囚徒一次合作的机会，两人肯定会做出令双方满意的决策。

说到博弈中各方参与者之间的合作，就不能不提到欧佩克

（OPEC），这是博弈中用合作的方式走出困境的一个典范。欧佩克是石油输出国组织的简称。1960年9月，伊朗、沙特阿拉伯、科威特、伊拉克、委内瑞拉等主要产油国在巴格达开会，共同商讨如何应对西方的石油公司，如何为自己带来更多的石油收入，欧佩克就是在这样的背景下诞生的。后来，亚洲、拉丁美洲、非洲的一些产油国也纷纷加入进来，他们都想通过这一世界上最大的国际性石油组织为自己争取最大的利益。欧佩克成员国遵循统一的石油政策，产油数量和石油价格都由欧佩克调度。当国际油价大幅增长的时候，为保持出口量的稳定，欧佩克会调度成员国增加产量，将石油价格保持在一个合理的水平上；同样，当国际油价大幅下跌的时候，欧佩克会组织成员国减少石油产量，以阻止石油价格继续下跌。

我们假设没有欧佩克这样的石油组织将会出现什么样的情况。那样的话，产油国家将陷入囚徒困境，世界石油市场将陷入一种集体混乱状态。

首先，是价格上的囚徒困境。如果没有统一的组织来决定油价，而是由各产油国自己决定油价，那各国之间势必会掀起一场价格战，这一点类似于商场之间的价格战博弈。一方为了增加收入，选择降低石油价格；其余各方为了防止自己的市场不被侵占，选择跟着降价，最终的结果是两败俱伤。即便如此，也不能退出，不然的话，一点儿利益也得不到。囚徒困境将各方困入其中，动弹不得。

其次，产油量也会陷入囚徒困境。若是价格下降了，还想保持收益甚至增加收益的话，就势必要选择增加产量。无论其他国家如何选择，增加产量都是你的最优策略。如果对方不增加产量，你增加产量，你将占有价格升降的主动权；若是对方增加产量，你就更应该增加产量，不然你将处于被动的地位。

说到这里，我们就应该明白欧佩克的重要性了，欧佩克解决了各石油输出国之间的恶性降价竞争和恶性增加产油量的问题，带领各成员国走出了囚徒困境。欧佩克为什么能做到这一点？关键就在于合作。

合作将非合作性博弈转化为合作性博弈，这是博弈按照参与方之间是否存在一个对各方都有效的协议所进行的分类。非合作性博弈的性质是帮助你如何在博弈中争取更大的利益，而合作性博弈解决的主要是如何分配利益的问题。在囚徒困境模式中，两名罪犯被隔离审讯，他们每个人都在努力做出对自己最有利的策略，这种博弈是非合作性博弈；若是允许两人合作，两人便会商量如何分配利益，怎样选择会给双方带来最大的利益，这时的博弈便转化为合作性博弈。将非合作性博弈转化为合作性博弈，便消除了囚徒困境，这个过程中发挥重要作用的便是合作。

PART
02

重复性博弈

　　我们经常可以见到这样一种现象，那就是出去旅游的时候，旅游景点附近的餐馆做的菜都不怎么样，但要价高。这样的地方去吃一次，就绝不会有第二次了。既然这样，这些餐馆为何不想办法改善一下呢？仔细一想你就会明白，他们做的都是一次性买卖，不靠"回头客"来赢利，靠的是源源不断来旅游的人。

　　类似这样的事情我们身边还有很多，这些事情向我们说明了一个道理：一次性博弈中不可能产生合作，合作的前提是重复性博弈。一次性博弈对参与者来说只有眼前利益，背叛对方对自己来说是最优策略；而重复性博弈中，参与者会考虑到长远利益，合作便变得可能。

　　你只想和你的商业伙伴做一次生意吗？那样的话你就选择去背叛他好了。但现实情况往往不是这样的，我们会培养自己的固定客户，因为老客户会和我们进行长久的合作，使我们持续获利。再比如，你开了一家餐馆，不是在旅游景点附近，也不是车站附近，而是在一家小区门口，来这吃饭的人大多是附近小区的住户。这个时候，你会选择像前面说的那样把菜做得很难吃而且要价又贵吗？应该不会，如果是那样的话，你的客户将越来越少，关门是早晚的事。很多历史悠久的品牌，如"全聚德""同仁堂"等，正是靠着优质的产品和周到的服务为自己争取了无数的"回头客"，这些品牌也已经成了产品质量的保证。

关于重复性博弈与合作的关系我们总结出两点：

一、理性的人不会选择只与别人做一次生意，"一锤子买卖"。因为这样做的结果只能是短期获利，从长远来看会吃亏。考虑到长远利益，理性的人会选择与对方合作，进行重复性博弈。

二、合作的基础是长期性的交往，有共同的未来利益才会选择持续合作，没有共同的未来利益就没有合作。

如果将一次性博弈转化为重复性博弈，结局便会完全不同。因为你若是在前一轮博弈中贪图便宜，损害对方利益，对方则会在下一轮博弈中向你进行报复。我们都知道黑手党是国外的一个黑社会团体，虽然从事的是肮脏的地下交易，但是他们内部组织严密。黑手党中有许多规矩，其中一条便是：若被警察抓住，不得供出其他成员，否则将受到严惩。这里的严惩多半是被处死。在这里我们套用一下囚徒困境的模式，假设被抓进去的两个罪犯都是黑手党成员，他们还会选择出卖对方吗？

结果应该是不会。我们假设这两个罪犯的名字依然为亚当和杰克。亚当会想，虽然供出对方对我来说是最优策略，但是这样出狱以后就会被处死，自己不能心存侥幸，觉得跑到天涯海角就能躲过一劫，黑手党是无处不在的，与其出去被打死，还不如坚持不坦白，在牢里安心待着。同样，杰克也会这样想，最终结局便是两人都选择不招供。为什么在前面几乎是不可能的合作，到了这里变得如此简单？因为前面的囚徒困境是一次性博弈，二人不需要考虑出狱以后的事情。但是在这里不同，出狱以后两人还会进行一次博弈，并且根据当初在狱中是否出卖了对方，而得到相应的结局。这样，一次性博弈变为了重复性博弈，两人也由出卖对方转化为了合作。

我们建立一个简单的博弈模型，若是亚当出卖了杰克，出狱后会被黑手党组织打死，所得利益为0；若是亚当没有出卖杰克，出狱后平安无事，所得利益为10。杰克同样如此。我们将这几种可能表现在一张矩阵图中：

亚当

		坦白	不坦白
	坦白	（0，0）	（0，10）
杰克	不坦白	（10，0）	（10，10）

图表中很明显地显示出，选择向警方坦白，出狱后死路一条；选择不坦白，虽然会多坐几年牢，甚至终身监禁，但是没有生命危险。很明显，两名罪犯都考虑到这一点，肯定会选择不坦白。正是第二场博弈的结果影响到了第一次博弈的选择，体现了我们所讲的重复性博弈促成合作。

并不是只要博弈次数多于一次，就会产生合作，博弈论专家已经用数学方式证明，在无限次的重复博弈情况下，合作才是稳定的。也就是说，要想双方合作稳定，博弈必须永远进行下去，不能停止。我们来看一下其中的原因。

原因有两点：一是能带来长久利益，比如开餐馆时的"回头客"。二是能避免遭到报复，你若是背叛对方，定会招致对方在下一次博弈中报复，比如黑手党囚犯宁愿选择坐牢也不供出同伙，就是怕出狱后遭到报复。其实这两个原因可以看作是一个原因，怕对手报复也属于考虑长久利益。

当我们知道某一次博弈是最后一次的时候，我们就不会再考虑长久利益，也不会有下一次博弈中对对手报复的担忧，这时背叛对方又成了博弈各方的最优策略。假设你决定明天就将餐馆关闭，或者转让给他人，那么今天晚上你与顾客之间便是最后一次博弈。这个时候虽然餐馆老板基本上不会这样做，但是从博弈论的角度来说，做菜的时候偷工减料、提高菜价，对你来说是最好的一种策略。正如两名罪犯虽然是黑手党成员，如果他们知道自己的组织被一锅端了，出去之后没有人会威胁自己，这时候他们便会选择背叛对方。

美国著名博弈论教授罗伯特•埃克斯罗德教授曾经做过这样一个有名的试验：这个实验非常简单，选择一群人，让他们扮演囚徒困境中的其中一位囚犯的角色，将他们每一次的选择统计好之后再输入电脑里。

最开始是一次性博弈，只有一次选择机会，不出意料，参与者都选择背叛对方。后来博弈次数不断增多，直至双方的博弈次数增加到了200次。最后的统计结果告诉我们，无论是2次还是200次，只要是有限重复博弈而不是无限重复博弈，博弈参与者都会选择背叛对方。

我们先来分析一下二次重复博弈中的情况。第二次博弈其实是最后一次博弈，这时双方没有后顾之忧，不必为将来的利益或者报复操心，所以肯定会选择背叛对方。由此往上推，第一次博弈中，甲会想，无论我选择背叛对方还是与对方合作，他都会在第二次博弈中背叛我，与其那样，还不如在第一次博弈中我就背叛对方。同时，另外一位参与者也是这样想的。所以，尽管是二次重复博弈，但是两人会在第一次博弈中就选择互相背叛。

3次重复博弈、4次重复博弈，直至200次重复博弈都是这个道理。只要重复博弈有次数限制，不是无限重复博弈，人们的选择都是相同的，都会选择背叛对方。这

081

种结果是让人绝望的。人的寿命是有限的,博弈总有结束的那一天,也就是说世界上没有什么博弈是无限重复的。按照上面的说法,合作就变得永远不可能。

但我们知道现实中的情况并非如此,如前面举的例子中,餐馆的"回头客"同餐馆之间的关系便是合作;黑手党成员在监狱中共同不招供出对方也是合作。没有人会在一个餐馆吃一辈子饭,黑手党组织也早晚有解散的那一天,如此说来,他们之间的博弈也应该属于有限重复博弈,那他们之间为什么会出现合作呢?这是因为没有人知道这些博弈会在哪一天结束。不知道何时结束的博弈,就相当于无限重复博弈,便会催生出合作。

PART
03

不要让对手
看到尽头

有这样一个笑话，一个年轻人去外地出差，这期间他觉得自己的头发有点长，便准备去理发。旅店老板告诉他，这附近只有一家理发店，刚开始理得还不错，但是因为只有他一家店，没有竞争，所以理发师理发越来越草率。但人们也没办法，只得去他那里理发。年轻人想了想，笑道："没事，我有办法。"

年轻人来到这家理发店，果然同旅店老板说的一样，店里面到处是头发，洗头的池子上到处是水锈，镜子不知道有几年没擦了，脏乎乎的照不出人影。理发师坐在一旁的沙发上跷着二郎腿，叼着一支烟，正在看报纸。等了足足有三分钟，他才慢悠悠地放下报纸，喝了一口茶，然后说道："理发呀？坐那儿吧。"

年轻人笑着说，我今天只刮胡子，过两天再来理发。理发师胡乱地在年轻人脸上抹了两下肥皂沫，三下五除二就刮好了。年轻人一看，旅店老板说得一点都没错，理发师技术娴熟，但是非常草率，甚至连下巴底下的胡子都没刮到。不过他也没说什么，笑着问道："师傅，多少钱？"

"2元。"理发师没好气地回答说。

"那理发呢？"年轻人又问道。

"8元。"

于是年轻人从钱包里拿出10元钱递给理发师，说："不用找钱了。"

理发师没见过这样大方的客户，于是态度立刻来了一个一百八十度大转弯，笑盈盈地把他送到门外。临走时，年轻人说两天之后来理发。

两天过去了，等年轻人再来理发的时候，发现理发店里面被打扫得干干净净，水池中的水锈也不见了，镜子也被擦得一尘不染。理发师笑呵呵地把年轻人迎进了店内，并按照年轻人的要求给他理发，理得非常仔细、认真。

理完之后，理发师恭敬地站在一边。年轻人站在镜子面前前后看了看，对理发师的水平非常满意，然后拂了拂袖子就要出门。理发师赶忙凑上前来说还没给钱呢，年轻人装出一脸不解地说："钱不是前两天一起给你了吗？刮脸2元，理发8元，正好10元。"

理发师自知理亏，哑口无言，年轻人笑着推门而去。回到旅馆后，旅店老板和住宿的客人都夸年轻人聪明。

这个故事中聪明的年轻人知道，自己是外地

人，与当地的理发馆之间做的是"一锤子"买卖，也就是一次性博弈，理发师八成会非常草率。于是，他便聪明地将一次性博弈转化为了重复性博弈。也就是把原本一次性就可以完成的理发加刮脸，分成了两次。并且先刮脸，后理发，先小后大，先轻后重。

重复性博弈的特点就在于第一次制定策略时要考虑到预期收益或者预期风险。这个故事中理发师按理说不会考虑预期收益，因为这里只有他一家理发店，人们别无选择。但是年轻人考虑到了这一点，在第一次博弈，也就是刮脸的时候多给了不少钱，让对方感受到了预期收益。理发师会想，我给他刮脸刮得这样草率他居然给了我那么多钱，下次给他理理得好一点，他肯定会给更多钱。这样想便中了年轻人的招，结果就是上面我们所说的。

我们总结一下年轻人成功的关键，首先是将一次性博弈转化为重复性博弈，因为重复性博弈是合作产生的保障；其次是让对方看到未来收益。这两点在我们买东西讨价还价的时候经常用到，讨价还价的时候我们经常会说"下次我们还来买你的东西"，或者"我们回去用得好的话，会让同学朋友都来买你的"。虽然这种话大都是随口说出来的，但是其中包含的道理是博弈论中重复性博弈和预期收益。

那年轻人占了一次便宜之后还会不会继续去这家理发店理发呢？如果是一个理性的人，他是不会这样做的。因为理发师在被戏弄之后，知道自己同年轻人打交道并没有预期收益，便会放弃提供更好的服务。假设这位年轻人是一个黑帮成员，身体强壮，扎着马尾辫，露出的胳膊上有五颜六色的文身。这个时候，理发师同样会提供良好的服务，因为这样做虽然没有预期收益（甚至连钱都不给），但是可以避免预期风险。

在有限重复博弈中，最后一次往往会产生不合作，这也是年轻人将一次性博弈转化为重复性博弈的原因。同样，我们在上一章中提到的一个关于利用囚徒困境争取低进价的例子中也涉及了这一点。

我们来简单复述一下这个例子，假设你是一家手机生产企业负责人，某一种零部件主要由甲乙两家供货商提供，并且这种零部件是甲乙两家企业的主要产品。如果你想降低从两家企业进货的价格，其中一种做法便是将两家企业导入囚徒困境之中，让他们进行价格战，然后你坐收渔翁之利。具体的做法是这样的：

你宣布哪家企业将这种零件的零售价从10元降到7元，便将订单全部交给这家企业去做。这样的话，虽然降价会导致单位利润减少，但是订单数量的增加会让总的利润比以前有所增加。这个时候，如果甲企业选择不降价，乙企业便会选择降价，对于乙企业来说这是最优策略；如果甲企业选择降价，乙企业的最优策略依然是降价，如果不降价将什么也得不到。同样，甲企业也是这样想的。于是两家企业都选择降价，便陷入两人囚徒困境，结果正好是这家手机生产企业想要的。

前面分析的时候我们也说过，模型是现实的抽象，现实情况远比模型要复杂。囚徒困境中每一位罪犯只有一次博弈机会，所以他们会选择背叛，但是两家供货商之间的博弈并非一次性博弈。可能在博弈最开始的时候，两家企业面对你的出招有点不适应，看着对方降价便跟着降价。但是，这样一段时间之后，他们作为重复性博弈的参与者，就会从背叛慢慢走向合作。因为他们会发现，自己这样做的结果是两败俱伤，没有人占到便宜。等到他们意识到问题，从背叛走向合作的时候，你的策略便失败了。若是双方达成了价格同盟，局势将对你不利。

做出上面的分析之后我们给出了两个建议，一是定下最后的期限，二是签订长期供货协议。定下最后期限，比如月底之前必须做出降价与否的决定，这样就能把重复性博弈定性为有限重复博弈。因为我们已经知道，有限重复博弈中双方还是会选择互相背叛。然后趁双方背叛之际实施第二个策略，立刻签订长期供货协议，将囚徒困境得到的这个结果用合同形式固定下来。

上面的两个例子中，第一个是年轻人巧施妙计，将一次性博弈化为重复性博弈，从而有了后面的合作；而第二个例子中，企业将重复性博弈确定为有限重复博弈，将对方置于相互背叛的境地，以破坏对方的合作。由此可见博弈论的魅力所在，无论你是什么身份，总能帮自己找到破解对方的策略。

讲了这么多的重复性博弈，最后要补充一点。生活中两人囚徒困境毕竟是少数，多数是多人囚徒困境。多人囚徒困境因为参与者太多，情况更为复杂，任何人的一个小小失误，或者发出一个错误的信号，就会导致有人做出背叛行为，然后形成连锁反应，选择背叛的人数会越来越多，最终导致整个集体所有人都会选择背叛。双方博弈中只要有一方主动提出合作，另外一方同意，合作便达成了，而多人博弈中很难有人会主动选择合作。所以说多人博弈中，无论是有限次数博弈还是无限次数博弈，都很难得到稳定的合作。

在欧洲建立共同体，推进货币统一的过程中，曾经出现了1992年的英镑事件。当时在考虑建立一种统一货币制度的时候，每个国家虽然表面上同意合作，却暗地里都在维护本国利益，其中隐含着一个囚徒困境。无论是德国、英国，还是意大利，大家都在小心翼翼地维持着谈判和合作的继续进行。但正是因为一个非常小的信号导致了当时合作的失败，并且陷入了困境。

德国在这场谈判中的地位既重要又特殊，首先是维护欧洲区域的货币稳定，其次还要顾及自己国家的货币稳定。在如此压力之下，德国联邦银行总裁在某个场合暗示，德国不会牺牲国家利益。这句话看似没有问题，其实包含着很多信息。合作需要每一方都牺牲自己的一部分个体利益，如果德国不想牺牲本国利益，那么囚徒困境中的其他国家也不会选择牺牲本国利益。这种结局便是囚徒困境中的相互背叛。再加上德国联邦银行总裁是个举足轻重的人。这一条信息不但使谈判陷入僵局，同时被国际财团嗅到了利益，引来了国际财团的资金涌入，由此导致了1992年的英镑危机。

合作是人类拥有一个美好未来的保障，因此我们要多促成合作。当年的谈判危机早已解决，欧元现在已经在欧洲使用多年，并且越来越稳定。

PART
04

防人之心不可无

　　《功夫熊猫》是一部含有中国元素的好莱坞动画电影，2008年上映之后取得了优异的票房成绩，剧中的主人公也赢得了人们的喜爱。影片中有这样一段剧情，浣熊师傅捡来了被遗弃的小雪豹，并从小教它功夫。浣熊师傅非常宠爱这只雪豹，将自己的武艺全部传授给了它。结果雪豹长大后变得异常贪婪，认为师傅还有没有传授给自己的功夫，最终师徒反目成仇。此时的雪豹不但学了一身功夫，还身强力壮，浣熊已经很难将它制服。

　　再看看在中国流传的一个故事：传说猫是老虎的师傅，老虎的每一招每一式都是从猫那里学来的。看到老虎学习过程中的威猛，猫心里盘算，若是有朝一日老虎学好了本领，我也就成了它口中的食物了。那该怎么办呢？最后猫想出一招，那就是"留一手"。这一手也就是我们熟知的爬树本领。这一天猫对老虎说，我已经把我所有的本领都传给了你，你可以走了。果然不出猫所料，这时老虎露出了尖利的牙齿，向猫扑了过来。猫早有防备，转身便爬到了树上。老虎这时傻了眼，知道自己被猫戏弄了，但是无奈不会爬树，只能气得用爪子去抓树皮。而猫呢，三两下就跳到了别的树上，然后一溜烟逃走了。

这两个故事讲的都是师傅给徒弟传授功夫，《功夫熊猫》中的浣熊师傅毫不吝啬地将毕生功夫都传授给了雪豹，结果失去了对它的控制，险些酿出大祸，危害百姓。而第二个故事中的猫则理智得多，它知道为自己留一手。这便是我们常说的"防人之心不可无"。博弈也同样适用这个道理。

博弈的前提便是参与者为理性人，因为我们知道每个人都在为自己争取最大利益。这个时候，大家一般会非常小心地戒备对方，怕对方从自己手中争夺利益。但是，当博弈中出现了合作，这个时候参与者便降低了对对方的戒心。上面的两个故事同时也是两个博弈，而且都是合作博弈，对对方是否抱有戒心使得两个故事出现了不同的结局。这给我们以启示：合作时要真诚，但是防人之心不可无。

博弈中的合作是各方为了得到更大的集体利益，选择牺牲一部分利益而走到一起的。我们要明确的一点是：合作的基础是双方知道有利可图，利益仍然是第一要素，而绝非真诚和忠诚。关键是我们要做好准备，随时应对出现的各种可能，这样才能做到遇事不慌，从容应对。前面例子中的猫便是如此，它已经计划好了如果老虎忘恩负义，自己该怎么应对，所以在老虎露出真面目的时候能够做到临危不乱，从容不迫。

对对方保持戒备之心，随时观察对方的一举一动，这是敌对双方之间最起码要做到的。兵书《孙子兵法》上有云："知彼知己，百战不殆。"说的便是密切关注敌方一举一动，掌握

了全面信息便能百战百胜。这就像打牌一样，你不仅知道自己的牌，如果还知道对手的牌，而对手还蒙在鼓里。这个时候赢对手易如反掌。在这里我们得出两个结论：

一是要永远对对手保持警惕，认识到你们之间合作的目的是利益。

二是注意密切关注对手的一举一动，谁掌握了信息，谁就掌握了主动。

一些粗枝大叶的人以为双方由对抗转入合作就可以高枕无忧了，这样的人往往是博弈中的输家。

《孙子兵法》教给我们的不止这些，其中的"兵不厌诈"也该加以防备。"兵不厌诈"也是如此，可能前面的都是假动作，是为了最后一击做准备的。

最后就是给自己留一条后路，如同猫把爬树的本领留给自己一样。这样在对手背叛之后，可以有制敌之法，或者保证自己不受损失。《红楼梦》中王熙凤和平儿在为人做事上面有很大差异，王熙凤做事非常绝；而平儿则对人友善，轻易不得罪人。尤其在对待下人方面，王熙凤非常严厉，不留情面；而平儿则多加安抚，非常得人心。等到了四大家族"墙倒众人推"的时候，平儿靠着众人的帮助，渡过了重重难关，得以脱险。这正是靠着她以前行善，为自己赢得了人心，也为自己留下了一条后路。

第五篇

智猪博弈

商战中的智猪博弈

智猪博弈又叫搭便车博弈，是指这样一种情形：猪圈里有两头猪，一头大猪，一头小猪。猪圈一边有一个按钮，另一边有食槽。按下按钮后，食物会落在另外一边的食槽中，假设为10个单位，而按按钮要消耗2个单位的食物，并且会导致另一只猪抢先跑到槽边进食。若大猪先到槽边，大小猪吃到的食物比为9：1；小猪先到槽边，大小猪食物比为5：5；一起到槽边，大小猪食物比为7：3。在这种博弈中，如果两头猪都有智慧，则会出现大猪去按按钮，小猪则等着搭便车的结果。

现在，世界范围内的主流经济体系便是市场经济。市场经济又被称为自由企业经济，在这种经济体系下，同行业的众多企业会为了追求自己的经济利益而进行激烈竞争。当然，有竞争就必定有博弈。这些参与竞争的企业规模有大有小，实力有强有弱。他们之间便会像智猪博弈中的大猪和小猪一样，彼此之间展开博弈。所以，当一个具有规范管理和良好运作的小公司为了自我的生存和发展必须和同行业内的大公司进行竞争的时候，小公司应当采取怎样的措施呢？在兵法《三十六计》中，名叫"树上开花"的第二十九计是个不错的选择。

"借局布阵，力小势大。鸿渐于陆，其羽可用为仪也。"这句话出自《三十六计》。其中"借局布阵，力小势大"的意思是弱者可以通过某些手段造成对自己有利的阵势。"鸿渐于陆，其羽可用为仪"一句源自《易经》，是对一种吉祥卦象的解释，本义是指当大雁着陆后，可取其羽毛作为编制舞蹈器具的材料。这一计策的原理就是身处弱势时，可以凭借其他因素，比如利用比自己强大的东西来充实壮大自己。

20世纪中期，美国专门生产黑人化妆品的公司并不多，佛雷化妆品公司算得上是其中的佼佼者。这家公司实力强劲，一家独大，几乎占据了同类产品的所有市场。该公司有一位名叫乔治·约翰逊的推销员，拥有丰富的销售经验。后来，约翰逊召集了两三个同事，创办了属于自己的约翰逊黑人化妆品公司。与强大的佛雷公司相比，约翰逊公司只有500美元和三四个员工，实力相差甚远。很多人认为面对如此强悍的对手，约翰逊根本是自寻死路。不过，约翰逊根据实际情况和总结摸索出来的推销经验，采取了"借力策略"。他在宣传自己的第一款产品时，打出了这样一则广告："假如用过佛雷化妆品后，再涂上一层约翰逊粉质化妆霜，您会收到意想不到的效果。"

当时，约翰逊的合作伙伴们对这则广告提出了质疑，认为广告的内容看起来不像是在宣传自家的产品，反倒像是吹捧佛雷公司的产品。约翰逊向合作伙伴们解释道："我的意图很简单，就是要借着佛雷公司的名气，为我们的产品打开市场。打个比方，知道我叫约翰逊的人很少，假如把我的名字和总统的名字联系在一起，那么知道我的人也就多了。所以说，佛雷产品的销路越好，对我们的产品就越有利。要知道，就现在的情况来看，只要我们能从强大的佛雷公司那里分得很小部分的利益，就算是成功了。"

后来，约翰逊公司正是依靠着这一策略，借助佛雷公司的力量，开辟了自己产品的销路，并逐渐发展壮大，最后竟占领了原属佛雷公司的市场，成为该行业新的垄断者。

现在，让我们依照智猪博弈的模式来分析一下这个成功的营销案例。

在这场实力悬殊的竞争中，约翰逊公司就是那只聪明的小猪，佛雷公司便是那只大猪。对实力微弱的约翰逊公司来说，要想和佛雷公司竞争，有两种选择：

第一，直接面对面与之对抗；

第二，把对方雄厚的实力转化为自己的助力。

很显然，直接对抗是非常不现实、非理性的做法，无异于以卵击石。所以约翰逊做出的选择是先"借局布阵，力小势大"，借着对方强大的市场实力和品牌效应为自己造势，并最终获得了成功。

从另一个角度来说，当竞争对手是在实力上与自己存在很大差异的小公司时，大公司的选择同样有两种：

一、凭借着自己在本行业中所占据的市场份额，对小公司的产品进行全面压制，挤掉竞争对手。

二、接受同行业小公司的存在，允许它们占领市场很小的一部分，与自己共同分享同一块"蛋糕"。

不过，在我们上面讲述的案例中，约翰逊的聪明做法使得佛雷公司无法做出第一种选择来对付弱小的约翰逊公司。理由很简单，那就是约翰逊的广告。对于佛雷公司来说，这则广告非但没有诋毁自己的产品，而且起到了某种宣传的作用。更何况，在这种情况下全面压制对方的产品既费时又费力，还要投入更多的资金，既然有人免费帮忙宣传自己的产品，又可以给自己带来一定的利益，何乐而不为呢？

我们前面说过，大猪和小猪同时存在是智猪博弈模式存在的前提，即小猪虽然与大猪同时进食，却不曾对大猪所吃到食物分量造成严重的威胁。

具体到商业竞争中，当大公司允许小公司存在的时候。通常，小公司一旦进入市场并存活了下来，就会守住自己的市场份额，分享着由大公司经营策略所带来的机会和利润。不过，作为商业竞争的参与者，任何一个公司都不可能永远安于现状。所以，小公司必定会尽力发展自己，增强自身的实力。

对于大公司而言，一旦发现小公司的实力对自己造成威胁的时候，就应当采取相应的行动，对小公司进行打压，限制其发展。但是，在佛雷公司和约翰逊公司的商业博弈中，佛雷公司正是由于忽视了这一点，没有清楚地认识到约翰逊公司对自己造成的威胁，最终导致了自己被吞并的结局。

在美国，可口可乐和百事可乐公司长期以来都是饮料行业的两大龙头。在20世纪70年代末期，除去这两个公司旗下的产品外，该行业内还有一些其他的饮料产品。这类产品质量不高，属于该行业的低端产品，因为价格低廉让它们也能在市场中占有一定的份额。对于两大龙头公司来说，这类产品无论是在质量还是在产品的市场定位上，虽然具有一定的威胁性，却也十分有限。所以，可口可乐和百事可乐两家公司在最开始的时候，对这类产品采取了容忍的态度，允许它们与自己的产品同时出现，分得很少一部分市场份额，共享市场带来的利润。

在这类产品中，有一个主打牌子的生产商不满足于自己所占有的市场，开始尝试生产高质量的饮料产品，并以低价位向被两家龙头企业占据的市场发起冲击。随着这个具有地区性牌子的饮料不断发展壮大，该产品生产商的实力得到了大幅度提升，其产品市场占有率后来竟然高达30％，大有与两家龙头公司分庭抗礼之势。

意识到这个品牌的威胁后，可口可乐和百事可乐两家公司同时采取措施，联手降低自己产品的价格，开始入侵原本不屑一顾的低价位市场。在此情况下，包括上述这家生产商在内的众多小公司都纷纷倒闭。最终，这类产品的市场被可口可乐公司和百事可乐公司瓜分。

在上述这两个案例中，竞争对手相对单一。在经济快速发展的今天，跨区域、跨地界的合作越来越多，同一行业内不再是一家独大，经常会出现多个龙头企业存在的情况。其实，早在日本索尼公司创始人之一的盛田昭夫担任总裁的时候，他便提出了著名的"间隙理论"。这个理论的内容非常简单。他认为如果把每个企业所占有的市场用圆圈来表示的话，不同的圆圈中间必定存在一定的间隙，也就是说在各个企业瓜分市场份额时，总有剩余空间。所以，对于那些规模和实力都不太强的中小企业来说，市场的这种间隙就是它们要努力开拓的生存空间。而且，如何在强手如林的夹缝中生存下来，就是这些中小企业经营策略的主导方向。通常情况下跳出原本的经营理念，依据自身的特点，去开创自身特有的市场。

总而言之，当智猪博弈运用在商业竞争中的时候，同样需要遵循一定的前提条件。当竞争对手间存在较大差异的时候，实力弱小的竞争者要对实力强劲者先观察，了解对方产品在市场中的定位以及市场占有率。与此同时，要对自己的情况和产品有清楚的认识，并制定出合理的经营理念，把自己产品的市场定位与对手错开，避免与强大对手的直接对抗，转而借助对手创造的市场为自己寻找机会。另一方面，自身实力雄厚的竞争者，如果确定竞争对手的实力与自己相差很多，那么就不必在竞争之初便耗费过多的资源和精力压制对方，只要时刻关注对方的发展，不对自己构成威胁即可。毕竟，"共荣发展、共享利益"才是智猪博弈模式最终达到的一种平衡。

股市中的"大猪"和"小猪"

股票和证券交易市场都是充满了博弈的场所，且博弈环境和博弈过程非常复杂，可谓是一个多方参与的群体博弈。对于投资者来说，大的市场环境、所购买股票的具体情况、其他投资者的行动都是影响他们收益的主要因素。对于购买了股票的投资者来说，他们都是股市博弈的参与者，而整个股市博弈便是一场智猪博弈。

依据投资金额的多少，我们可以把投资者简单归为两类，一类是拥有大量资金的大户，一类是资金较少的散户。

股票投资中的大户因为投资的金额较大，所以，为了保证自己的收益，他们必定在投入资金前针对股市的整体情况以及未来的走势进行技术上的分析，还有可能雇用专业的分析师或是分析公司做出准确的评估和预测，为自己制订投资的计划和具体策略。

一旦圈定了某些股票后，他们会收集该股票的相关信息，以确保自己能够以较低的价位买进，在固定的金额内尽可能买进最多的份额。当然，这些信息的收集和分析都会消耗不少的时间和金钱。这些开支都被投资者计算在了投资成本中。

考虑到自己前期的投入，利益至上的大户一旦选定了某只股票，资金进入市场，就不会轻易赎回。对于大户来说，他们在计算股票收益时，必须扣除前期投入的成本，剩余的才算是自己真正的收益。所以，他们最希望看到的局面就是股价呈现出持续的上扬趋势，自己所持的股票市值不断地增加。

相对地，那些散户在把资金投入股市前的行为刚好与大户相反。在通常情况下，他们在选择投资股票的时候，往往会做出随大溜的举动。散户最常见的做法就是看哪只股票走势好，就投资哪只股票。因为，在这些散户看来，股票的走势好就意味着选择这只股票的人很多。事实证明，这并非一种明智的做法。因为在股票交易市场中，"投资这只股票的人多"并不是"这只股票一定挣钱"的充分条件，只能说存在出现这种结果的可能。

从另一方面来说，散户虽然资金不多，但在某种程度上也是一种优势。相较于大户资金投入后较稳定的情况，因为资金数额小，散户便可以在交易中实现自由进出，资金的灵活性很强。一般情况下，买入卖出会更灵活，船小好掉头。

"涨了便抛售，跌了就买进"是散户最常见的投资行为。对于那些具有一定资金实力的大户来说，他们投资就是为了能使利益得到最大化。所以，他们不会坐等整个股市的行情向自己有利的方向发展。在必要的时候，他们会选择主动出击，甚至会利用自己的资金优势，来影响某一只股票股价的走向。

对于散户来说，最好的情况就是能够清楚地了解大户的投资策略。大户投资哪只股票，自己就跟着投资哪只股票。这样，散户就可以像"小猪"那样坐享其成，从大户的投资行为中为自己获取利益。所以说，"寻找大户的投资对象，及时跟进"就是散户在股票证券交易中的最佳策略。

不过，"让大户们为自己服务"只是一种最理想化的情况。我们是基于智猪博弈推断出这一情况的。而且，在该模

式中，"大猪"和"小猪"的行为都严格遵守着模式存在的前提。但是，对于股票和证券交易市场来说，由于存在各种不确定性，所以大户和散户之间博弈的现实情况往往会更为复杂。

这些大户不会像"大猪"那样，傻乎乎地来回奔波，他们会选择隐藏起自己真实的投资行动，让散户无处"搭便车"。甚至，他们会利用散户坐享其成的心理，设局诱使散户做出投资行动，为自己谋利。例如，一个大户可以选择一只极易拉升股价的股票，通过散布一些虚假消息，吸引散户对该股票进行投资，待这只股票价格呈现出一定程度的上涨后，悄无声息地突然卖出，以此让自己在短时间内获得巨额利润。

这种通过设局，诱导散户做出定向投资的大户就是我们常说的"股市大鳄"。他们以雄厚的资金作为投资基础，自然会引导股票的走势倾向于有利自己的一面。当他们利用资金，针对某一只股票开始坐庄时，就相当于形成了一个"猪圈"。此时，如果散户足够精明，能够看穿大户的打算，就可以趁机迅速买进，进入"猪圈"。

在股市中，称王的永远是坐庄的大户。所以，作为股市中的散户，除了要学会耐心等待"猪圈"的形成，抓住"进圈"的时机外，还要切记不可贪婪，获利之后，要学会及时撤出。毕竟，大户所做的决策是以自己获得利益为前提。如果大户选择清仓，绝不会提前预警，往往是突然袭击。在这种情况下，散户就有可能血本无归，成为股市的牺牲品。

奖励机制
拒绝搭便车

　　我们都知道，在实行改革开放的政策前，我国实行的是计划经济。这种经济体制虽然在新中国成立初期对国民经济的发展起到了推动作用，使人们的生活水平得到了提高。不过，到了后来这一体制明显束缚了我国经济的发展。是什么原因导致了这种情况的产生呢？最主要的原因就是在计划经济体制下实行的平均分配原则。无论干活多少，劳动所得都一样，这就严重挫伤了人们对工作的热情和积极性，让人们处在一种无所谓的状态，工作只是为了完成既定的任务，主动和创新精神更是无从提起了。

　　其实，早在战国时期，纵横家的始祖——鬼谷先生王诩在《鬼谷子》一书中曾经说道："用赏贵信，用刑贵正。"即"赏信，则立功之士致命捐生；刑正，则受戮之人没齿无怨也"。也就是说，对于建立功绩的人，要给予赏赐，这会让他们更加勤奋，即便是丧失生命也在所不惜。对于那些做错事的人，即使用严厉的刑罚进行惩戒，他们也不会怨恨。而且，民间也有"无利不起早"这样的俗语。简单地说，奖励机制非常重要。

从现在众多的企业管理实践来看，很多企业在员工的管理与约束方面，并没有建立起完善合理的奖励机制。

例如，在某些企业中，不仅缺乏有效的培育人才、利用人才、吸引人才的机制，还缺乏合理的劳动用工制度、工资制度、福利制度和对员工有效的管理激励与约束措施。当企业发展顺利时，首先考虑的是资金投入、技术引进；当企业发展不顺利时，首先考虑的则是裁员，而不是想着如何开发市场以及激励职工去创新产品、改进质量与服务。

那么，究竟采用什么样的激励制度才能够有效驱动员工呢？

我们知道，搭便车是小猪的最优选择，这让小猪可以不费吹灰之力便获得食物。不过，这种情况源自于智猪博弈的限定条件，而在实际中，这是一种不太合理的情况。仅从社会资源的角度来看，小猪搭便车的行为正是资源配置的不合理表现。试想一下，如果小猪这种搭便车的现象在现实社会生活中是一种绝对合理、不容置疑的做法的话，那么势必会造成一种结果，即大猪的数量逐渐减少，而小猪的数量则会越来越多。所以，我们可以说智猪博弈对于资源的最优配置来说，是不可取的。

作为一个管理者，无论其管辖范围的大小，也许大到一个国家，或许小到一个家庭，资源得到最佳配置是每一个管理者希望看到的结果。而且，通过智猪博弈模式，我们能够体会到奖励制度对企业的重要性。好的制度可以提高企业员工的工作效率，为企业增加效益。反之，不好的制度规则必定会挫伤员工的工作积极性，给企业带来损失，甚至威胁到企业的生存。

于是，怎样杜绝搭便车现象，如何才能让小猪参与到竞争中来，自然成为管理者们想要破解的难题，也是管理者们制定奖励制度要考虑的核心问题。

以智猪博弈为例，每次落在食槽中的食物数量和按钮距离食槽的路程是影响大猪和小猪进食多少的关键所在。那么，就让我们对这两个具有关键性因素的数据进行一些变动，看看改进后会出现什么情况，小猪搭便车的情况是否还依然存在。

假设按钮与食槽距离保持原样不动，那么从食物的数量入手，改进的方式有以下两种：

（1）减少食物的数量。将食物的数量减至原来的一半，即由原来的10份食物变为5份。如此一来，便会产生这样的情况：

假如大猪去碰触按钮，小猪会在大猪返回食槽前就吃完所有的食物，两者进食比例是0∶5；

假如小猪去碰触按钮，大猪会在小猪返回前吃完所有的食物，则两者的进食比例是5∶0。

也就是说，无论谁跑去碰触按钮，结果都是无法吃到食物。谁去碰触按钮就等同于将食物拱手让给对方，为对方服务，自己饿肚子。这样一来，大猪和小猪肯定谁也不愿意动弹，结果便是双双挨饿。看来，这不是一种好的改进方案。

（2）增加食物的数量。将每次落入食槽中的食物总量比原来增加一倍，即变为20份食物。这种改进方法为小猪和大猪都提供了充足的食物。不过，也正是由于这一点，无论大猪还是小猪，只要碰触按钮就可以让自己吃饱，不利于提高大猪小猪碰触按钮的积极性。这种不利于竞争、没有效率的改进方案也不是最好的改进方案。

增加食物和减少食物的改进方案都不符合我们的要求，不能再从食物量上面想办法，可以考虑在按钮与食槽之间的距离上动动脑子。下面便是几种改进方案：

（1）移动食槽位置并减少食物投放量。食物只有原来的一半分量，但同时将食槽与按钮之间的距离缩短。这样，谁碰到按钮之后便会第一时间吃掉落下的食物，而且每次的食物刚好吃完，不会产生浪费。与此同时，随着碰触按钮的次数增加，便会吃到更多的食物，对食物的不懈追求会刺激小猪和大猪抢着碰触按钮的积极性。所以，这一方案既降低了成本，也提高了其积极性。

（2）移动食槽位置但不改变食物投放量。食槽与按钮之间的距离缩短后，跑去按按钮的可以抢到更多的食物，而且，在这种情况下，落入食槽中的食物即使不发生变化，食物的数量相对而言还算充足。那么，无论是大猪还是小猪都会去碰按钮，吃到的食物相应也会增多。不过，在提高积极性方面不如第一种方案。

（3）移动食槽位置并增加食物投放量。按照这种方案，大猪小猪都会碰按钮，也都会得到更多食物。只是这种做法存在一个问题，即成本的增加。这就给每次落下食物的分量提出了很高的要求，如果把握不好有可能会造成浪费。所以，要想成功实施这种方案，存在一定的难度。

综合以上几种情况来看，显然移动食槽位置并减少食物投放量的方案既减少了成本，又刺激了大、小猪的积极性，是最佳的改进方案。

现在，我们以一个具体的例子来分析一下。

一个软件公司的研发部门具有很高的研发水平，该部门的工作人员个个都是技术高手。公司打算开发一款应用软件，经过市场调研，认为一旦开发成功，公司将会赢利5000万元。当然，如果研发工作失败，后果不必多说，必定连前期的投入都无法收回。

在没有其他因素干扰的情况下，这个项目的成败就集中在了该部门人员的工作态度上。如果他们的工作积极性不高，只是为了应付工作而工作，那么这个项目成功的概率必定会下降，我们把这种状态下的成功概率假定为50%。只要他们全身心投入工作，自然能够提升该项目的成功概率，我们将这种状态下的成功概率假定为90%。

为了提高该部门员工的工作积极性，老板决定拿出一笔资金作为该部门人员的奖金。那么，这笔奖金的数额就是这次奖励是否能达到预期效果的关键。

从研发部门员工的角度来看，他们的心中对老板发放奖金的数额自然有所期待。假设研发部门的员工认为，他们所能接受的奖金最低数额是400万元，心中的期待值是600万元的话，那么老板的奖金数额必须高于400万元才行。简单来说，就是老板奖励400万元，软件的成功率是50%；奖励600万元，软件的成功率是90%。

不过，软件公司老板的这种奖励机制是存在问题的。对于公司的老板来说，奖金属于该软件的制作成本。假如在软件还没完成的时候，老板就发放了奖金，的确能够起到刺激员工认真工作的作用。但是，无论是奖励400万元，还是奖励600万元，软件的成功率都不是100％。一旦失败，老板所付出的这些奖金也会付之东流。

如此一来，老板必定会向员工许诺，在软件成功后发放奖金。假设奖金是400万元，那么只能保证员工会好好工作。奖金的数额对员工的刺激有限。假设奖金是600万元，那么员工们肯定会努力工作，全力以赴。

即便如此，老板仍然无法保证该部门的员工将竭尽所能，尽心尽力地完成该项目。那么，到底该采用怎样的奖励机制才能最大限度地发挥员工的能力呢？

我们常说"有奖有罚"。如果公司的老板以此制定奖励机

创意之星　　　　业绩之星　　　　业绩不合格

制将会怎么样呢?

老板可能会制定出这样的规定:如果软件研发成功,研发部门将获得800万元的奖金,如果软件研发失败,那么研发部门将承担100万元的处罚。

从理论上来说,800万元大大高出了员工的期望值,必定会给员工的工作积极性带来很大的提升。如果研发失败,该部门的员工不仅拿不到额外的奖励,还要为自己的失败买单。这种奖励策略的确可以提高员工工作的热情。不过,这就意味着,原本应由老板和公司本身承担的市场风险,其中的一部分以罚金的形式被转嫁到了员工的身上。这种做法不符合常理和实际情况,可行性只停留在理论层面上。

综上所述,该公司老板最合理的奖励方案是:技术部门的每一位员工分得公司1%的股份,可在年底享受公司分红。另外,该项目研发成功后,技术部门整体将获得600万元的奖金。

这样的奖励方案,不仅调动了员工工作的积极性,又通过让员工持有公司的股份,把公司的命运以及可能承担的风险与员工自身的利益结合在了一起。针对这个案例的具体情况,这个奖励方案是公司老板的最优选择。

由此,也让我们意识到,作为一个管理者在制定制度的时候,应当注意以下四点:

第一,奖励机制的奖励程度必须适当。如果奖励太多,就给员工们形成了一个太过于宽松的大环境,造成员工危机感的缺失。奖励太少,不仅起不到奖励的作用,甚至可能会让员工产生埋怨和不满的情绪,得不偿失。所以,奖励机制把握奖励的合理程度，"不及"和"过了头"都不好。

第二，针对不同的奖励对象，奖励机制也要有所不同。例如，一个公司内部的各个部门，分工不同，职责不同，工作的强度和难度不同。所以，奖励机制也应当根据各部门的实际情况略有变动。

第三，有赏有罚，赏罚分明。每个人都各有所长，工作能力有强有弱。作为公司的领导，要善于发现自己下属的优缺点。对于员工的工作成绩要予以肯定和奖励，激发员工的工作热情。当然，对于那些工作不认真、不合格的员工也要及时指出，做出相应的处罚。

第四，奖励制度必须考虑成本。公司运营的目的就是赢利，对于员工的奖励同样属于公司的运营成本，如果只是一味注重奖励的效果，制定出不符合实际情况的奖励制度，既造成了资金上的无谓浪费，也给公司增加了成本上的负担。这种奖励制度无疑将不利于公司未来的发展。

PART

04

学会搭便车

智猪博弈模式中有一种非常奇怪的现象，那就是小猪如果等着大猪去碰按钮，还能抢得一半食物吃。如果是自己去碰按钮，反而消耗的食物比吃的食物多。也就是劳动反而不如不劳动，既然如此，小猪的优势策略就是趴在一边，等着分享大猪的劳动成果，也就是搭便车。

搭便车是一种非常符合经济学理论的行为。而且，在某种程度上来说，实力稍弱的一方可以利用他人的强势，为自己服务，甚至最终获得凌驾于对手之上的结果。所以，当置身于智猪博弈环境中时，搭便车就是极为明智的做法。像前文中提到的约翰逊公司就是通过搭佛雷公司的"车"获得了最终的成功。

事实上，这种行为在社会上并不少见。以现在的图书市场为例，我们通常会看到这样的现象，如果某本图书或是某种类型的图书比较畅销，在随后很短的时间内，市场上就会出现与该书内容相似或相近的图书。例如，《狼图腾》一书在图书市场出现销售火爆的情况后，《狼道》《狼性法则》等相关内容的书籍便纷纷出炉，争相登场。这种情况的出现并不能表明制作这类书籍的书商存在什么道德问题，毕竟从商业利益的角度来看，这种做法能让他们以最小的成本获取最大收益。对于这些书商来说，这是他们的最佳选择。

其实，就以获取利益为目的的营销者来说，搭便车是类似于坐收渔翁之利的营销策略。例如，四川的泸州老窖是国内白酒产品中位列前十名的名牌产品。不过在三十多年前，泸州老窖也只是在四川省省内小有名气，远没有今天这样的知名度。

1987年，在泰国曼谷召开了国际饮料食品展览会。泸州老窖系列产品中的特曲酒获得该届展览会的最高奖。三年后，这款特曲酒又在第十四届巴黎国际食品博览会上，获得了中国白酒产品中唯一的金奖。泸州老窖酒厂抓住时机，借助这两次国际展销会的声望和影响，邀请了当时的一些领导人以及各界有影响力的知名人士参加在人民大会堂召开的正式庆祝活动。同时，在当时的条件下，还借助各种形式的媒体，以获得的国际奖项为由，加大对产品的宣传力度。一时间，泸州老窖的名字传遍了大江南北，成为全国的知名产品。

对泸州老窖来说，只要质量过硬，必定能把自己的产品打入全国市场，乃至国际市场，只是需要一定的时间罢了。但是，泸州老窖酒厂借助产品获得国际奖项的机会，不仅提早完成了扩展市场的目标，而且在很短时间内就见到了成效。可谓是成功运用搭便车这一策略的范例。

通常情况下，搭便车的行为多是实力稍弱者采用的策略。实力弱的小企业借助强势大企业的实力，经常可以通过很少的投入，获得较多的回报。有些时候，小企业不仅能和大企业收获相同的回报，有时候获得的收益甚至高于大企业。在这种情况下，便会产生大企业被众多小企业拖垮的可能。大企业为了避免被小企业赶超或是拖垮，必定会不断提高自身产品的质量，加快技术的革新，制造出领先一步的新产品，抢先占领新市场。

在博弈中，搭便车的行为不仅限于实力存在差距的博弈者之间，即便是在博弈者实力相当的博弈中，这种策略也是可行的。例如，英特尔和AMD之间的博弈就是如此。

对于广大的普通消费者来说，人们更熟悉英特尔这个品牌。其实，那些真正从事电脑产业的人很清楚，AMD和英特尔一样，也是CPU产业中的佼佼者。两者在技术方面都具有强劲的实力，甚至在某些时候，AMD的技术实力更胜一筹。在CPU的更新换代上，两者之间的竞争从来都没有停止过。

我们总是从广告中得知英特尔推出的新一代CPU产品的信息。这样的信息，很容易让人以为英特尔在CPU产品的更新升级方面始终处于领先地位。然而，事实恰恰相反，CPU的每一次升级都是由AMD率先完成的。

最典型的就是CPU的规格从奔腾Ⅲ升级为奔腾Ⅳ。最先完成这一升级计划的并不是广大消费者熟知的英特尔，而是AMD。AMD在完成新一代处理器后，便立即投放市场，开始推销自己的最新产品。对于这种具有高科技的新产品来说，消费者不可能在产品刚刚上市的时候，就形成强劲的购买力。必须经过一段时间的了解，当消费者逐渐熟悉了新产品的功能和效用后，才

可能在认知上认同新产品，从而形成购买欲望和热情。

所以，AMD的新处理器上市两个月后，市场上才刚刚形成了一定的购买力。此时，英特尔出招了。英特尔高调推出了自己的同类产品。消费者的购买目标就会转向英特尔的产品。由此，AMD辛苦了几个月的宣传成果被英特尔"截取"了。

AMD虽然在技术领域与英特尔不相上下，但是在市场占有量上远不如英特尔。这是因为英特尔凭借着自身强大的资金优势，在产品的宣传上耗费了大量的时间和资金，以此在消费者心中确立了自己是该领域龙头老大的地位。即便拥有资金和市场份额的优势，英特尔并没有时时冲在前面，而是选择了做智猪博弈中的小猪，采用搭便车的策略。英特尔放手，让AMD率先进入市场。当AMD费心费力地把市场预热后，英特尔再凭借着自身的优势选择合适的机会入场，既节省了时间，又节省了产品前期宣传的投入，可谓一举两得。

搭便车策略的应用并不只限于商业竞争。在我们的人际交往和人生奋斗的过程中，同样可以使用搭便车的策略。我们现在生活的时代，给每一个人都提供了自由宽松的大环境，每个人都可以通过个人奋斗来获取成功。

我们常常会听到这样的说辞：某某人之所以能够获得今天的成就，多亏当初有贵人相助。所谓的"贵人"就是在我们进行个人奋斗的过程中，会碰到这样一类人——他们有丰富的人生阅历，或是拥有充足的资金，或是拥有渊博的知识。当我们困惑的时候，他们给我们指明前进的方向；当我们举步维艰的时候，他们伸出援手帮助我们摆脱困境。这种情况就是我们常说的得到了贵人相助。

在现实生活中，因为碰到"贵人"而改变自己人生轨迹的情况很多，古今中外都不乏其人。例如，清末重臣李鸿章在初次会试落榜后，曾一度消沉，正是因为后来拜在曾国藩的门下，得到了曾国藩的指点和提携，这才有了李鸿章后来的政治成就。再例如，好莱坞国宝级影星寇克•道格拉斯如果不是在火车上碰到了那位知名的女制片人，可能最终都不会走上大荧幕，成为家喻户晓的电影演员。同样，如果少年时代的克林顿，不曾在白宫的草坪上与肯尼迪总统相见，不曾得到肯尼迪总统的亲口鼓励，也许，美国历史上的第42任总统的名字就不是威廉•杰斐逊•克林顿了。

从某种角度上来说，得到贵人相助也是搭便车的一种形式。我们或是借助他人的力量，或是借助他人的名望，来缩短个人奋斗的历程。有一种比喻能够非常形象地表明这种关系："一个人的奋斗历程就像是在爬楼梯，一步一个脚印地向上攀登。然而，贵人的出现则像是乘上了电梯。"

综上所述，无论是商业中还是人生奋斗历程中，搭便车都是一种策略，是一次机会。只要我们以一种平实的心态对待，就能以这种更加快捷的方式获得成功。

PART

05

名人效应

在现实生活中，由于名人们在一些领域所获得的成功，使得他们的一举一动都会受到人们的关注。这就使名人本身具有了某种程度的影响力，甚至是号召力。于是，名人的出现可能会起到"引人注意、强化事物、扩大影响"的作用，也非常容易引起人们对名人行为的盲目效仿。所以，从某种角度来说，名人以及名人所拥有的名望都可以被看作是一种资源。

事实上，古人在很早的时候就已经明白了这个道理，而且，有些还成为脍炙人口的故事流传下来。

东晋初年的名臣王导就深知运用名人效应之策。西晋末年，朝廷昏庸，各方势力蠢蠢欲动。王导意识到，国家在不久后必定会出现大规模的社会动荡。于是，他极力劝说琅琊王司马睿离开中原避祸，重新建立新的晋王朝政权。

司马睿听从了王导的主张，离开中原，南下来到当时的建业，开始建立自己的势力。但是，由于司马睿在西晋王族中既没有名望，也没有什么功绩，所以，当地的士族们对琅琊王的到来不理不睬，非常冷淡。

王导心里非常清楚，如果得不到这些江南士族的支持，司马睿就无法在这里站稳脚跟，更不要提建立政权的事了。当时，王导的兄长王敦在建业附近的青州做刺史，已经在当地拥有了一定的势力。于是，王导找到王敦，希望他能帮助司马睿。

两人经过商讨决定在三月上巳节的时候，让司马睿在王敦、王导等北方士族名臣们的陪同下，盛装出游，以此来招揽当地一些有名望的人投靠，提高琅琊王在南方士族中的威望。

果不其然，琅琊王当天威仪尽显地出行，引来了江南名士纪瞻、顾荣等人的关注，他们纷纷停在路边参拜。后来，司马睿又在王导的建议下积极拉拢顾荣、纪瞻、贺循等当地的名士，并委以重任。渐渐地，越来越多的江南士族前来归附琅琊王。就这样，以南北士族为核心的东晋政权形成了。

由此可以看出，在东晋政权形成的过程中，王导的策略起到了关键性的作用。刚到建业的司马睿既无名也无功又无权，有的只是皇族的身份，而且还是皇族的支系。如果只靠自己打拼来积累名望的话，不知道要等到什么时候。而且，当时最迫切的问题就是如果得不到当地士族的支持，司马睿就有可能连安身之所都会失去。

王导的计策妙就妙在此处。他先是和其他追随在司马睿身边的北方名士一起，陪同司马睿出游，以此来提升司马睿在南方名士中的威望。这一招让南方的士族们意识到司马睿并非无名小辈。接下来，他又极力招揽当地的名士，让其归附司马睿。顾荣、纪瞻、贺循等人在当地非常有声望，对当地的士族和百姓也具有很强的号召力。这样一来，不仅提高了司马睿在整个江南一带的威望，还得到了当地人们的拥护。

王导成功应用名人效应的事件不是仅此一例。东晋建立后，又是王导再次应用该策略化解了东晋朝廷的经济危机。

刚刚建立东晋的时候，国库里根本没有银子，只有一些库存的白色绢布。这种白色绢布的市价非常便宜，一匹顶多卖几十个铜钱。这可急坏了朝廷的官员们。

后来，身为丞相的王导想出了一个解决方法。他用白色的绢布做了一件衣服，无论是上朝还是走亲访友，只要走出家门就把这件衣服穿在身上。而后，他要求朝廷的官员也像自己一样，身着白色绢布制成的衣服。人们看到朝廷官员的穿着，也纷纷效仿。一时间，这种质地的衣服风靡了整个东晋。

这种情况必然对布匹的销售价格产生影响。结果布匹的销售价格一涨再涨，比原来的价格翻了几番。加之这种布匹平时的销路不好，商家的库存并不多，很快市场就出现了供不应求的状况。王导抓住时机，把朝廷库存的白色绢布分批出手，换回的银两充盈了国库。

假设，王导直接把库存的绢布拿到市面上卖掉，或许可以换回一些银子，但根据布匹的市场价格，换回的银子肯定少得可怜。当然，他也可以采用强制的方法，要求民间的商家和老百姓购买这些绢布。"民不和官斗"，这些布匹肯定也能换回银子，只不过这种做法必定会招致老百姓的不满和怨恨。

他所采用的这种做法非常高明，这也是名人效应的应用。朝廷的官员既有身份又有地位，他们的言行举止都是老百姓关注的焦点。让他们出行时穿上白色绢布制成的衣服，无形中提升了这种布料的价值以及老百姓对它的认同感。王导正是利用了官员对百姓们的影响力和号召力，让百姓们自己主动去购买白色绢布。在老百姓心甘情愿的情况下，轻松地解决了国库空虚的难题。

现在，运用名人效应为产品做宣传是商业营销中最常用、也最管用的做法。名人就好比"大猪"，产品就好比搭乘顺风车的"小猪"。产品借助名人对民众的影响力，达到宣传自己、提高知名度、获得老百姓认可的目的。

以体育用品品牌中的阿迪达斯来说，它的广告以及各类产品的代言人都是当下最受欢迎的大牌体育明星。除此以外，阿迪达斯公司不仅为一些运动员免费提供自己的产品，有时候为了宣传自己的产品，还会花高价邀请体育明星试穿，甚至在恰逢某些知名度非常高的体育赛事期间，为相关的体育明星定制具有个人特色的产品。可以说，这是阿迪达斯公司极具典型性的名人营销策略。

这一策略的首次实施是在1936年举办的柏林奥运会上。在那届奥运会上，最有希望在田径项目上夺取金牌的是一位名叫欧文斯的美国黑人选手。阿迪达斯公司向欧文斯免费提供自己当时的主打产品——短跑运动鞋。后来，欧文斯在柏林连夺4块金牌，风光无限。欧文斯的夺冠让阿迪达斯的运动鞋在短时间内名扬海外，从此打开了该品牌的国际市场。

后来，在1982年于西班牙举行的足球世界杯比赛中，阿迪达斯公司为24支参赛球队中的13支队伍提供了球衣，并赞助了其中8支球队的球鞋。此外，该公司还为裁判员提供体育用品，甚至争取到了在决赛中使用阿迪达斯品牌足球的权利。最夸张的是在决赛的时候，包括球员和裁判员在内的所有场上人员中，竟然有半数以上的人都在使用该品牌的产品。

在这次世界杯上，阿迪达斯公司所实行的营销策略不仅让自己的产品成为畅销品，供不应求，也使得自己成为体育用品市场的领军品牌。

随着公司的壮大，阿迪达斯公司还设有固定的资金，用于向明星和知名人士免费赠送产品的开支。每年这类开支就高达上千万美元。作为这一举动的回报，只要接受赠品的名人们使用了阿迪达斯公司的产品，就在无形中给该公司的产品做了宣传。再加上普通民众对明星的追捧和模仿，给该公司带来了更大的名气和更多的消费者。

所以说，只要不损害他人的利益，名人效应这条策略就是一种双赢的选择。在让名人出尽风头的同时也让自己的产品出尽风头。当然，这其中的效益也是明显的。所以说，名人效应就是对智猪博弈模式中"小猪搭乘顺风车"策略的应用。

第六篇

猎鹿博弈

猎鹿博弈：选择
吃鹿还是吃兔

猎鹿博弈最早可以追溯到法国著名启蒙思想家卢梭的《论人类不平等的起源和基础》。在这部伟大的著作中，卢梭描述了一个个体背叛对集体合作起阻碍作用的过程。后来，人们逐渐认识到这个过程对现实生活所起的作用，便对其更加重视，并将其称之为"猎鹿博弈"。

猎鹿博弈的原型是这样的：从前的某个村庄住着两个出色的猎人，他们靠打猎为生，在日复一日的打猎生活中练就出一身强大的本领。一天，他们两个人外出打猎，可能是那天运气太好，进山不久就发现了一头梅花鹿。他们都很高兴，于是就商量要一起抓住梅花鹿。当时的情况是，他们只要把梅花鹿可能逃跑的两个路口堵死，那么梅花鹿便成为瓮中之鳖，无处可逃。当然，这要求他们必须齐心协力，如果他们中的任何一人放弃围捕，那么梅花鹿就能够成功逃脱，他们也将会一无所获。

正当这两个人在为抓捕梅花鹿而努力时，突然一群兔子跑过来了。如果猎人去抓兔子，那么每人可以抓到4只。由所得利益大小来看，一只梅花鹿可以让他们每个人吃10天，而4只兔子可以让他们每人吃4天。这场博弈的矩阵图表示如下：

猎人乙

		猎兔	猎鹿
猎人甲	猎兔	（4，4）	（4，0）
	猎鹿	（0，4）	（10，10）

第一种情况：两个猎人都抓兔子，结果他们都能吃4天，如图左上角所示。

第二种情况：猎人甲抓兔子，猎人乙打梅花鹿，结果猎人甲可以吃4天，猎人乙什么都没有得到，如图右上角所示。

第三种情况：猎人甲打梅花鹿，猎人乙抓兔子，结果是猎人乙可以吃4天，猎人甲一无所获，如图左下角所示。

第四种情况：两个猎人精诚合作，一起抓捕梅花鹿，结果两个人都得到了梅花鹿，都可以吃10天，如图右下角所示。

经过分析，我们可以发现，在这个矩阵中存在着两个纳什均衡：要么分别打兔子，每人吃4天；要么选择合作，每人可以吃10天。在这两种选择之中，后者对猎人来说无疑能够取得最大的利益。这也正是猎鹿博弈所要反映的问题，即合作能够带来最大的利益。

在犹太民族中广泛流传的一个故事就能够很好地反映这个问题。

两个小孩子无意之中得到一个橙子，但在分配问题上产生了很大的分歧，经过一番激烈的争论之后，他们最后决定把橙子一分为二。这样，两个孩子都得到了橙子，各自欢欢喜喜地回家去了。回到家中，一个孩子把得到的半个橙子的果肉扔掉，用橙子皮做蛋糕吃。而另外一个孩子则把橙子皮扔掉，只留下果肉榨汁喝。

在这个故事中，两个孩子都得到了橙子，表面看起来是一个非常合理的分配，但是两个孩子一个需要果肉，一个需要果皮，如果他们事先能够进行良好的沟通，不就能够得到比原来更多的东西吗？也就是说，原本橙子的一半可以得到很好的利用，可是因为当事人缺乏良好的沟通，最后造成资源的浪费，而那两个孩子也没有得到最大的利益。

这种由于人们缺乏沟通而造成利益不能最大化的事情在现实生活中比比皆是，归结其原因，主要在于每个人都是独立的个体，在决策时只从自身的利益出发进行考虑，与别人缺少必要的沟通和协调。此外，他们不懂得合作更能够实现利益最大化的道理。

在现实生活中，凭借合作取得利益最大化的事例比比皆是。先让我们来看一下阿姆卡公司走合作科研之路击败通用电气和西屋电气的故事。

在阿姆卡公司刚刚成立之时，通用电气和西屋电气是美国电气行业的领头羊，它们在整体实力上要远远超过阿姆卡公司。但是，中等规模的阿姆卡公司并不甘心臣服于行业中的两大巨头，而是积极寻找机会打败它们。

阿姆卡公司秘密搜集来的商业信息情报显示，通用和西屋都在着手研制超低铁省电矽钢片这一技术，从科研实力的角度来看，阿姆卡公司要远远落后于那两家公司，如果选择贸然投资，结果必然会损失惨重。此时，阿姆卡公司通过商业情报了解到，日本的新日铁公司也对研制这种新产品产生了浓厚的兴趣，更重要的是它还具备最先进的激光束处理技术。于是，阿姆卡公司与新日铁公司合作，走联合研制的道路，比原计划提前半年研制出低铁省电矽钢片，而通用和西屋电气研制周期却要长至少一年。正是这个时间差让阿姆卡公司抢占了大部分的市场，这个中等规模的小公司一跃成为电气行业一股重要的力量。与此同时，它的合作伙伴也获得了长足的发展。2000年，阿姆卡公司又一次因为与别人合作开发空间站使用的特种轻型钢材，获得了巨额的订单，从而成为电气行业的新贵。

在这个故事中，阿姆卡公司正是选择了与别人合作才打败了通用电气和西屋电气，从而使它和它的合作伙伴都获得了利益。如果阿姆卡在激烈的竞争中没有选择与别人合作，那么凭借它的实力，要想在很短的时间内打败美国电气行业的两大巨头，简直比登天还难。而日本新日铁公司尽管拥有技术上的优势，但是仅凭它自己的力量，想要取得成功也是相当困难的。

包玉刚与李嘉诚合作，成功从怡和洋行手中抢过九龙仓的故事也说明了合作能够给双方带来最大利益。

九龙仓是香港最大的英资企业集团之一，也是香港四大洋行之首怡和洋行旗下的主力军。可以说，谁掌握了九龙仓，就等于将香港大部分的货物装卸和储运任务揽入怀中，从中可以获得巨大的利益。香港商业巨子包玉刚凭借投资建造大型油轮而成为著名的"世界船王"，在海洋上的成功并没有让包玉刚得到满足，所以他决定把事业逐步转移到陆地上来。他把一部分财产投资在当时形势非常好的几大产业上面。但是，这只是包玉刚弃船登陆迈出的一小步，真正的大手笔是他与英国资本集团展开的九龙仓之战。

当时的形势对包玉刚有些不利，因为财大气粗的李嘉诚是九龙仓十大财团之首。包玉刚从怡和洋行夺得九龙仓本来就非常困难，如果再有李嘉诚的掣肘，那必然会难上加难。但是，当时李嘉诚正在应对别人争夺和记黄埔之事，无法分身处理九龙仓之事，这正为包玉刚成功抢夺九龙仓提供了有利条件。包玉刚对当时的形势进行了一番仔细的研究和分析，他认为仅凭自己的实力，硬拼非但无法得到满意的结果，反而可能会对自己造成极大的伤害。他发现李嘉诚正纠缠于和记黄埔之事，于是就想道：如果我帮助李嘉诚顺利解决和记黄埔一事，他再帮我成功抢下九龙仓，这对双方来说不是一件两全其美的好事吗？想到这里，他就决定主动与李嘉诚寻求合作。

为了向李嘉诚示好，包玉刚主动抛出和记黄埔的9000万股股票。李嘉诚得到包玉刚的帮助后实力大增，最后成功地夺下了和记黄埔。李嘉诚没有白白接受包玉刚的恩惠，他把自己的2000万股九龙仓股票转让给了包玉刚。在李嘉诚的帮助下，包玉刚属下的隆丰国际有限公司已经实际控制了约30％的九龙仓股票。他的竞争对手，怡和财团下属的另一个主力置地公司手中股票份额不及隆丰国际有限公司。这也就表示包玉刚在与怡和洋行的对抗中取得了阶段性的胜利。但是，怡和洋行并不甘心丢掉九龙仓，所以急忙制定出相应的措施，想用重金收购九龙仓股票的方式逼走包玉刚。包玉刚对此早有防范，所以轻而易举地击退了怡和洋行的反扑，顺利地夺下九龙仓。

在这个故事里，包玉刚打败怡和洋行，在很大程度上取决于与李嘉诚的合作。同样，李嘉诚也因为包玉刚的帮助，成功地保住了和记黄埔。如果包玉刚不和李嘉诚合作，那么凭他自己的力量是无法与怡和洋行对抗的。李嘉诚因得到包玉刚的帮助而成功拿下和记黄埔，也从中获得了收益。这个故事体现出一个非常深刻的道理，那就是只有合作才能够使双方得到利益最大化。

PART
02

合作无界限

在一条小溪的旁边，长有三丛花草，有三群蜜蜂分别居住在这三丛花草中。有一个小伙子来到小溪边，他看到这几丛花草，认为它们没有什么用处，于是打算将它们铲除干净。

当小伙子动手铲第一丛花草的时候，一大群蜜蜂从花丛之中冲了出来，对着将要毁灭它们家园的小伙子大叫说："你为什么要毁灭我们的家园，我们是不会让你胡作非为的。"说完之后，有几只蜜蜂向小伙子发起了攻击，把小伙子的脸蜇了好几下。小伙子被激怒了，他点了一把火，把那丛花草烧了个干干净净。几天后，小伙子又来对第二丛花草下手。这次蜜蜂们没有用它们的方式反抗小伙子，而是向小伙子求起了情。它们对小伙子说："善良的人啊！你为什么要无缘无故地伤害一群可怜的生物呢？请你看在我们每天为您的农田传播花粉的分儿上，不要毁灭我们的家园吧！"小伙子并不为之所动，仍然放火烧掉了那丛花草。又过了几天，当小伙子准备对第三丛花草进行处理的时候，蜂窝里的蜂王飞出来对他温柔地说道："聪明人啊，请您看看我们的蜂窝，我们每年都能生产出很多蜂蜜，还有极具营养价值的蜂王浆，如果你拿到市场上去卖，一定会卖个好价钱。如果您将我们所住的这丛花草铲除，那么您能得到什么呢？您是一个聪明人，我相信您一定会做出正确的决定。"小伙子听完蜂王的话，觉得它讲得很有道理，于是就放下手里的工具，做起了经营蜂蜜的生意。

在这个故事中，蜜蜂与小伙子之间是一场事关生死的博弈。三丛花草的三群蜜蜂各自用不同的方法来对待小伙子，第一种是对抗，第二种是求饶，第三种是与其合作。这个故事最后的结果显示，只有采取与小伙子合作的策略蜜蜂才能幸免于难。

通过这个故事我们可以看出，如果博弈的结果是负和或者零和，那么一方获得利益就意味着另一方受到损失或者双方都受到损失，这样的结果只会是两败俱伤。所以，人们在生存的斗争中必须要学会与对方合作，争取实现双赢。

不仅是人与人之间的合作会带来双赢，企业与企业之间也同样存在着这样一种关系。

我们大家去商场或者其他地方买东西，一定见过商家在节假日进行联合促销。联合促销是指两家或者两家以上的企业在市场资源共享、互惠互利的基础上，共同运用一些手段进行促销活动，以达到在竞争激烈的市场环境中优势互补、调节冲突、降低消耗，最大限度地利用销售资源为企业赢得更多利益而设计的一种促销方式，在人们的创造性拓展中正式成为一种极具吸引力的促销策略。

联合促销可以分为三类：第一类是经销商与生产厂家的

纵向联合促销。长虹与国美"世界有我更精彩"联合促销就是这样一种方式。2002年5月，长虹电器股份有限公司联合北京国美电器商场，在翠微商厦举办"世界有我更精彩"大型促销活动。在这次活动中，主办双方为了吸引更多的顾客，精心安排了丰富多彩的内容。主要包括三个方面：长虹集团公司主要领导人在现场签名售机；买大型家电送精美礼品；专家现场讲解。生产厂家与经销商是同一个战线的兄弟，在共同利益的驱使下，很容易走到一起。特别是在促销这一个环节上更容易达成共识，从而采取联合行动。长虹电器与国美虽然都是行业的领头羊，但是各自为战显然没有联合起来更能使其利益最大化。

联合促销的第二类是同一产品不同品牌的联合促销，科龙、容声、美菱、康拜恩等几个品牌的联合促销就属于这一类。2003年的国庆节前夕，科龙、美菱传出消息说，将开展一场名为"战斧行动"的冰箱联合促销活动。活动期间，科龙、美菱联手推出特价畅销型号冰箱。在对待经销商促销方面，科龙、容声、美菱、康拜恩等4个冰箱品牌在渠道上采取"同进同出"策略。在利益面前，多数经销商把目光投放到科龙和美菱的产品，对其他品牌采取兼营的策略，而对那些毫无利益可言的小品牌则直接放弃。在终端方面，科龙和美菱的现场推广活动在一起进行，双方的导购人员和业务人员，在大力推广自己产品的时候，也适时地对盟友的产品进行推广。同一企业不同品牌的产品，更容易形成品牌合力，也更容易获得利益。

联合促销的第三类是企业与企业之间的横向联合促销。企业之间的联合促销更容易吸引顾客，也更容易降低销售成本。2002年8月5日，生产播放器软件的企业豪杰公司与杭州娃哈哈集团合作进行联合促销。这两家企业在两个不同的市场进行了一场"超级解霸•冰红茶/超级享受，清心一夏，联合促销活动"。豪杰公司为推广新产品，特意与娃哈哈冰红茶进行捆绑销售。作为回报，豪杰公司的产品被用作娃哈哈饮料暑期有奖促销的重要成员，购买一定数量的娃哈哈茶饮料将有机会获赠豪杰公司的产品。这两家企业，一个是中国饮料行业的龙头，另一个是中国软件行业的先锋，它们的合作开创了中国企业跨行业营销的先河。在双方合作过程中，这两家企业把多年积累的优势资源进行叠加，不但使两家企业获得了利益，而且还使得中国饮料市场与中国软件市场向着良好的趋势发展。如果豪杰公司与娃哈哈集团只采取单独促销，而没有进行联合促销的话，那么双方所需要支付的费用肯定要多很多。付出的成本多了，自然也就无法实现企业想要达到的利益最大化的目的。

除了联合促销，很多有实力的企业为获得更大的品牌效应，甚至还搞起了强强联合。金龙鱼与苏泊尔的合作就是一个这样的例子。无论是金龙鱼还是苏泊尔，大家对它们都非常熟悉。金龙鱼是一个著名的食用油品牌，多年来，金龙鱼一直将改变国人的食用油健康条件作为奋斗目标。而苏泊尔是中国炊具第一品牌，与金龙鱼一样，它也一直在倡导新的健康烹调理念。一个是中国食用油第一品牌，一个是中国炊具第一品牌，这两家企业为了获得更大的品牌效应，联合推出了"好油好锅，引领健康食尚"的活动。这一活动受到了广大消费者的好评，在全国800多家卖场掀起了一场红色风暴。在"健康与烹饪的乐趣"这一合作基础上，金龙鱼与苏泊尔共同推出联合品牌，在同一品牌下各自进行投入，这样双方既可避免行业差异，更好地为消费者所接受，又可以在合作时通过该品牌进行关联。

在这次合作中，苏泊尔、金龙鱼的品牌价值得到了提升，同时也降低了市场成本：金龙鱼扩大了自己的市场份额，品牌美誉度有了进一步提升；苏泊尔则进一步巩固了中国炊具第一品牌的市场地位。这种双赢局面正是两家企业合作带来的结果。

夏普里值方法

博弈论的奠基人之一夏普里在研究非策略多人合作的利益分配问题方面有着很高的造诣。他创造的夏普里值法对解决合作利益分配问题有很大的帮助，是一种既合理又科学的分配方式。与一般方法相比，夏普里值方法更能体现合作各方对联盟的贡献。自从问世以来，夏普里值方法在社会生活的很多方面都得到了运用，如费用分摊、损益分摊等比较难以解决的问题都可以通过夏普里值方法来解决。

夏普里值方法以每个局中人对联盟的边际贡献大小来分配联盟的总收益，它的目标是构造一种综合考虑冲突各方要求的折中的效用分配方案，从而保证分配的公平性。

用夏普里值方法解决合作利益分配问题时，需要满足以下两个条件：第一，局中人之间地位平等；第二，所有局中人所得到的利益之和是联盟的总财富。

下面让我们用一个小故事来加强对夏普里值法的理解。

在一个周末，凯文与保罗一起到郊外游玩。他们两个人都带了午餐，打算在中午休息时享用。玩了一个上午，他们把各自的午餐拿出来，准备大快朵颐。但他们发现，两个人所带的都是比萨饼，只是数量不同而已。凯文带了5块，而保罗只带了3块。正当他们拿起比萨准备大吃的时候，有一个像他们一样出来游玩的人凑了过来，原来他没有带食物，而且附近实在找不到饭馆，他看到凯文和保罗所带的食物比较多，就想和他们一起吃。凯文和保罗都是好心人，他们了解情况后很痛快地答应那个人和他们一起享用比萨。因为饥饿的缘故，8块比萨很快被他们3个人一扫而光。那个游人为了表示自己的谢意，临走之前特意给了凯文和保罗8枚金币。

凯文和保罗虽然是非常好的朋友，但是8枚金光闪闪的金币让他们的友情变成了笑话。在金钱面前，他们都表现得相当自私，谁也没有顾及友情。他们互不相让，凯文认为自己带了5块比萨，而保罗只带了3块，按照比例来分，保罗只能得到3枚金币，而自己应该得到5枚金币。保罗认为凯文的分配方法有问题，他觉得比萨是两个人带来的，所以8枚金币也应该由两个人平分才对。他们两个人各执己见，吵了很长时间也没吵出个结果。最后，凯文提议去找夏普里帮忙解决这个问题，保罗听后欣然同意了。

在听完两个小家伙的叙述后，夏普里摸了摸保罗的头，用温和的语气对他说道："你得到3个金币已经占了很大的便宜，你应该高高兴兴地接受才对。如果你一定要追求公平的话，那你应该只得到一个金币才对。你的朋友凯文应该得到7个金币而不是5个。"保罗听后十分不解地看着夏普里，他想：这是怎么回事啊？我的做法有什么错吗？难道夏普里有意要偏袒凯文不成？

夏普里看出了保罗的困惑，十分耐心地说："孩子，我知道你在想什么，但是请你相信我，让我来给你分析一下你就会明白了。首先，我们必须明白，公平的分配并不能和平均分配画等号，公平分配的一个重要标准就是当事人所得到的与他所付出的成一定比例。你们3个人一共吃了8块比萨，8块之中有你3块，有凯文5块。你们每个人都吃了8块比萨之中的1/3，也就是8/3块比萨。在那个游人所吃的8/3块中，凯文带的比萨为5－8/3＝7/3，而你带的比萨为3－8/3＝1/3。这个比例显示，在游人所吃的比萨中，凯文的是你的7倍。他留下来8枚金币，凯文得到的金币也应该是你的7倍。也就是说，凯文应该得到7枚金币，而你只能得到1枚。这才是公平合理的分配方法。你觉得我说的对不对？”

保罗听到后仔细地想了一会儿，他觉得夏普里的分析很有道理，于是就接受了夏普里的分配方法，自己只拿了1枚金币，而剩下的7枚都给了凯文。

这个故事里所讲的夏普里对金币的公平分配法就是我们在前面提到过的夏普里值方法，它的核心是付出与收益成比例。

下面再让我们看一个7人分粥的故事。

有一个老板长期雇用7个工人为其打工，这7个工人因为长时间生活在一起，所以就形成了一个共同生活的小团体。在这个小团体里，7个人的地位都是平等的，他们住在同一个工棚里面，干同样的活，吃同一锅粥。他们表面看起来非常和谐，但其实并非如此。比如在一锅粥的分配问题上他们就会闹矛盾：因为他们7个人的地位是平等的，所以大家都要求平均分配，可是，每个人都有私心，都希望自己能够多分一些。因为没有称量用具和刻度容器，所以他们经常会发生一些不愉快的事情。为了解决这个问题，他们试图采取非暴力的方式，通过制定一个合理的制度来解决这个问题。

他们7个人充分发挥自己的聪明才智，试验了几个不同的方法。总的来看，在这个博弈过程中，主要有下列几种方法：

第一种方法：7个人每人以天为单位轮流分粥。我们在前面讲过，自私是人的本性，这一制度就是专门针对自私而设立的。这个制度承认了每个人为自己多分粥的权力，同时也给予了每个人为自己多分粥的平等机会。这种制度虽然看似很平等，但是结果却并不尽如人意，他们每个人在自己主持分粥的那天可以给自己多分很多粥，有时造成了严重的浪费，而别人有时候因为所分的粥太少不得不忍饥挨饿。久而久之，这种现象越来越严重，大家也不再顾及彼此之间的感情，轮到自己分粥的那天，就选择加倍报复别人。

第二种方法：随意由一个人负责给大家分粥。但这种方法也有很多弊端，比如那个人总是给自己分很多粥。大家觉得那个人过于自私，于是就换另外一个人试试。结果新换的人仍旧和前一个人一样，给自己分很多粥。再换一个人，结果仍是如此。因为分粥能够享受到特权，所以7个人相互钩心斗角，不择手段地想要得到分粥的特权，他们之间的感情变得越来越差。

第三种方法：由7个人中德高望重的人来主持分粥。一开始，那个德高望重的人还能够以公平的方式给大家分粥，但是时间一久，那些和他关系亲密、喜欢拍他马屁的人得到的粥明显要比别人多一些。所以，这个方法很快也被大家否定了。

第四种方法：在7个人中选出一个分粥委员会和一个监督委员会，形成监督和制约机制。这个方法最初显得非常好，基本上能够保障每个人都被公平对待。但是之后又出现了一个新的问题，当粥做好之后，分粥委员会成员拿起勺子准备分粥时，监督委员会成员经常会提出各种不同的意见，在这种情况下，他们谁也不服从谁。这样的结果是，等到矛盾得到调解，分粥委员会成员可以分粥时，粥早就凉了。所以，事实证明，这个方法也不是一个能够解决问题的好方法。

第五种方法：只要愿意，谁都可以主持分粥，但是有一个条件，分粥的那个人必须最后一个领粥。这个方法与第一种方法有些相似，但效果却非常好。他们7个人得到的粥几乎每次都一样多。这是因为分粥的人意识到，如果他不能使每个人得到的粥都相同，那么毫无疑问，得到最少的粥的那个人就是他自己。这个方法之所以能够成功，就是利用了人的利己性达到利他的目的，从而做到了公平分配。

在这几个故事中，有几个问题是我们不得不注意的。第一，在分配之前需要确定一个分配的公平标准。符合这个标准的分配就是公平的，否则便是不公平的。第二，要明确公平并不是平均。一个公平的分配是，各方之所得应与其付出成比例，是其应该所得的。

由分粥最终形成的制度可以看出，靠制度来实现利己利他绝对的平衡是不可能的，但是一个良好的制度至少能够有效地抑制利己利他绝对的不平衡。

良好的制度能够保障一个组织正常的运行，因为它能够产生一种约束力和规范力，在这种约束力和规范力面前，其成员的行为始终保持着有序、明确和高效的状态，从而保证了组织的正常运行。

PART
04

公地悲剧

哈丁悲剧又叫公地悲剧，指的是作为理性的个人，为追求自身利益的最大化，由于资源的有限性而最终损害到所有的利益的一种集体困境。

像哈丁悲剧这样的问题，在几乎所有的公有资源的例子中都有所体现。在古希腊时期，哲学家亚里士多德就向人们指出：凡是属于最多数人的公共事务常常是最少受人照顾的事务，人们关心着自己的所有，而忽视公共的事务；对于公共的一切，他至多只留心到其中对他个人多少有些相关的事务。

著名学者易富贤在2007年出版的《大国空巢》一书中，从社会、经济、民族、人权、法治等诸多方面论证了中国大陆的计划生育政策，从而引发了一场关于生育政策的反思与争论。

一方面，生育既是人类繁衍后代的需要，更是一项可以提升家庭福利的经济行为。所谓"家庭福利"，可能体现在经济、精神与心理等各个层面。于是，那些父母便对新生婴儿非常重视，把抚养孩子看作一件有利于整个家庭的大事。如果从家庭的角度看待这个问题，那么超生根本就不应该存在。

另一方面，生育成本和效用并不局限于每个家庭，而是会影响别人和社会。地球上多一个人，也就意味着公共资源被多一个人分割，其他人享有的社会资源就会随之减少。如果一个家庭的大部分生育成本和收益都由家庭外化到社会中，那么生育的外部性就比较强。

曾在中国饱受批判的人口学家马尔萨斯指出，如果对人口增长置之不理，那么人口就会以几何比率增长，但是生活资源增长的速度却相当慢，远远跟不上人口增长的速度，这样的结果就是导致人口过剩。他还指出了解决这个问题的方法。他说，如果私人产权得到明确界定，那么个体与社会层面的人口抑制机制就会发挥作用，从而使人口增长速度与生活资源供应的增长速度达到一致。

有人认为马尔萨斯的策略并不能完全解决问题。比如国家放松对二胎的控制，那么重男轻女的传统思想可能会导致严重的男女比例失调。

其实，博弈论专家托马斯·谢林很早以前就对这个问题进行过分析。他指出，如果每对夫妻生男孩和生女孩的概率均为50%，每对夫妻都有重男轻女的思想，也就是只想要男孩，不想要女孩，只有在生出男孩的情况下生育才会停止，那么未来男孩和女孩各自所占的比例将会是多少呢？答案是各占50%。

谢林分析道：假设一对夫妻第一胎生了男孩就不再生育，那么在第一轮生育中，按概率各为50%计算，将有一半婴儿是男孩；在第二轮中，第一轮生男孩的家庭不再生育，只有一半的家庭还会生孩子，结果仍然是一半男孩；又生了女孩的家庭还会接着生第三胎，结果仍会是一半男孩一半女孩。如果每一轮中都是一半男孩一半女孩，那么无论生育什么时候停下来，最终的结果必然会是一半男孩一半女孩。

的确如谢林所分析的一样，现实情况确实如此。根据人口专家曾毅教授曾经做过的统计，当时我国执行"一孩政策"的人口占35.4%；执行"一孩半政策"的人口占53.6%；执行"二孩政策"的人口占9.7%；执行"三孩政策"的人口占1.3%。这里所说的"一孩半"是指那些第一胎是女孩的农村夫妇。按照法律规定，第一胎为男孩的农村夫妇不得再生育，而第一胎为女孩的农村夫妇允许生育第二胎。

国家计生委生育政策地区分类数据的研究与全国人口普查表明，在我国的少数民族地区，以及河北承德、山西翼城、甘肃酒泉等生育政策相对宽松（二胎加间隔）的地区，出生人口性别比例都在基本正常的范围内。但是执行"一孩半政策"地区就不容乐观。资料显示，在这些地区，2000年的出生性别比高达124.7，比"二孩政策"下的出生性别比高15.7。造成这种情况的原因是，在这些"一孩半"的地区，如果第一胎不是男孩，而是女孩，那么夫妻用B超等一切方式进行人工性别选择（尽管这是违法的）保证第二胎为男孩。

综上所述，我们可以得出这样一个结论：放开二胎不仅不会使男女比例失调的程度进一步加大，反而对出生男女性别比偏高的势头有很好地遏制作用。换句话说就是，降低未来出现更多光棍汉的概率。

下面再让我们看看哈丁悲剧在另一方面的体现——环境

污染。

环境污染是市场经济中最常见的哈丁悲剧现象。当缺少政府管制的时候，企业为了实现最大的利润，不惜以牺牲环境作为代价，却绝不会主动增加环保设备投资。不止一个企业会这样做，所有企业都会从自身利益出发，走不顾环境的发展道路，从而达到纳什均衡状态。就算有一个企业不是从利己，而是从利他的目的出发，积极增加环保设备的投资，但其他企业却不会这么做，它们仍然不会顾及环境污染。因此，那个投资环保的企业的生产成本无形中就会增加，价格必然也要跟着提高，从而导致它的产品在市场上失去竞争力，企业还可能要面临破产的危险。我国20世纪90年代中期出现的中国乡镇企业盲目发展，造成环境严重污染的情况就是如此。只有政府对污染加强管制，企业才会选择低污染的策略去追求与高污染同样的利润，但自然环境将会大大受益，变得更加和谐。

下面让我们看一下我国历史上的发展战略。

第一阶段，20世纪50年代，我国以苏联为榜样，实行低消费、低就业、高消耗、自我封闭的重工业模式。然而，这个模式与中国资本稀缺、人均资源短缺、劳动力资源丰富的基本国情并不相符，所以苏联模式很快就无法在我国实行下去了，而我们错过了发展的黄金时期，与世界强国的差距被进一步拉大。

第二阶段，20世纪80年代，我们把目光转向欧美传统的发展模式，用生活高消费和资源高消耗来刺激经济增长。这个模式追求的是资本生产率与利润最大化，而资源利用率与环境损失统统被忽略掉了。

第三阶段，目前中国已经成为世界上最大的制造业国家，也成了世界上自然资源损耗最严重的国家。我国约60%的石油需要进口；15年之后，45种主要矿产将只剩下6种。另外，我国单位GDP的能耗是印度的2.8倍、美国的6倍、日本的7倍。单位GDP污染排放量远远高出发达国家的平均水平，劳动生产率却只是美国的十几分之一。

从1949年新中国成立到现在60多年，我们的人口就翻了一番，从6亿增长到了13亿多，但是因为水土流失的原因，我国可居住的土地从600多万平方公里减少到300多万平方公里。污染问题更是让人触目惊心，发达国家人均GDP 3000～10000美元期间出现的严重污染，中国在人均GDP达到400～1000美元时就出现了。

我们的竞争对手美国在保护环境方面就做得十分出色。因为美国的生产或消耗的原料并不完全是本国的，而有很大一部分来自于别国，比如石油来自中东，所以说美国经济的增长是建立在对别国自然资源破坏的基础之上。美国的产品以高科技产品为主，与传统产品相比，高科技产品对自然环境的破坏程度不如传统产品大。

人类社会不断向前发展使得个人丧失了选择的自由。没有一个国家愿意看到周边国家进入工业社会，在同样的时间内，可以生产出比农业社会多得多的物资，而且以前没有的东西也可以被生产出来。此外，周边国家依靠发展工业逐渐强大起来，那么没有选择发展工业的国家将会受到巨大的威胁，因此也就只能被动地选择进入工业社会。所以说，当前世界各国竞相发展经济，对自然进行破坏，是一个集体行动的悲剧。

市场经济是优胜劣汰的竞争经济，这种经济的特征就是拼命地向自然索取或者掠夺。每个竞争者都会想到，如果我不发展，那么必然难逃被淘汰出局的命运。而经济的发展是以对自然的利用为前提，不管这种利用是对自然中原始物资的加工，还是对中间产品的再加工，结果都是使自然被破坏的步伐进一步加快。自然的生态状况越来越恶化，原因就在于此，还会导致人类的生存环境越来越恶劣。

许多人清楚人类目前的这种状况，认为资源和环境属于公共物，是全体公民的公共财产，作为广大人民群众管理社会事务的工具，保护资源环境，实现经济、社会、自然协调发展的历史使命毫无疑问要落到政府身上。有很多政府官员和学者，把解决哈丁悲剧的希望寄托在技术手段上。但是，现代自然科学领域专家在20世纪六七十年代就一致认为，环境污染、人口问题、核战争等问题都只是一个局部问题，光靠技术手段是无法彻底解决这些问题的。因为"破坏—发展"这种方法是优势策略，每个参与者采取这一策略符合集体行动的纳什均衡。

PART

05

警钟已经敲响

西班牙是近代西方最早兴起的殖民帝国，它曾经生气勃勃，兴旺发达，是西欧乃至世界的霸主。但是，当1588年不可一世的西班牙"无敌舰队"被英国人击败之后，西班牙便开始走上了衰落的道路，到目前为止，西班牙还没有彻底缓过劲儿来，仍然是西欧相对落后的国家之一。西班牙帝国从当时的全面兴盛到如今的衰落，不得不让人唏嘘感慨。如果用博弈论的观点追究其原因，毫无疑问，那就是西班牙发生了哈丁悲剧。

通过前面的介绍可以知道，哈丁悲剧是群体行动悲剧，是群体在行动过程中所遭受的不可避免的集体性灾难。下面就来看一下西班牙的哈丁悲剧是如何发生的。

西班牙当时能够成为欧洲最富有的国家，主要依靠的是利用残暴的手段从美洲掳掠来巨额财富。可能是以前从未拥有这么多财富的原因，所以当这么多财富摆在西班牙人面前时，他们都迷失了方向。他们的生活方式一下子发生了巨大的变化，在以享乐为核心的生活中，又有谁会想着让财富再去增值呢？正是因为这个原因，所以西班牙人没有让他们从美洲掠夺来的财富充分地发挥作用，创造出更多的财富。"由俭入奢易，由奢入俭难"，习惯了享乐的西班牙人只有靠不断地发动战争来维持庞大的殖民帝国，而那些暴发户和贵族更是为所欲为，不断地浪费着他们的财富。

而与他们形成鲜明对比的是，那些真正想要做些实事的人却因为没有资金、成本太高等原因只能放弃他们的想法。西班牙的商人在美洲大量捞取财富的时候，快速发展的美洲在手工业制品方面出现了很大的短缺。精明的西班牙商人此时又看到了财富在他们面前闪光，于是为牟取暴利，纷纷把英国和荷兰的产品当成西班牙本国的产品卖到美洲。

在农业方面，西班牙人选择向国外购买粮食的方式来满足国内需求。手工业和农业是当时国家经济的主要支柱，也是很多国家收入的主要来源。但是，不可一世的西班牙人对此却完全不在乎，因为他们用征服和劫掠手段随随便便就能获得比手工业和农业要高得多的财富。就这样，所有的西班牙人都忘掉了勤劳工作的美德。

其实，西班牙人原本不是这个样子的，造成他们变成这个样子的原因要追溯到海外探险和对外殖民。15～16世纪时期，西班牙在军事，尤其是海上军事方面的实力可以说是领先世界的。有了这样的优势，西班牙大张旗鼓地搞起了海外探险和对外殖民。西班牙靠着强大的军事力量，将殖民地征服之后，各个阶层的居民为谋求财富纷纷踏上殖民地。当时，赶往美洲淘金成了所有怀着一夜暴富梦想的西班牙人的目标，并逐渐形成一种潮流。这种潮流随着时间的推移影响越来越大，最后连西班牙的很多专业技术人才和技术高超的工匠也随波逐流，加入到去美洲淘金的队伍之中。

虽然对这些怀着一夜暴富梦想的人来说，去美洲淘金实现了他们的愿望，可以使他们轻而易举地得到更多的财富，但是，对于强大的西班牙帝国来说，这并不是一件好事。因为钱多并不代表不会挥霍一空，在贵族们漫无边际的消费和国王们发动的持续不断的大规模战争面前，没有增值能力的财富再多也变得毫无意义。在1557年、1575年和1597年这三个年份之中，西班牙政府都宣布过国家破产。

也许很多人不明白，西班牙人从美洲掠夺了那么多财富，居然还会陷入国家破产的境地。要想解决这个问题，就要从一些看似无关紧要实则起着致命作用的因素谈起。在西班牙人大规模地投入到去美洲淘金的队伍之中时，西班牙整个国家的经济发展便受到了影响，甚至还出现了经济凋敝的状况。这是因为，很多淘金者见到美洲的财富之后，都把自己擅长的手工业生产活动遗忘得一干二净，人们都希望通过淘金成为富翁，没有人愿意老老实实地去从事工农业生产。而且，殖民地的发展使得日常商品特别是日用手工业品成为紧俏产品，但是西班牙本国的生产能力不足，根本无法满足这种需求。这些因素逼迫西班牙做出艰难的选择，使西班牙人不得不对外寻求解决办法。最后，经过一番探索与研究，他们在英国和荷兰找到了解决问题的办法。从此，西班牙人大量进口英国和荷兰的商品，把英国与荷兰变成了西班牙的生产基地。

这样做对英国和荷兰来说是一件非常好的事情，因为这两个国家的经济得到了发展，并由此走上了繁荣的道路。但是，西班牙虽然看似解决了一个问题，其实又产生出另一个新问题，那就是西班牙在经济上对其他国家产生了很强的依赖性。而且，这种依赖性对西班牙来说影响是深远的，因为正是这种依赖为西班牙的衰落埋下了隐患。

在西班牙国内，劳动力资源非常紧缺，这使得工人的工资有了大幅度的增长，随着工人工资的不断增长，西班牙的手工业产品的价格也不断增长。同时，因为西班牙对大量产品的需求，造成了其他国家商品的出口量增长，这就使得那些国家的商品质量越来越好，而价格也越来越低。而西班牙的产品在与外国商品的竞争中越来越处于下风，最后，西班牙的手工业因为无法继续经营下去，纷纷倒闭，导致大量本来以手工业为生的劳动者失去了工作。而在大西洋的另一边，那些美洲新大陆的社会上层与冒险家手里掌握着巨额财富，随着他们财富的不断增长，他们的欲望也越来越强烈。在这种欲望的驱使下，他们急切需要奢侈品来满足这种欲望。因此，西班牙国内失业的手工业者都放弃了他们的技能，转向生产奢侈品。于是，西班牙的手工业与普通大众的联系被割断，发展工业资本主义也成为黄粱一梦。因为大众化生产是资本主义发展首要的条件，所以，西班牙依靠自身来推动本国资本主义发展的可能性被彻底扼杀。

后来，随着西班牙人在美洲抢掠的金银不断增多，这些金银逐渐流入到欧洲。但是，因为数量太多的原因，这些金银的价值有所下降。当时，社会上的各种商品都以金银来定价，金银的贬值造成的结果便是各种商品的价格不断上涨，如人们最基本的生活物资——谷物的价格，16世纪末在西班牙上涨了5倍。此外，物价也有很大幅度的上涨。物价上涨带来的影响对西班牙的贵族阶层来说并不明显，但是对那些普通百姓的影响巨大，他们生活无以为继，中下层阶级也纷纷破产。与此同时，西班牙国王年年都要发动战争，而且这些战争是要靠税收来维持的。上流社会的人们因为自身的特权，能够轻易地避税，所以税赋的重担就压在老百姓的肩上。另外，一些商人的不法行为更使得西班牙本就脆弱的经济雪上加霜。这种种原因叠加在一起，最后就造成兴盛一时的西班牙一步步走向衰落。

这就是哈丁悲剧给西班牙带来的影响。这种影响不是一时的，而是非常深远和剧烈的。西班牙帝国从兴盛到衰落的过程也为整个人类敲响了警钟，千万不能陷入群体无意识博弈的陷阱之中。

第七篇

酒吧博弈

要不要去酒吧?

　　假设一个小镇上有100个人,小镇上有一家酒吧。到了周末的时候,他们有两个选择:去酒吧活动或是待在家里休息。酒吧的座位是有限的,如果去的人超过了60位,就会感到很拥挤,一点也享受不到乐趣。这样的话,他们还不如留在家里舒服。但如果大家都是这么想的,那么就没有人去酒吧,酒吧反而比较清静,这时去酒吧就会很舒服。因此,小镇上的人都面临着如何选择的问题,周末是去酒吧还是不去酒吧?

　　这个局部小范围人群的博弈,就是1994年美国著名的经济学专家阿瑟教授提出的少数者博弈理论,又称为酒吧博弈模式理论。

　　我们可以看出这个博弈是有前提条件的,即每一个小镇上的人只知道上个周末去酒吧的人数,而不知道即将到来的周末会去多少人。所以,他们只能根据以前的历史数据来决定这次去还是不去,他们之间没有信息交流,也没有其他的信息可以参考。

　　每个参与者在这个博弈过程中都面临着一个同样的困惑——如果多数人预测去酒吧的人数少于60,因而去了酒吧,那么去的人就会超过60位，这时候做出的预测就是错的；反过来，如果多数人预测去酒吧的人数超过60位，因而决定不去，那么酒吧的人数反而会很少。因此，一个人要做出正确的预测就必须知道其他人如何做出预测。但是，在这个问题中，每个人都不知道其他人在这个周末做出何种打算。

酒吧博弈的关键在于，如果我们在博弈中能够知道他人的选择，然后做出与其他大多数人相反的选择，就能在这种博弈中胜出。对于这个问题，首先我们说，对于下次去酒吧的确定的人数我们是无法做出肯定的预测的，这是一个混沌的现象。

混沌系统的变化过程是不可预测的。对于酒吧博弈来说，由于人们根据以往的历史人数来预测以后去酒吧的人数，过去的人数就很重要。然而过去的人数可以说是任意的，那么未来就不可能得到一个确定的值。而且，这是一个非线性过程，即因果之间的关系是很不分明的。这就是人们常常说的蝴蝶效应：太平洋这边一只蝴蝶动了一下翅膀，在对岸就刮起了一场飓风。在酒吧博弈中也是如此：假如其中一个人对未来的人数做出了一个预测而决定去还是不去，他的决定就影响了下一次去酒吧的人数，这个数目对其他人的预测及下下次去和不去的决策造成影响，即下下次去酒吧的人数会受他人上一次的决策的影响。这样，他的预测及行为给其他人造成的影响反过来又对他以后的行为造成影响。随着时间的推移，他的第一次决策的效应会越积越多，从而使得整个过程变成不可预测。

酒吧博弈所反映的是这样一个社会现象，我们在许多行动中，要猜测别人的行动，然而我们没有更多关于他人的信息，我们只有通过分析过去的数据来预测未来。

酒吧博弈没有什么正确的答案,就其本身来说,真正的意义也有限。事实上,人们决定去不去酒吧,并不取决于猜测有多少人去,而是看自己从中是否能得到效用。当然,如果人少一些,不那么拥挤,效用可能会大一些;而人多造成拥挤,效用则会小一些。人多人少的影响仅限于此。更重要的是看他如何评价这个效用,有些人会认为效用甚低,甚至可能是负的,自然就不会去;而有些人就是喜欢泡吧,哪怕挤一身臭汗也认为值得,他就会去。所以,酒吧博弈最可能出现的结果是那些喜欢泡吧的人成为这里的常客,而那些不那么热衷于此的人只是偶尔光顾,每次去酒吧的人数会略有波动,但大致会保持在一定的幅度内。

但是,在现实生活中,我们都可能遇到很多与酒吧博弈类似的难题。这可就不是个人爱好所能解决的了。

我国社会发展得很快,城市越来越大,交通越来越发达,道路也不断增多、变宽,但交通却越来越拥挤。在大城市生活过的人都知道,在上下班高峰期,交通堵塞现象极为严重。比如北京就是这样,相关部门已经连续出台两项措施来解决这个问题,一是实行单双号限行,再就是实现错峰上下班。但这些措施只是缓解了交通拥堵,并没有将问题解决。其实,对于司机来说,关于城市交通拥堵的问题也能用到酒吧博弈。

城市道路就像复杂的网络一样,在上下班高峰期,司机选择行车路线就变成了一个复杂的少数人博弈问题。

一般来说,司机在这种情况下面临两种选择。一是选择

比较短的车程，但容易堵车；二是选择没有太多车的路线，多开一段路程，因为他不愿意在塞车的地段焦急地等待。走哪条路？司机只能根据以往的经验来判断。很显然，塞车的道路每个司机都不愿意选择，但其他司机也是这么想的。因此，每一个司机的选择都必须考虑其他司机的选择。

在司机行车的少数者博弈问题中，经过多次的堵车和绕远道，许多司机往往知道，什么时候该走近路，什么时候应绕远路。但是，这是以多次成功和失败的经验教训换来的。

在这个博弈过程中，因为经验不足，有的司机往往不能有效避开高峰路段；有的司机因有更多的经验，能躲开塞车的路段；有的司机因为保守，宁愿选择有较少堵车的较远路线；而有的司机则喜欢冒险，宁愿选择短距离的路线。最终，这些司机的不同选择决定了每条路线的拥挤程度。不仅仅在司机选择路线的问题上是这样，生活中的许多情况都可以用这个博弈模式来解释。

我们知道，每年高校招生或研究生报名的时候，都会出现这样的情况：考生们通过各种途径弄清自己想要报考的学校以前的报名情况，并综合前几年的报考情况，来决定自己是否报这所学校。这里同样存在着酒吧博弈问题。如果报名的人太多，竞争太强，被录取的可能性就低；如果报名的人太少，竞争不强的话，录取分数相对来说就低一些，那么你的分数也许可以超过该校的录取线，你要是不报就可惜了。一般来说，考生会根据以往几年的情况来推测今年的报名情况，但这种推测也许并不怎么准确。当考生看到以往几年报名的人很少时，他会想下次人还会很少，因此他就果断地报了名。然而，如果大部分报考这所院校的人都是这么想，那就使自己被录取的概率大大降低；反之，如果大多数考生都认为前几次报名的人少，这次一定有很多人报名，那就会出现这个学校只有很少的人报考的情况，这所学校最后也许不得不降分录取。

现在社会上经常举行所谓的大众评选活动，比如全民进行的电影爱好者"百花奖"的评选活动，"年度十佳艺人"评选活动等。在投票过程中，为了鼓励民众投票，主办方会对每个投票者做出一定的奖励。但这是有条件的，比如"年度十佳艺人"的评选，投票者不仅要选出哪10个人能获奖，而且还要猜对这些获奖人员的排位顺序。这样的话，投票者想要获奖，就必须选中"正确的"人，就必须猜出得票最多的也就是第一名是哪位，得票第二名是哪位……投票者能获得奖励的关键在于能否猜到其他投票者的想法，如果猜错了，就不能获奖；但如果猜对了，就能获得奖励。因此，可以这样说，谁能当选十佳、谁不能当选十佳和投票者一点关系都没有，而是投票者们相互猜测的结果。很明显，这也是一个酒吧博弈的问题。不同的是，与酒吧博弈问题相比，大众评选活动只不过在评选上是一次性的，没有过去的数据让我们来参考。但是，我们要把这种观察与博弈理论结合起来，以此指导我们如何在纷乱的现象中采取更好的策略。

股市中的钱
都被谁赚走了

为什么身边炒股的人大多数赚不到钱，而只有较少的一部分人赚钱呢？

我们知道，股民中绝大多数人都是通过炒买炒卖获取利益，即我们通常所说的"短线派"。因此，与长线派相比，短线派要更频繁地买卖股票，但因为每次转手都要交纳手续费，所以短线派的成本要比长线派高。既然如此，是不是就意味着短线派的收益高过长线派呢？我们知道，在股市里，大多数情况下，要想获得更高的收益就必须能准确预测股票价格的涨落，只有做到这一点，短线派的收益才能高过长线派。那么，关于股票，有没有最佳的投资策略呢？现在有许多股市分析软件，声称能为你带来高额回报，这些可不可信呢？

凯恩斯不仅在经济学上颇有造诣，在股市上，他也是一个投资老手。关于选择股票的策略，他曾举过一个读者选美的例子。

电视上的各种选美比赛多数是由评委决定，但是，也有少数是依靠观众投票决定名次的。作为一个观众来说，如果你的评选结果和最后的结果相同，你会获得一笔奖金。所以，在所谓的读者选美比赛中，评选者要顾及自己的利益，因为中选者要通过公众投票产生，结果将影响到自己能否获奖。因此，作为读者，他在投票时要考虑别人会如何投票，而不能以自己的爱好作为唯一标准。

假如某报社举办选美比赛，由读者从100张照片中选出6张最漂亮的面孔。把全体读者的评选作为一个整体，然后算出得票最高的6张面孔，个人答案最接近平均答案的就能获奖。每个参加者挑选的是他认为最能吸引其他参加者注意力的面孔，而并非他自己认为最漂亮的面孔，同理，其他参加者也是这么想的。因此，我们必须运用我们的智慧预计一般人的意见，猜测一般人会做出什么样的选择。这种比赛与谁是最漂亮的女人无关，因为要选的不是根据个人判断确定的真正最漂亮的面孔。因为你关心的是其他人认为谁最漂亮，而不是自己认为谁最漂亮。不过，假如碰巧的话，也许你的选择和大众的选择是一样的。

在这样的选美比赛中，评选者必须同时从其他评选者的角度考虑。他们选择的不是最美丽的，而是大家最有可能都关注的，也就是能不能找到"大众脸"。假如某个女子与其他女子相比，确实漂亮出许多，那么很显然大家都会选她。但是一个人美丽与否，毕竟没有客观的标准，萝卜青菜，各有所爱。因此，这100位决赛选手各有千秋的可能性是最大的，也就是她们各有各的美丽，那么谁更有特点，谁就能最终胜选。因为，特点越明显，评选者关注的就越多。比如在众多候选者当中，只有一个紫色衣服的姑娘，那么相对来说，她被选出来的机会就比别人大，因为大家都是这么认为的。

　　我们可以看到，谁应该选上，谁不应该选上，是由投票的人相互猜测决定的。

　　在股票市场上，每个股民都在猜测其他股民的行为，以使自己可以与大多数股民所选的股不同。在两种情况下，股民们会获利：一是当你处于少数的卖股票的位置，多数人想买股票，那么你持有的股票价格将上涨，你将获利；二是当多数股民处于卖股票的位置，而你处于买的位置，股票价格低，你就是赢家。对于股民们来说，可以采取无数个选择，但相应的结果却大不相同。他们的策略完全是根据以往的经验归纳出来的，很显然，就很像这里的少数者博弈的情况。

但是，根据经验归纳出来的结论也不一定就是准确的。也正因如此，历史数据不能保证你买的股票稳赚不赔。因为，如果可以从历史数据中推导出股市的变化，那所有的股民都会发财，因为他们只需要拥有一台高性能的电脑，每天坐在电脑前，查看股票交易的记录就行了。但是，这样一个炒股必赢的系统存在吗？如果存在，就没有人买入垃圾股，因为所有人都知道哪些是潜力股，但这样还有股票这一投资方式存在吗？实际上，人们还没有发现一个炒股必赢的方法，也不可能有。

那么，是什么决定了一只股票的价格呢？

首先，股票市盈率是决定股价的重要因素。通常情况下，稳定可靠的企业其股价都维持在每年盈余的20倍左右。为什么是这个水平，而不是更高或更低？因为它要和银行利率大体差不多。如果两者出入甚大，资金就会一直流进流出，直到相对平衡为止。但是，由于投资和储蓄特点不同，决定了它们的回报率也不尽相同。就算是各行业、各股份公司的回报率也要视情况而定，它们也是不同的。

人们看中的不是目前的回报，而是未来的发展。所以，一般来说，新兴行业（如新材料、新技术等）可以保持比较高的市盈率，它们的未来预期比较好；投机性股票也能保持较高的市值，因为人们希望在投机中大有赚头，这也是公司处于大幅亏损的状态下，其股票却能升值的原因。

所以，对未来利润的预期在一定程度上决定着一只股票股价的高低。也正因如此，一批股市评论员和分析师相应而生。他们用相同的程式和运算方法，多次将同一股市信息卖给投资者，这样做的结果就是无法维持股市原来的公平与稳定，极有可能抹杀掉市场的多样性。因为，当每个投资者都在用相同程式时，在同一时间都会显示相同的买或卖的讯息。如果一直这样下去，那么不管方法是对还是错，市场就可能混乱。

我们知道每天的平均股价也是会变动的，那么它的这种短期变化的影响因素是什么呢？有些因素是宏观的，如政策面、基本面等；而有些是舆论因素，包括各式各样的新闻会，如战争、油价、政治事件等新闻，都会影响到未来股市的投资状况，进而影响到市场的平均价格。另外，一些真假难分的内幕消息也影响着股价。

各种大大小小的因素加在一起，影响着每日股市价格的变动，影响着不同股票与投资。这就和酒吧博弈模式的情况一样，是一种混沌的模式，我们无法看出规律和秩序。

你无法预知他人对股市未来的预期，而他人也无从得知你对股市的预期，以上种种因素会对股价的走向有着什么样的影响谁也无法确定，我们只知道想要在这种情况下做出理性的决策几乎是不可能的。

水滴石穿

宋朝时，有个叫张乖崖的人在崇阳县担任县令。崇阳县社会风气很差，盗窃成风，甚至连县衙的钱库也经常发生钱、物失窃的事件。

张乖崖任县令之后，决心好好地整治一下这个地方的社会风气。

有一天，他在衙门周围巡行，看到一个管理县衙钱库的小吏慌慌张张地从钱库中走出来。张乖崖急忙把库吏喊住："你慌慌张张的，干什么呢？"

"没什么。"那库吏嗫嚅地说。张乖崖想到，最近钱库经常失窃，怀疑库吏可能监守自盗。便让随从对库吏进行搜查，果然在库吏的头巾里搜到一枚铜钱。

张乖崖把库吏押回大堂审讯，问他一共从钱库偷了多少钱，库吏不承认以前也偷过钱。张乖崖便决定法办库吏。库吏怒气冲冲地道："偷了一枚铜钱算什么，好歹我也是朝廷官吏，你竟这样拷打我？你也就打打我，还敢怎么样？难道你还能杀我吗？"

看到库吏竟敢这样顶撞自己，张乖崖大怒。他拿起笔，龙飞凤舞地写道："一日一钱，千日千钱，绳锯木断，水滴石穿。"这话的意思是：一天偷盗一枚铜钱，一千天就偷了一千枚铜钱；用绳子不停地锯木头，木头就会被锯断；水不停地滴，能把石头滴穿。张乖崖吩咐衙役把库吏押到刑场，斩首示众。

自此崇阳县的偷盗之风全被止住，社会风气明显好转。

这就是"水滴石穿"的故事。一些力量是微弱的，但是若从不停止，那么这些力量集中起来就会造成可怕的后果。

有一群蚂蚁，看到了一棵百年老树，便打算在这棵树上安营扎寨。蚂蚁们为建设家园辛勤工作着，咬去一点点树皮，挪动一粒粒泥沙。就这样，这一大群蚂蚁日复一日地吞噬着大树。终于有一天，一阵微风吹来，百年老树倒在地上，原来它竟然已经枯朽了。这种循序渐进的过程在生物学上叫"蚂蚁效应"。

在法国有一个小村庄，村旁有一个池塘，人们平常的用水都是靠它。池塘里面有一片荷花在自由生长着。

有一天，池塘里面流进了一些化学污水。污水里含有荷花的助长剂，使得荷花的生长速度成倍增加。也就是说，荷叶的数目每天都会比前天增加一倍。这样的话，只要30天，整个池塘就会被荷叶盖满。

但是，前28天根本没人发觉池塘中的变化。第29天，村里的人惊讶地看到池塘的一半空间被荷叶覆盖着，他们开始担心以后用不了水了，但为时已晚。第二天，整个池塘都被荷叶占据了。

这件事的起因只是一些污水，每一个相关对象的偶然性因素都包含了对象必然结果的信息。在各内外因素参与下，一个十分微小的诱因有时也会产生极其重大和复杂的后果。

有一个村子，卫生习惯非常差，到处都脏乱不堪。有一个人很不满这样的现状，他想改变村民们的习惯，让这里变得干净怡人。但他也知道，说服他们是很困难的，因为他们已经习惯了这样的环境。他冥思苦想，终于想到了一个办法。他买了一条很漂亮的裙子，把它送给村里的一位小女孩。

小女孩很高兴，立刻换上了这条漂亮的裙子。女孩的父亲也很高兴，但是他注意到，女孩漂亮的裙子和她脏兮兮的双手以及蓬乱的头发极不相称，于是他就把她的头发梳理整齐，并让她好好地洗了个澡。经过这样一个改变，穿着漂亮裙子的小女孩就十分干净漂亮了。这时候，她父亲发现家里的环境很脏，也很乱，这很容易把她的双手和裙子弄脏。父亲就发动家人，来了个大扫除，彻底地把家里打扫了一遍，整个家都变得干净明亮了。不久，这位父亲又不满意了，因为他发现自己的家里虽然很干净了，但门口的过道满是垃圾，看上去让人很不舒服。他再次发动家人，把门口过道清理干净，并告诉家人不要乱倒垃圾，注意保持卫生。

　　小女孩一家的变化被隔壁邻居发现了，他也觉得自家脏乱的环境让人难受，看着小女孩家干净的环境，他感觉很是舒心。也就在同时，他醒悟到，我们家里也是可以这样干净的啊！于是他们也发动家人，把屋里、门口过道等地方打扫了一遍，并交代家人注意保持卫生。不久，邻居们发现了这两家人的变化，也开始行动起来……当那位好心人再到村里的时候，他吃惊地发现，自己几乎不认识这里了。村里的街道打扫得干干净净，村民们都穿着洁净的衣服，每户人家都是窗明几净！

　　崇祯帝死后，福王朱由崧和一些达官贵人逃到南京，在那里被拥为皇帝。他和一些藩王联合，在江南建立了反清政府，历史上称它为南明。凤阳总督马士英是当时拥立福王为皇帝最积极的人之一，所以福王朱由崧便把政事都交给马士英。为了巩固自己的势力，马士英大量选拔人员，给他们全部封官。一时间南明这么一个小朝廷却有比一个大朝廷还多的官吏，在南明小朝廷的都城里，几乎到处都是官员。但这么多的官吏并没能阻止南明小朝廷的灭亡，仅仅过了一年，南明都城南京就被攻破。南明的灭亡虽与其实力弱小有关，但不断地封官导致朝廷入不敷出也是其灭亡的原因之一。

　　钱钟书曾这样说："要想把哪个东西搞坏，不要骂它、不要臭它，而要让它无限制地繁殖泛滥，结果它自然就名声扫地了。"

　　正所谓"只要功夫深，铁杵磨成针"，许多小事总是在我们不经意间就成了大事。开始你也许不会在意，但后来却不得不去关注它。

PART
04

少数人策略

战国初期，魏文侯任用李悝为相，开始变法强国。李悝在变法时采取了这样一条措施——"平籴"法，即国家在农作物丰收的年景用平价买进粮食，在荒年以平价卖出。很明显，这个法令使粮价保持了稳定，也在很大程度上维护了农民的利益，促进了农业的发展。经过这次变法，魏国成为战国初期最大的诸侯国之一。

一个名叫白圭的魏国商人从李悝的这次变法中受到了启发，白圭经过详细的思考和谋划，想到了一个适应时节变化的发财之路。

这个办法说起来也很简单，找出大家都在做的事，然后做与他们相反的事。

在丰收的时候，农民收的粮食很多，因为不缺粮食，很多人也就不做粮食的生意，价钱也就不高，但白圭这个时候却大量买入粮食。粮价这时虽然很低，但蚕丝等正好与粮食是不同季节的农作物，收粮的时候正是蚕丝短缺的季节。因为蚕丝没有大量上市，价钱自然就高，他赶紧把自己以前收购的蚕丝卖出去。到了蚕丝收获的季节，大量蚕丝涌入市场，价钱就便宜下来，但粮价却高了起来。他这时就开始卖出粮食，收进蚕丝。白圭正是利用这一循环过程，成为战国初期屈指可数的一代商贾。

因此，他的发财之路概括起来很简单，那就是"与众不同"的少数人策略。

2001年诺贝尔奖得主迈克尔·斯宾塞说，有一次，他在午餐桌上与托马斯·谢林对话，由此受到启发。他开始从事信号博弈与细分策略研究。谢林当时问他："为什么世界上的人类都是各个种族聚集在一起，在加州的海滩，为什么喜欢冲浪的人与喜欢游泳的人做着不同的事？"这个问题实质上指向了真实世界里人群细分背后的机制。下面的例子则更加接近现实生活。

美国自林肯总统时代以后，不再像以前那样歧视黑人，所以现在美国大多数人赞成种族混居的社区模式。但是，口头赞成是一回事，现实的情况却是美国城市中没有几个种族混合居住的社区。

为什么会出现这样的情况呢？因为虽然人们实际上都能接受种族混居，但每一个家庭在选择自己的住所时，都会下意识地选择是否与别的种族杂居，内心深处都会进行一番博弈。结果显而易见，他们一定会选择和自己相同的种族居住在一起。谢林认为："假如一个地方的黑人居民跌破一个临界水平，这里很快就会变成白人社区；但如果黑人居民的比例超过一个临界水平，这个比例很快就会上升到接近100%，即这里将变成一个黑人社区。"

实际上，这种种族隔离现象存在于大多数社区中，但这是不是种族主义扩散的结果呢？当然，无论人们喜欢怎样的种族混合比例，其实都是某种形式的种族主义，只不过不像种族主义歧视那么极端而已。

不同的人，无论是黑人还是白人，对于社区所住的种族最佳混合比例是多少，有着不同的见解。在一个白人只占1%或5%的社区里，大多数白人会感到没有归属感。不过，大部分白人也坚持认为，社区的白人比例应达到95%甚至99%，但这是不可能的，也没有必要。

多数人的想法是，出现一个介于上述两个极端之间的比例。

在这种情况下，要想出现均衡、保持稳定，只有当地人口种族混合比例恰好等于新迁入住户种族混合比例才行。但是，社会原因却将整个社区不是向这一个极端移动，就是向另一个极端移动。那么，为什么会出现这种现象呢？

我们先设定这个社区适合入住的人口均衡比例是70%的白人和30%的黑人。这个时候，搬走了一户黑人家庭，一户白人家庭住了进来。那么很显然，现在这一社区的白人比例就会稍稍高出70%。同时，下一个搬进来的家庭是白人家庭的概率也会高于70%。就这样持续下去的话，白人的比例就会越来越高。

如果新住户是白人的概率超过75%，那就意味着整个社区即将变成只有一个种族的社区，直到小区内所有住户都变成白人家庭。最后的结果，就是整个社区变成全白社区。

反过来，如果把刚才的假设换成黑人也是一样的。

问题的根源在于一户人家的行动对其他人家的影响。如果社区内白人家庭与黑人家庭比例7∶3这一平衡一旦被打破，这个社区以后入住白人的比例就会不断增加，而打算搬进来的黑人家庭就会随之减少。但是，这个结果的出现应该怪那户白人家庭吗？这个结果确实是由于这户白人家庭搬进来造成的，但他们并没有违反什么法律。

这种现象并不是毫无解决办法，作为一个种族和谐混居社区，美国芝加哥橡树园为这个问题提供了一个很好的示范。

这个社区用了两种办法：一是当一户人家即将搬走时，该镇禁止在这所房屋前写"出售"字样的招牌，因为这会暴露搬走家庭是何种种族以及其他一些信息，从而避免了恐慌。但是，仅有第一项政策是不够的，业主们可能担心如果等到整个社区"颠覆"以后再卖，自己的房屋会贬值，他们觉得趁着还能出手的时候卖掉自己的房屋。二是该镇为保证住户的房屋不会由于种族混合比例改变而贬值，给住户们的房子提供了保险。该镇使用的第二个办法——提供保险，由此消除了他们这种恐惧。

事实就是这样，如果上了这种保险，就能够阻止不动产的价值下跌，要搬走的人也就不会有什么损失。

小到社区会出现这类问题，大到国家也会出现类似的问题。

为了保护本土产业，许多国家运用关税、配额以及其他方法限制进口。这样的政策会出现两种直接的结果，一是会抬高价格，二是损害国内所有使用受保护产品的消费者的利益。经济学家估计，假如美国运用进口配额的措施，保护钢铁、纺织或制糖产业，那么就会导致民众不得不购买价格更高的同类产品，这样做的话，这些行业是保住了，但这却是以美国国内其他消费者付出更多成本为代价的。

类似的情况我们经常能遇到，不光是经济上的问题，许多方面都有这种情况。为什么极少数人的得益总会压倒更大多数人的损失而得到优先考虑呢？秘诀在于一次提出一件事情。

假如其他国家的鞋比较便宜，即将出口到美国。美国制鞋企业因为成本较高，价格也就比较贵，如果其他国家便宜的鞋子进入美国，会给美国的民众带来巨大的优惠，但这也将会使美国制鞋企业倒闭，而制鞋产业的1万名从业人员也面临着全部失业的危险。要想保住这些人不致失业，美国人均就要付出4美元，就是他们多花4美元买鞋子的钱。美国极大部分的民众虽然与那些制鞋业的职员们互不相识，但他们当然会选择付出4美元，因为这样不仅可以把所谓不择手段的外国人当作现成的诅咒目标，还能保住同胞1万个职位。服装产业、钢铁产业、汽车产业等都是这样。

不断地采取贸易壁垒措施使美国已经付出500多亿美元，相当于人均多付出100多美元来保护本国企业。当你明白这一点时，你也许会说，这个代价是不是太高了，为什么不让上述各个产业的工人自己承担国际贸易带来的风险呢？在许多情况下，对个案进行的决策，结果往往与我们的想象相差极大，甚至相反。

实际上，就算多数人投票赞成一项决定，但得出的结果也许与我们的想象相差得更远。

1985～1986年间，美国所得税改革几乎走向崩溃。究其原因，就在于参议院一开始采取的是对提案逐个解决的思路。财政部提案已被修改了多次，带有太多的特别利益条款，它已经变得不堪重负。所以，在财政委员会第一轮条款讨论会上，最后不得不宣告它无效。参议员们当然清楚，他们面对的是有组织的院外集团。在他们的游说活动面前，这种提案简直是自取灭亡，根本不可能阻止这些游说者谋求特殊待遇。更重要的是，这些游说者若是联合起来就可能毁灭这个法案，相对来说，就算不推出法案都要比这个结果好。所以，委员会主席、参议员帕克·伍德进行了他自己的游说活动。他劝说委员会大多数成员，让他们投票反对任何一个针对所得税法案的修正案，就算它特别有利于他们的选民也要这么做。最后，本次改革终于得以立法通过。但与此同时，有人发起了要求增加特殊条款的反击，每次提出一两条要求修正。

同样的道理，总统拥有逐项否决权，可以有选择地否决法案。假如有这样一个法案，它授权拨款资助学校提供午餐，并援助建造一架新的航天飞机。总统有三个选择：两个都否定、只批准其中一个或两个都批准。但事实上，他在这样的情况下只有两个选择，即两个都批准或者两个都否定。

出现这些问题是因为短视的决策者没能看到全局。在所得税改革的例子里，参议院最后还发现了自己的错误，但在保护主义这个问题上，他们还和以前一样。

PART
05

破窗理论

1969年，美国斯坦福大学心理学家菲利普·津巴多在两个不同的街区分别停放两辆一模一样的汽车。在中产阶级居住的帕罗阿尔托社区，他停放了一辆完好无损的汽车；而在相对杂乱的布朗街区，他将另一辆摘掉车牌、打开顶棚的车停放在那里。结果，停在帕罗阿尔托社区的那一辆汽车，过了一个星期还是像原先一样停放在那里；而停放在杂乱的布朗街区的那一辆车，仅仅过了几个小时就被偷走了。津巴多之后用锤子砸那辆完好无损的汽车，把车窗玻璃砸出个大洞。没过多久，这辆车也被偷走了。

1982年，政治学家威尔逊和犯罪学家凯琳以这项试验为基础，提出了一个"破窗理论"。威尔逊和凯琳认为，秩序的混乱必然导致犯罪。假如一栋建筑物的一扇窗户上的玻璃破了一个洞，如果没有修理的话，那么当有人看到它时，就会产生这样的想法："这是个没有秩序的家庭，无人关心、无人管理，既然已经坏了，让它更坏一些也没什么，我们可以去打碎更多的玻璃。"

不仅如此,这种想法还会不断地在这座大楼附近向相邻的街道"传染"。与此同时,违规犯罪行为在这种氛围下就会不断地滋生和蔓延。威尔逊和凯琳还提出,"破窗"现象还可以解释类似公共场所内乱涂乱画、秩序混乱等问题。

从"偷车试验"和"破窗理论"中我们可以得出这样两个启示:

一是一些不为人所注意的细小事件可能会导致一些重大问题的发生,而解决一些重大问题可能只需要从处理细枝末节的问题入手就可以,这将起到"四两拨千斤"的作用。

二是人的心理和行为会被其他人的行为、发出的信息或者是制造的现象所诱导,因为这些都具有强烈的暗示性和诱导性。对于可能产生不良后果的行为、信息或者现象,我们必须保持积极的警觉态度,如果碰到了"第一个被打碎的窗户玻璃"的人,我们就去做"第一个修补窗户的人"。

如果窗户没有窟窿,就没有人想第一个去破坏它;但是,假如窗户上有了一个哪怕是很小的窟窿,就会有一群人想法把它变成"大窟窿"。奇怪的是,在日常生活和工作中,符合这种奇怪的"破窗理论"的现象随处可见:

有人在干干净净的墙壁上贴了一张广告。没过多久,大大小小的许多广告纸就会覆盖这面墙壁。

很多不同种类的盆栽鲜花摆放在广场上,花很美丽,没有人去采摘。有一次,不知谁带头摘取了一朵鲜花;旁边一个人看到了,但看到的人并没有警告摘花者,而是跟着摘了两朵更漂亮的;第三个人也看见了前两个人的行为,也摘了几朵漂亮的花匆匆离去……没过几天，广场上的鲜花便没有多少了，只剩下一些残枝和地上枯萎的花瓣。最为离谱的是，有人竟然连花带盆一起搬回自己的家中；同样地，第二个、第三个……将花盆"私有化"的人不断涌现，大摇大摆地，就像搬自家东西一样毫无顾忌。

住宅区的绿化带上，本来是不让行人走的。后来，也许是因为着急，有人从上面抄近而走。但是，过不了很长时间，在这片绿色的草地上，就会出现一条用双脚开辟出来的小路。鲁迅先生说："世上本没有路，走的人多了也便成了路。"没想到竟然用了这个"路"上。

不仅仅在这些日常事务上，"破窗理论"在企业管理上也有着极其重要的意义。有些领导对于违反公司程序或廉政规定的行为不以为意。违规员工因为没有被惩罚，其他员工便竞相效仿，类似的行为不断发生，且日益严重。因此，如果公司没有对员工已经犯的错误行为引起足够的重视，及时"修好第一扇被打碎玻璃的窗户"；那么，迟早有一天会发生"千里之堤，溃于蚁穴"的结果。

有一家规模不大的公司，它的员工很注重诚信，公司更是有着良好的售后服务。这也使这家公司在所属行业的激烈竞争中占有一席之地。

有一次因为失误，这个公司的销售员王小姐将一台没装机芯的样机卖给了一名外地来的顾客。部门负责人在得知这一情况后，迅速给公关部门下令，要他们在最短的时间内全力寻找到该顾客。接到命令后，公关部工作人员开始了行动，但他们

177

只知道这位顾客的姓名和职业，其他的一概不知。他们连夜打了35个紧急电话，询问了不同的政府部门及其他一些人，才找到了该顾客的住址和电话，然后代表公司向这位顾客道歉。因为他们处理得非常及时，为公司挽回了声誉，也避免了一定的损失。事实证明，他们这么做有多么的重要！

这位买了样机的人是一家报社的记者，回到家时发现刚买的唱机无法使用，气愤之下连夜写了一篇旨在揭露事实真相、无情鞭挞该公司的新闻报道——《笑脸背后的真面目》，打算交给报社，让报社发表在第二天的报纸上。就在这时，她接到了该公司公关部人员打来的道歉电话。在电话中，她了解到该公司处理此事的全部过程，极为感动，迅速用仅剩的一些时间将稿件《笑脸背后的真面目》改为《35个紧急电话》。不仅标题变了，内容也变了，内容由鞭挞、揭露变成了表扬、称赞。

这是一则在企业管理中防范"破窗理论"的典型事例。管理者在管理实践中，必须高度警觉。有些虽小但却触犯了公司的灵魂和核心价值的错误，不能一笑了之，或者因为"熟"就不了了之。所谓"亡羊补牢，为时未晚"，要建立一种防范和修复"破窗"的机制，并严厉惩治"破窗"者，绝不姑息纵容，尤其是第一个"破窗"者。与此同时，公司也要对"补窗"的人进行鼓励和奖励。做好这些，公司才能有稳固的发展。

由上可见，"破窗理论"并不是没有破解方法。这其中，破窗有没有得到及时的修复是关键。对于这样的"破窗"，如果能做到破一扇就修一扇，啥时破就啥时修，那就等于把隐患和苗头都消灭在萌芽状态，就不会再出现"破窗理论"的结果。

第八篇

枪手博弈

PART 01

谁能活下来？

在博弈论的众多模式中，有一种模式可以被简单概括为"实力最强，死得最快"。这就是"枪手博弈"。

该博弈的场景是这样设定的：

有三个枪手，分别是甲、乙、丙。三人积怨已久，彼此水火不容。某天，三人碰巧一起出现在同一个地方。三人在看到其他两人的同时，都立刻拔出了腰上的手枪。眼看三人之间就要发生一场关乎生死的决斗。

当然，枪手的枪法因人而异，有人是神枪手，有人枪法特差。这三人的枪法水平同样存在差距。其中，丙的枪法最烂，只有40%的命中率；乙的枪法中等，有60%的命中率；甲的命中率为80%，是三人中枪法最好的。

接下来，为了便于分析，我们需要像裁判那样为三人的决定设定一些条件。假定三人不能连射，一次只能发射一颗子弹，那么三人同时开枪的话，谁最有可能活下来呢？

在这一场三人参与的博弈中，决定博弈结果的因素很多，枪手的枪法，所采用的策略，这些都会对博弈结果产生影响，更何况这是一个由三方同时参与的博弈。所以，不必妄加猜测，让我们来看看具体的分析情况。

在博弈中，博弈者必定会根据对自己最有利的方式来制定博弈策略。那么，在这场枪手之间的对决中，对于每一个枪手而言，最佳策略就是除掉对自己威胁最大的那名枪手。

对于枪手甲来说，自己的枪法最好，那么，枪法中等的枪手乙就是自己的最大威胁。解决乙后，再解决丙就是小菜一碟。

对于枪手乙来说，与枪手丙相比，枪手甲对自己的威胁自然是最大的。所以，枪手乙会把自己的枪口首先对准枪手甲。

再来看枪手丙，他的想法和枪手乙一样。毕竟，与枪手甲相比，枪手乙的枪法要差一些。除掉枪手甲后，再对准枪手乙，自己活下来的概率总会大一些。所以，丙也会率先向枪手甲开枪。

这样一来，三个枪手在这一轮决斗中的开枪情况就是：枪手甲向枪手乙射击，枪手乙和枪手丙分别向枪手甲射击。

按照概率公式来计算的话，三名枪手的存活概率分别是：

甲=1-p（乙＋丙）=1－［p（乙）＋p（丙）-p（乙）p（丙）］=0.24

乙=1-p（甲）=0.2

丙=1-0=1

也就说，在这轮决斗中，枪手甲的存活率是0.24，也就是24%。枪手乙的存活率是0.2，即20%。枪手丙因为没有人把枪口对准他，所以他的存活率最高，是1，即100%。

我们知道，人的反应有快有慢。假设三个枪手不是同时开枪的话，那么情况会出现怎样的变化呢？

同样还是每人一次只能发射一颗子弹，假定三个枪手轮流开枪，那么在开枪顺序上就会出现三种情况：

（1）枪手甲先开枪。按照上面每个枪手的最优策略，第一个开枪的甲必定把枪口对准乙。根据甲的枪法，会出现两个结果，一是乙被甲打死，接下来就由丙开枪。丙会对着甲开枪，甲的存活率是60%，丙的存活率依然是100%。另一种可能是乙活了下来，接下来是由乙开枪，那么甲依旧是乙的目标。无论甲是否被乙杀死，接下来开枪的是丙。丙的存活率依然是

100%。

（2）枪手乙先开枪。和第一种情况几乎一样，枪手丙的存活率依然是最高的。

（3）枪手丙先开枪。枪手丙可以根据具体情况稍稍改变自己的策略，选择随便开一枪。这样下一个开枪的是枪手甲，他会向枪手乙开枪。这样一来，枪手丙就可以仍然保持较高的存活率。如果枪手丙依然按原先制定的策略，向枪手甲射击，就是一种冒险行为。因为如果没有杀死甲，枪手甲会继续向枪手乙开枪。如果杀死了枪手甲，那么接下来的枪手乙就会把枪口对准枪手丙。此时，丙的存活率只有40%，乙便成了存活率最高的那名枪手。

最能体现枪手博弈的就是赤壁之战。当时，魏蜀吴三方势力基本已经形成。三方势力就相当于三个枪手。其中，曹操实力最强，相当于枪手甲。孙权已经占据了江东，相当于实力稍弱的枪手乙。暂居荆州的刘备实力最弱，相当于枪手丙。当时，曹操正在北方征战，无暇南顾，三家相安无事。

公元208年，曹操统一了北方后，决定南征。关系三家命运的决战就此拉开。对于曹操来说，孙权的实力较强，对自己的威胁最大，自然要先对孙权下手。于是，曹操在接受了投降自己的荆州水军后，率大军向东，直扑江东而来。

此时，对于被曹操追得无处安身的刘备来说，最佳的策略就是与孙权联手，才能有一线存活的希望。曹操在实力上强于孙权，如果孙权战败，下一个遭殃的就是自己。如果孙权侥幸获胜，灭掉了曹操，那么待东吴休养生息后，必定要拿自己开刀。所以，诸葛亮亲自前往江东，舌战群儒，让两家顺利结盟。

一旦孙刘两家结成联盟，孙权意识到自己不拼死一战，就可能再无存身之所，自然积极备战，在赤壁之战中承担了主要的战争风险。而刘备也借此暂时获得了休养生息的机会，为日后入主四川积蓄了力量。

其实，枪手博弈是一个应用极为广泛的多人博弈模式。它不仅被应用于军事、政治、商业等领域，就连我们日常生活中也可以看到枪手博弈的影子。通过这种博弈模式，我们可以深刻地领悟到，在关系复杂的博弈中，比实力更重要的是如何利用博弈者之间的复杂关系，制定适合自己的策略。只要策略得当，即使是实力最弱的博弈者也能成为最终的胜利者。

出击时机的选择

通过枪手博弈，我们了解到在关系复杂的博弈中，博弈者采用的策略将会直接影响博弈的结果。所以，枪手博弈可以看作是一种策略博弈。

对于策略博弈来说，最显著的特点就是博弈的情况会根据博弈者采取的策略而发生变化。博弈者为了获得最终的胜利，彼此之间会出现策略的互动行为。这就导致博弈者所采用的策略与策略之间，彼此相互关联，形成相互影响、相互依存的情况。

在通常情况下，这种策略博弈有两种形式。一种是"simultaneous-move game"，即同时行动博弈。在这种博弈中，博弈者往往会根据各自的策略同时采取行动。因为博弈者是同时出招，博弈者彼此之间并不清楚对方会采用何种策略。所以，这种博弈也被称作一次性博弈。

很多人读过美国作家欧·亨利的短篇小说《麦琪的礼物》。故事讲述了一对穷困潦倒的小夫妻之间相互尊重、相互关心的爱情故事。

这对新婚不久的小夫妻虽然过着比较清苦的生活，除了日常生活的开销，再没有多余的闲钱。但是当圣诞节来临的前夕，彼此都在暗地里筹划，希望能给对方准备一件珍贵的礼物。于是，妻子狠心剪去了自己美丽的金色长发，换取了20美元，买了一条表链，来配丈夫的祖传金表。与此同时，丈夫卖了自己的金表，为妻子引以为傲的金色长发换取了一套精美的发饰。

结果，两人都为了对方，极不理智地牺牲了各自最宝贵的东西。两人精心准备的礼物都变成了没有使用价值的无用之物。

当然，我们从这个故事中体会到了两个主人公彼此之间无私的爱。现在，我们抛开其中的人文气息，用博弈论的观点来重新看这个故事。

在这个故事中，妻子和丈夫可以分别被看作是参与博弈的双方。双方的目的是准备一份最好的圣诞礼物。于是，妻子和丈夫都开始制定各自的行动策略。妻子的策略是出卖自己的长发。丈夫的策略是出卖自己祖传的金表。两人交换礼物就相当于同时出招，在此之前，妻子不知道丈夫的策略，丈夫也不知道妻子的策略。当两人同时拿出礼物后，博弈结束。所以说，这个故事其实就是一场同时行动的博弈。

策略博弈的另一种形式是"sequential game"，即序贯博弈，也被称作相继行动的博弈。棋类游戏是这种博弈形式最形象也最贴切的表现。

拿围棋来说，两个人一前一后，一人一步地进行博弈。通常情况下，我们在走自己这步棋的时候，就在估算对方接下来的举动，然后会思考自己如何应对。就这样一步接一步地推理下去，形成一条线性推理链。

简而言之，对于参与序贯博弈的博弈者来说，制定策略时需要"向前展望，向后推理"。就像《孙子兵法》中所说的，"势者，因利而制权也"。也就是要根据对方的决策，制定出对自己有利的策略。

商家在进行博弈的时候，经常采用的策略是在价格上做文章。《纽约邮报》和《每日新闻》两家报纸就曾经在报纸售价上进行过一场较量。

在较量开始前，《纽约邮报》和《每日新闻》单份报纸的售价都是40美分。由于成本的增加，《纽约邮报》决定把报纸的售价改为50美分。

《每日新闻》是《纽约邮报》的主要竞争对手，在看到《纽约邮报》提高了单份报纸的售价后，《每日新闻》选择了不调价，每份报纸仍然只售出40美分。不过，《纽约邮报》并没有立即做出回应，只是继续观望《每日新闻》接下来的举动。《纽约邮报》原以为要不了很长时间，《每日新闻》必定会跟随自己也提高报纸的售价。

出乎意料的是，《纽约邮报》左等右等，就是不见《每日新闻》做出提高售价的举动。在此期间，《每日新闻》不仅提高了销量，还获得了新的广告客户。相应地，《纽约邮报》因此造成了一定的损失。

于是，《纽约邮报》生气了，决定对《每日新闻》的做法予以回击。《纽约邮报》打算让《每日新闻》意识到，如果它不能及时上调价格，与自己保持一致的话，那么，自己就要进行报复，与其展开一场价格战。

不过，稍有商业知识的人都知道，如果真的展开一场价格战，即便能够压倒对方，达到自己的目的，自己也要付出一定的代价。最危险的结果会是双方都没占到便宜，反而让第三方获益。经过再三思量，《纽约邮报》采取的策略是把自己在某一地区内的报纸售价降为了25美分。

这是《纽约邮报》向《每日新闻》发出的警告信号，目的是督促对方提高售价。这种做法非常聪明，既让对方感到了自己释放出的威胁，又把大幅度降价给自己带来的损失降到了最低程度。

《纽约邮报》的做法收效非常明显，在短短几天内该地区的销量就呈现出成倍的增长。最重要的是，《纽约邮报》的这一做法很快就达到了自己的最终目的。《每日新闻》把报纸的售价由40美分提高到50美分。

对于《每日新闻》来说，当《纽约邮报》提高售价时，自己采取保持原价的策略本身就带有一定的投机性。目的就是想利用这个机会，为自己挣得更多的利益。而《纽约邮报》在一个地区施行的低售价明显低于报纸的成本。假如自己仍然坚持不提价的话，自己的利益会遭到长时间的损害。假如自己对《纽约邮报》的做法予以回应，也会损害到自己的利益，加之提价对于自己并没有实质性的损害，只是与《纽约邮报》的竞争回到了原来的起点。所以，提价是《每日新闻》最好的选择。

其实，无论是博弈者同时出招的一次性博弈，还是博弈者相继出招的序贯博弈，博弈者都要努力寻找对自己最有利的策略。

我们在前面曾经提到过，如果博弈者拥有优势策略，那么就可以完全不必顾忌其他对手，只要按照优势策略采取行动就好。因为，无论你选择其他什么样的策略，得到的最终结果都不会超过优势策略得到的结果。所以，尽管放心大胆地使用。

如果你没有优势策略，又该怎么办呢？那就站在对方的角度进行分析，确定对方的最优策略。然后，你就可以根据对方的这条最优策略来制定自己的应对之策。而且，这条策略就是你的最佳策略。

假如你身处在一个非常复杂的博弈中，每个博弈者都有多种选择，都不存在优势策略，而且博弈者的决策之间相互联系得非常紧密，一时间无法确定自己的最佳策略。那么，你就可以选择先把自己的劣势策略排除。在博弈者排除劣势策略的过程中，就可以使博弈情况得到简化。简化过的博弈更容易掌控，而且在简化的过程中，你也许会找到对自己有利的策略。

　　当然，这些分析都只是基于理论，博弈的实际情况可能会更为复杂，但是，掌握其中的一些规律，往往会有利于我们应对具体的博弈情况，有据可循。总而言之，在策略博弈中，博弈者的首要任务就是寻找属于自己的优势策略。

胜出的不一定
是最好的

1894年，中日之间爆发了著名的甲午战争，日本海军全歼北洋水师。清政府被逼向日本支付巨额的赔款，并割让领土委曲求和。清政府的财政就此崩溃，开始向西方大国借债度日。

李鸿章是洋务派的代表人物，他自1870年出任直隶总督后就开始积极推动洋务运动。可以说，北洋舰队就是李鸿章一手建立起来的。他的免职直接导致了北洋舰队无人掌控的局面。

当时的北洋舰队可谓是军事、洋务和外交的交汇点。谁能执掌北洋舰队，就等于进入了清政府的权力核心。因此，保守派和洋务派在朝堂上因为这个职位的人选，争执不休，吵得面红耳赤。

最终，继任这一职位的是王文韶。为什么一个名不见经传的云贵总督能够接受这么一个让人眼红的职位呢？

首先，接受北洋舰队的人必须是军人出身。如果此人不懂军事，怎么能管理一个舰队呢？王文韶当时的职位是云贵总督，领过兵打过仗。其次，掌管北洋舰队，就免不了要和外国人打交道。因此，此人不能不通外交事务。王文韶曾在总理衙门工作过，对外交事务还算熟悉。第三，保守派和洋务派都认可此人。在为官之道上，王文韶最擅长的就是走平衡木。他本人与代表革新派的翁同龢关系非同一般，又与代表洋务派利益的湘军淮军一直保持着良好的关系。此外，由于他会做事，慈禧太后对他的印象也不错。

就这样，王文韶击败了众多才能出众、功高势大的官员，获得了北洋大臣的职位，成为朝廷新贵。

如果联系枪手博弈的情况，我们会发现王文韶就相当于那个存活概率最高的枪手丙。所谓"两虎相争必有一伤"，以慈禧太后为首的保守派和以皇帝为首的革新派相互倾轧，即便在分属于这两个阵营中的大臣中，有人比王文韶更有才能，比他更适合接任这一职位，也会在两派相争中失去资格。这就让左右逢源的王文韶捡了一个大便宜。

就像枪手博弈中，最有机会活下来的不是枪法最好的甲，有些时候，博弈的最终胜出者未必是博弈参与者中实力最强的那一个。

读过《红楼梦》的人都知道，在贾宝玉身边服侍他的丫鬟们各有各的风姿。按照封建社会的习俗，像袭人、晴雯、麝月这样近身服侍的大丫鬟，都是贾宝玉未来姨娘的人选。其中，属晴雯最为出色。她人长得风流灵巧，聪明机灵，口才也好，女工也很出色。按理说，晴雯应该是姨娘的不二人选。最后，成为"准姨娘"的不是晴雯，而是那个脾气最好的花袭人。

按理说，无论如何也轮不到她来做这个"准姨娘"。论相貌，袭人在服侍宝玉的大丫鬟中属于中等，不是最好的；论聪明伶俐，她有些愚；论口才，她在言语上总是会吃些亏；论针线活，她不是最出挑的。而且，还总是喜欢唠唠叨叨地叮嘱宝玉。不过，袭人之所以从众丫鬟中胜出，正是因为她不是最好的。

参与博弈的博弈者们为了成为最终的胜利者，会在博弈的过程中不择手段。宝玉身边的丫鬟们大多也都存了同样的心思。成为宝玉的小妾，就意味着从此能够摆脱丫鬟低贱的身份，在地位上也能有所提升。她们必然会因此而互相较劲，最出众的那一个自然会成为众矢之的，也最容易成为其他人攻击的对象。袭人的"一般"让她在众丫鬟们的竞争中尽可能地保全了自己。最终，得到了王夫人赏识的她，顺利上位，奠定了自己在贾府的地位。

在复杂的多人博弈中，最后胜出的人必定是懂得平衡各方实力、善于谋略的人。就像对枪手博弈中的枪手丙来说，当他具有率先开枪的优势时，他选择了放空枪或是与枪手乙联合，才使自己保住了性命。如果他不懂得谋略，直接向枪手甲开枪，那么就有可能被枪手乙杀死。这一点在军事斗争中体现得尤为明显。

民国初期，广西境内军阀势力混杂，在经过几年权力洗牌后，主要存在着三股军阀势力。三方互为掎角，形成对立之势。这三股势力分别是：陆荣廷、沈鸿英和李宗仁。三方在兵力上的差距不大。其中，陆荣廷有将近四万人马，沈鸿英的军队大约有两万多人。李宗仁在与黄绍竑联合后，在兵力上基本与沈鸿英打个平手。

势力最大的陆荣廷打算统一广西，决定先除去沈鸿英。1924年初，陆荣廷率领精锐部队近万人北上，进驻桂林城外。沈鸿英在察觉到陆荣廷的企图后，立即赶往桂林截击。双方就这样，在桂林城外展开激战。这一仗打了三个月，双方都死伤惨重，谁也没占着便宜。在这种情况下，陆荣廷和沈鸿英都表示出和解的意向。

在陆沈相争之时，李宗仁则是坐山观虎斗，时刻注意着两人的战况。当了解到双方打算和解的时候，李宗仁意识到自己的机会来了。他的想法是：如果两人和解，就会出现两种可能。一是陆沈二人各回各的地盘，广西的局势依然是三足鼎立。二是两人联手后，转而对自己下手。如果是第一种情况，自己就可以按兵不动，静观其变。但是，两人合作后，攻击自己的可能性很大。那么，自己就要趁着陆沈二人元气尚未恢复之机，率先下手。

于是，李宗仁立刻召集白崇禧和黄绍竑就这一情况进行商讨。白崇禧和黄绍竑都表示同意李宗仁的观点。接下来，问题的关键就在于先打谁，是陆荣廷还是沈鸿英。李宗仁从道义的角度出发，认为应当先攻打沈鸿英。白崇禧和黄绍竑则从战略意义出发，认为应当趁陆荣廷后方空虚之际，先攻打南宁，吃掉陆荣廷的地盘。经过协商，三人最终制定了出击顺序，依照"先陆后沈"的原则，先攻击陆荣廷。

1924年5月，李宗仁和白崇禧兵分两路，分别从陆路和水路向南宁方向进攻。一个月后，两路人马在南宁胜利会师。而后，李宗仁等人成立定桂讨贼联军总司令部，打着讨伐陆荣廷残部的旗号，陆续铲除了沈鸿英、谭浩明等广西军阀。至此，李宗仁完成对广西的统一，成为国民党内部桂系军阀的首领。

李宗仁能够赢得最后的胜利，顺利统一广西，最关键的因素就是他选择了正确的攻击顺序。在李、陆、沈三人的军事实力中，陆荣廷的实力显然是最强的。李宗仁和沈鸿英的实力相当。陆荣廷和沈鸿英在血战了三个月后，双方互有损伤。对于在一旁观战、实力毫发未损的李宗仁来说，沈鸿英此时的实力已经弱于自己。如果先攻击沈鸿英，李宗仁在实力上占有一定的优势。不过，陆荣廷离开自己的老巢南宁，跑到桂林与沈鸿英交战。此时，如果能"联弱攻强，避实击虚"，就可以让陆荣廷失去立足之地。假设李宗仁先攻击沈鸿英，即使取胜，也必定会消耗自己的实力，同时给陆荣廷以喘息的机会。到那时就有可能形成李、陆对立之势，依然无法统一广西。根据当时的情况，"先陆后沈"是李宗仁行动的最佳策略。李宗仁也正是因为采取了这一攻击顺序，成为最终的赢家。

所以说，在复杂的多人博弈中，只要策略得当，最终的胜出者不一定是实力最强的博弈者。因为，决定胜负的因素很多，实力是很重要的一个因素，但不是唯一的因素。

不要用劣势
去对抗优势

我们先来看一个与军事上攻防有关的沙盘演示：

红、蓝两军展开一场攻防战。红军是攻击方，兵力是两个师。蓝军是防守方，驻守某个城市的一条街道，拥有兵力三个师。

假设红、蓝两军使用的装备相同，士兵的战斗素质均等，都有充足的后勤保障。在交战过程中，不得再对军队进行作战单位上的分割。也就是说，取消师以下的作战单位，双方的最小作战单位就是师。在这种假设条件下，就使得红、蓝双方在最小作战单位内具有相同的战斗力。

既然双方在最低作战单位内的战斗力没有差别，那么胜负就将取决于两军对垒时的人数，即双方一旦对垒，人数多的一方获胜。这场攻防演示的胜负标准就是防线的归属，也就是说，红方突破蓝方的防线，红方胜。蓝方守住防线，蓝方胜。

蓝方的防守目标是一条街道，有A和B两个出口。红蓝双方的攻防方向就将集中在这两个出口上。

先来分析红方的进攻战略，共有3种：

(1)两个师集中从A出口向蓝方防线进攻。

(2)从两个出口同时进攻，一个师进攻A出口，另一个师进攻B出口。

(3)两个师集中向B出口的蓝方防线进攻。

再来看看蓝方的防守策略，共有4种：

(1)三个师集中防守A出口。

(2)两个师防守A出口，一个师防守B出口。

(3)一个师防守A出口，两个师防守B出口。

(4)三个师集中防守B出口。

接下来，我们需要采用排列组合的方式，将双方的攻防策略组合在一起，总共有3种可能：

第一种：红方两个师集中向A出口的蓝方防线进攻。蓝方4种防守策略对应的结果是：

(1)蓝方集中所有兵力防守A出口，蓝方胜。

(2)蓝方两个师防守A出口，一个师防守B出口，蓝方胜。

(3)蓝方一个师防守A出口，两个师防守B出口，红方胜。

(4)蓝方所有兵力集中防守B出口，红方胜。

第二种：红方一个师向A出口的蓝方防线进攻，另一个师向B出口的蓝方防线进攻。与第一种情况的顺序一样，对应的结果分别是：红方胜、蓝方胜、蓝方胜、红方胜。

第三种：红方集中两个师向B出口进攻。同样地，蓝方4种防守策略对应的结果是：第一个策略，红方胜；第二个策略，红方胜；第三个策略，蓝方胜；第四个策略，蓝方胜。

根据上述分析的结果，可以看出，无论红方选择3种策略中的哪一种，与蓝方4种防守策略组合的结果都是两胜两负。也就是说，红方采取任何一种策略，取胜的概率都是50％。可以说，红方在这场攻防博弈中没有劣势策略。

不过，在蓝方的4种防守策略中却存在劣势策略。我们可以罗列出蓝方4种策略对应的双方胜负结果：

第一种策略：1胜2负；

第二种策略：2胜1负；

第三种策略：2胜1负；

第四种策略：1胜2负。

从上面罗列出的结果，我们可以清楚地看到，当蓝方采用第一种和第四种策略的时候，与红方交手的胜算只有三分之一。第二种和第三种策略的胜算则有三分之二。蓝方采用第二和第三种策略的结果，明显好于第一种和第四种策略。很显然，第一种和第四种策略就是蓝方的劣势策略。

依照这种分析，蓝方必定会排除自己的劣势策略，即舍弃第一和第四种策略。如此一来，双方的博弈情况将得到简化：

第一，红方采用第一种策略，如果蓝方采用第二种策略应对，结果是蓝方胜；如果蓝方采用第三种策略应对，结果是红方胜。

第二，红方采用第二种策略，如果蓝方采用第二种策略应对，结果是蓝方胜；如果蓝方采用第三种策略应对，结果是蓝方胜。

第三，红方采用第三种策略，如果蓝方采用第二种策略应对，结果是红方胜；如果蓝方采用第三种策略应对，结果是蓝方胜。

在简化后的对决中，蓝方的劣势策略消失了，红方则出现了一个劣势策略，即第二种策略，兵分两路的进攻策略。根据分析的结果，红方如果采取这一策略，将毫无取胜的可能。

在这种情况下，红方必定会舍弃第二种策略，博弈情况就得到了再一次的简化：

第一，红方集中两个师进攻A方向，如果蓝方两个师防守A方向，一个师防守B方向，那么蓝方胜；如果蓝方一个师防守A方向，两个师防守B方向，那么红方胜。

第二，红方两个师集中向B方向进攻，如果蓝方两个师防守A方向，一个师防守B方向，那么红方胜；如果蓝方一个师防守A方向，两个师防守B方向，那么蓝方胜。

此时，红蓝双方取胜的概率都是50％。按理说，红方在兵力上处于劣势，胜算应该小于蓝方。这是怎么回事呢？

我们知道，当你拥有一个劣势策略时，要尽量规避，采取略优于它的策略。对于红方来说，它在总兵力上就弱于蓝方，兵分两路必然会导致兵力的分散，即意味着用自己的劣势策略来应对蓝方。从最简化的博弈情况中，我们可以清楚地看到，红方只要集中自己的兵力，就可以在面对采用优势策略的蓝方面前，争得50％的胜算。

这个攻防博弈源自美国普林斯顿大学博弈论课中的一道练习题，它向我们清晰地演示了博弈中以弱胜强的情况。只要规避自己的劣势策略，避免自己的劣势与对手的优势相抗衡，就有可能赢得胜算。作为弱者，只要整合自己的资源，集中自身的优势，加上适当的策略，仍然有可能在博弈中掌握主动权。

东晋太元八年（383年）七月，秦王苻坚自恃国强兵众，一心向南扩张，急欲灭东晋，统一天下。苻坚不听群臣劝阻，下诏伐晋：命丞相、征南大将军苻融督统步骑二十五万为前锋，直趋寿阳（今安徽寿县）；命幽州、冀州所征兵员向彭城（今江苏徐州）集结；命姚苌督梁、益之师，顺江而下；苻坚亲率主力大军由长安出发，经项城（今河南沈丘）趋寿阳。

几路大军，合计约百余万人，"东西万里，水陆并进"，大有席卷江南，一举扫平东晋之势。

面对前秦军队的攻势，东晋也做了下列防御部署：丞相谢安居中调度；桓冲都督长江中游巴东、江陵等地兵力，控扼上游；谢石为征讨大都督，谢玄为前锋都督，率北府兵八万赶赴淮南迎击秦军主力。

十月十八日，苻融率前锋部队攻占寿阳，俘虏晋军守将徐元喜。同时，秦军慕容垂率部攻占了郧城（今湖北郧县）。奉命率水军支援寿阳的胡彬在半路上得知寿阳已被苻融攻破，便退守硖石（今安徽凤台西南），等待与谢石、谢玄的大军会合。苻融又率军攻打硖石，结果惨败。晋军士气大振，乘胜直逼淝水东岸。

此时，苻坚登寿阳城头，望见晋军布阵严整，见城外八公山上于秋风中起伏的草木，以为是东晋之伏兵，始有惧色。由于秦军逼淝水而阵，晋军不得渡河，谢玄便派人至秦方要求秦军后撤一段距离，以便晋军渡河决战。

此时，苻坚心存幻想，企图待晋军半渡，一举战而胜之，所以答应了这个要求。不料，秦军此时已军心不稳，一听后撤的命令，便借机奔退，由此而不可遏止。朱序等人又在阵后大喊："秦军败矣。"秦军后队不明前方战情，均信以为真，于是争相奔溃，全线大乱。晋军乘势追杀，大获全胜，苻融战殁，苻坚狼狈逃归，前秦损失惨重。

淝水之战是中国历史上著名的"以少胜多，以弱胜强"的战例。与实力强大的前秦相比，东晋的军事实力明显要弱小得多。我们可以简单分析一下这场战争。

第一，前秦的军队号称百万，东晋只有不到十万人，兵力差距悬殊。但是前秦刚刚统一北方，兵力多用来驻守城镇，兵力散落，无法在短时间内聚集。

第二，前秦政权在统一北方的过程中，消灭了不少其他民族的政权，国家内部各种矛盾复杂，人心不齐，国家内部不够稳定。

第三，苻坚犯了轻敌的用兵大忌，又产生了畏敌情绪。

反观东晋，国内局势稳定，国民凝聚力强。东晋先是击败了苻融，以一场胜利为自己的军队鼓舞了士气。然后，趁前秦军队的主力还没到达前，以自己战斗力最强的北府兵与之对决，运用策略得当。利用前秦军队人心不齐的情况，施以计谋，导致对方军心不稳，自乱阵脚。可以说，东晋恰恰是因为避开了对方的锋芒，整合自己的优势，集中攻击对方的劣势，最终以少胜多，战胜了前秦军队。

第九篇

警察与
小偷博弈

警察与小偷模式：
混合策略

在一个小镇上，只有一名警察负责巡逻，保卫小镇居民的人身和财产安全。这个小镇分为A、B两个区，在A区有一家酒馆，在B区有一家仓库。与此同时，这个镇上还住着一个以偷为生的惯犯，他的目标就是A区的酒馆和B区的仓库。因为只有一个警察，所以他每次只能选择A、B两个区中的一个去巡逻。而小偷正是抓住了这一点，每次也只到一个地方去偷窃。我们假设A区的酒馆有2万元的财产，而B区的仓库只有1万元的财产。如果警察去了A区进行巡逻，而小偷去了B区行窃，那么B区仓库价值1万元的财产将归小偷所有；如果警察在A区巡逻，而小偷也去A区行窃，那么小偷将会被巡逻的警察逮捕。同样道理，如果警察去B区巡逻，而小偷去A区行窃，那么A区酒馆的2万元财产将被装进小偷的腰包，而警察在B区巡逻，小偷同时也去B区行窃，那么小偷同样会被警察逮捕。

在这种情况下，警察应该采取哪一种巡逻方式才能使镇上的财产损失最小呢？如果按照以前的办法，只能有一个唯一的策略作为选择，那么最好的做法自然是警察去A区巡逻。因为这样做可以确保酒馆2万元财产的安全。但是，这又带来另外一个问题：如果小偷去B区，那么他一定能够成功偷走仓库里价值1万元的财产。这种做法对于警察来说是最优的策略吗？会不会有一种更好的策略呢？

让我们设想一下，如果警察在A、B中的某一个区巡逻，那么小偷也正好去了警察所在的那个区，那么小偷的偷盗计划将无法得逞，而A、B两个区的财产都能得到保护，那么警察的收益就是3（酒馆和仓库的财产共计3万元），而小偷的收益则为0，我们把它们计为（3，0）。

如果警察在A区巡逻，而小偷去了B区偷窃，那么警察就能保住A区酒馆的2万元，而小偷将会成功偷走B区仓库的1万元，我们把此时警察与小偷之间的收益计为（2，1）。

如果警察去B区巡逻，而小偷去A区偷窃，那么警察能够保住B区仓库的1万元，却让小偷偷走了A区酒馆的2万元。这时我们把他们的收益计为（1，2）。

小偷

		A区	B区
警察	A区	（3，0）	（2，1）
	B区	（1，2）	（3，0）

这个时候，警察的最佳选择是用抽签的方法来决定巡逻的区域。这是因为A区酒馆的财产价值是2万元，而B区仓库的财产价值是1万元，也就是说，A区酒馆的价值是B区仓库价值的2倍，所以警察应该用2个签代表A区，用1个签代表B区。如果抽

到代表A区的签，无论是哪一个，他就去A区巡逻，而如果抽到代表B的签，那他就去B区巡逻。这样，警察去A区巡逻的概率就为2/3，去B区巡逻的概率为1/3，这种概率的大小取决于巡逻地区财产的价值。

对小偷而言，最优的选择也是用抽签的办法选择去A区偷盗还是去B区偷盗，与警察的选择不同，当他抽到去A区的两个签时，他需要去B区偷盗，而抽到去B区的签时，他就应该去A区偷盗。这样，小偷去A区偷盗的概率为1/3，去B区偷盗的概率为2/3。

下面让我们来用公式证明对警察和小偷来说，这是他们的最优选择。

当警察去A区巡逻时，小偷去A区偷盗的概率为1/3，去B区偷盗的概率为2/3，因此，警察去A区巡逻的期望得益为7/3

（1/3×3+2/3×2=7/3）万元。当警察去B区巡逻时，小偷去A区偷盗的概率同样为1/3，去B区偷盗的概率为2/3，因此，警察此时的期望得益为7/3（1/3×1+2/3×3=7/3）万元。由此可以计算出，警察总的期望得益为7/3（2/3×7/3+1/3×7/3=7/3）万元。

由此我们得知，警察的期望得益是7/3万元，与得2万元收益的只巡逻A区的策略相比，明显得到了改进。同样道理，我们也可以通过计算得出，小偷采取混合策略的总的期望得益为2/3万元，比得1万元收益的只偷盗B区的策略要好，因为这样做他会更加安全。

通过这个警察与小偷博弈，我们可以看出，当博弈中一方所得为另一方所失时，对于博弈双方的任何一方来说，这个时候只有混合策略均衡，而不可能有纯策略的占优策略。

对于小孩子之间玩的"石头剪刀布"的游戏，我们应该都不会陌生。在这个游戏中，纯策略均衡是不存在的，每个小孩出"石头""剪刀"和"布"的策略都是随机决定的，如果让对方知道你出其中一个策略的可能性大，那么你输的可能性也会随之增大。所以，千万不能让对方知道你的策略，就连可能性比较大的策略也不可以。由此可以得出，每个小孩的最优混合策略是采取每个策略的可能性是1/3。在这个博弈中，纳什均衡是每个小孩各取3个策略的1/3。所以说，纯策略是参与者一次性选取，并且一直坚持的策略；而混合策略则不同，它是参与者在各种可供选择的策略中随机选择的。在博弈中，参与者并不是一成不变的，他可以根据具体情况改变他的策略，使得他的策略的选择满足一定的概率。当博弈中一方所得是另一方所失的时候，也就是在零和博弈的状态下，才有混合策略均衡。无论对于博弈中的哪一方，要想得到纯策略的占优策略都是不可能的。

在很多国家，税务局和纳税人之间的关系也属于警察与小偷博弈。那些纳税人总有这样一种心理，认为逃税要是被抓到，必然要交罚款，有时候还得坐牢；但如果运气好，没有被抓到，那么他们就可以少缴一点税。在这种情况下，理性的纳税人在决定要不要逃税时，一定会考虑到税务局调查他的概率有多高。因为税务局检查逃税要付出一定的成本，而且这个成本还很高。一般来说，税务局不会随便查一个纳税人的账，只有在抓逃税漏税和公报私仇的时候，才会下血本严查。所以，纳税人和税务局便形成了警察与小偷博弈。税务局只有在你会逃税的情况下才会查税，而纳税人只有在不会被查的情况下才会想到逃税。因此，最好的选择就是随机，老百姓有时候逃税，有时候被查税。所以，像警察与小偷博弈一样，纳税人不可能让税务局知道自己的选择。如果哪个乖乖缴税的纳税人因不满税务局的检查而写信解释，认为他们不应该来调查，那么他们会得到什么结果呢？答案是税务局仍然像以前一样查他。同理，如果哪个纳税人写信通知税务局，说自己在逃税，那么税务局可能都不会相信。但发出这种通知对纳税人来说多半不是最好的策略。因为在警察与小偷博弈中，每个人都会千方百计隐瞒自己的做法。

防盗地图不可行

通过警察与小偷博弈可以看到，并不是所有博弈都有优势策略，无论这个博弈的参与者是两个人还是多个人。

2006年初，杭州市民孙海涛在该市各大知名论坛上建立电子版"防小偷地图"一事引起了人们的普遍关注。这张电子版的防小偷地图是一个三维的杭州方位图，杭州城的大街小巷以及商场建筑都能够在这张图上找到。如果需要，网民们还通过点击标注的方式放大某个路段、区域。最令人称道的是，人们想要查寻杭州市哪个地区容易遭贼，只需要点开这个地图的网页，轻轻移动鼠标就可以一目了然。这张地图自从问世以来，吸引了网民大量的点击率。

虽然地图上已经标注了很多容易被盗的地点，但是为了做到与时俱进，还允许网民将自己知道的小偷容易出现的地方标注到里面。短短3个月的时间，已经有40多名网民在这张地图上添加新的防盗点。网友们将小偷容易出现的地段标注得特别详细，甚至还罗列出小偷的活动时间、作案惯用手段等信息。

正当网民们为防小偷地图而欢呼雀跃的时候，《南京晨报》却发生了不同的声音。《南京晨报》的一篇文章十分犀利地写道："为何没有'警方版防偷图'？"这个问题无异于一盆冷水，一下子浇醒了那些热情洋溢的网民。按道理说，警察对小偷的情况必定比普通市民了解得更多，可是他们为什么没有设计出一个防偷地图保护广大市民的财产安全呢？

　　《时代商报》发表的评论文章对此做出了解答。文章指出，如果警方公布这类地图，那么很有可能会弄巧成拙。由于不知道谁是小偷，所以当市民看到这类地图的时候，小偷也会看到，这样小偷自然就不会再出现在以前经常出现的地方，而是转移战场，到别的地方去作案。

　　这篇文章所说的有一定道理，但是却不够深入与全面。要想彻底搞清楚这个问题，就需要去警察与小偷的博弈中寻找答案。通过上一节对警察与小偷博弈的介绍，我们应该明白，在每个参与者都有优势策略的情况下，纯策略均衡是一个非常正确的选择。一个优势策略要比其他任何策略都要优异，一个劣势策略则比其他任何策略都要拙劣。如果你有一个优势策略，你必然会选择使用，同样，你的对手也会这样做。反之，如果你有一个劣势策略，你就应该尽量避免使用，当然，你的对手也会明白这个道理。

为了能够更好地理解这个问题，请看下面这个房地产开发商的例子。

假设某市的两家房地产公司甲和乙，都想开发一定规模的房地产，但是该市的房地产市场需求有限，一个房地产公司的开发量就能满足这个市场需求，所以每个房地产公司必须一次性开发一定规模的房地产才能获利。在这种局面下，两家房地产公司无论选择哪种策略，都不存在一种策略比另一种策略更优异的问题，也不存在一个策略比另一个策略更差劲的问题。这是因为，如果甲选择开发，那么乙的最优策略就是不开发；如果甲选择不开发，则乙的最优策略是开发。同样道理，如果乙选择开发，那么甲的最优策略就是不开发；如果乙选择不开发，则甲的最优策略是开发。

从矩阵图中可以清晰地看到，只有当甲乙双方选择的策略不一致时，选择开发的那家公司才能够获利。

乙

	开发	不开发
开发	（0，0）	（1，0）
不开发	（0，1）	（0，0）

甲

按照纳什均衡的观点，这个博弈存在着两个纳什均衡点：要么甲选择开发，乙不开发；要么甲选择不开发，乙选择开发。在这种情况下，甲乙双方都没有优势策略可言，也就是甲乙不可能在不考虑对方所选择的策略的情况下，只选择某一个策略。

在有两个或两个以上纳什均衡点的博弈中，谁也无法知道最后结果会是怎样。这就像我们无法得知到底是甲开发还是乙开发。

回到前面提到的制作警方版"防小偷地图"的问题上来。在警方和小偷都无法知道对方策略的情况下，如果警方公布"防小偷地图"，这对警方来说看似是最优策略，但是当小偷知道你的最优策略之后，他就会明白这是他的劣势策略，因此他会选择规避这一策略，转向他的优势策略。毫无疑问，警方发布"防小偷地图"以后，小偷必然不会再去地图上标注的地方偷窃，而是寻找新的作案地点。所以说，从博弈策略的角度来考虑，制作警方版"防小偷地图"并不是一个很好的方法。

213

PART
03

混合策略
也有规律可循

　　随着网球运动的不断普及，网球越来越受到人们的欢迎，网球比赛在电视转播中也越来越多。在观看网球比赛时，人们会发现，水平越高的选手对发球越重视。德尔波特罗、罗迪克、达维登科等球员底线相持技术一般，但是因为有一手漂亮的发球，所以能够跻身于世界前列。李娜、郑洁等中国女球员虽然技术十分出色，也取得过不俗的成绩，但是如果想要获得更大的进步，还需要在发球方面好好地下一番苦功夫。

　　发球的重要性使得球手们对自己的策略更加重视。如果一个发球采取自己的均衡策略，以4∶6的比例选择攻击对方的正手和反手，接球者的成功率为48％。如果发球者不采取这个比例，而是采取其他比例，那么对手的成功率就会有所提升。比如说，有一个球员把所有球都发向对手的实力较差的反手，对手因为意识到了发球的这种规律，就会对此做出防范，那么他的成功率就会增加到60％。这只是一种假设，在现实中，如果比赛双方两个人经常在一起打球，对对方的习惯和球路都非常熟悉，那么接球者在比赛中就能够提前做出判断，采取相应的行动。但是，这种方法并非任何时候都能奏效，因为发球者可能是一个更加优秀的策略家，他会给接球者制造一种假象，让接球者误以为已经彻底了解了发球者的意图，为了获得比赛的胜利而放弃自己的均衡混合策略。如此一来，接球者必然会上当受骗。也就是说，在接球者眼里很傻的发球者的混合策略，可能只是引诱接球者的一个充满危险的陷阱。因此，对于接球者来说，为了避免这一危险，必须采取自己的均衡混合策略才可以。

和正确的混合比例一样，随机性也同样重要。假如发球者向对手的反手发6个球，然后转向对方的正手发出4个球，接着又向反手发6个，再向正手发4个，这样循环下去便能够达到正确的混合比例。但是，发球者的这种行为具有一定的规律性，如果接球者足够聪明的话，那他很快就能发现这个规律。他根据这个规律做出相应的调整，那么成功率就必然会上升。所以说，发球者如果想要取得最好的效果，那么他必须做到每一次发球都让对手琢磨不透。

由此可以看出，如果能够发现博弈中的某个参与者打算采取一种行动方针，而这种行动方针并非其均衡随机混合策略，那么另一个参与者就可以利用这一点占到便宜。

在戴维·哈伯斯塔姆的著作《1949年夏天》里，作者描述了17岁的特德·威廉斯第一次体会到策略思维的重要意义。对威廉斯和其他许多年轻球员来说，变化球让他们吃尽了苦头。威廉斯就曾被一名投手用一个曲线球打出局，这让他苦恼不已。正当他悻悻地往场下走时，一位著名的大联盟前投手喊住了他，问他是怎么回事。威廉斯无奈地回答说："一个该死的慢曲线球把我打出局了。"投手没有和他讨论有关曲线球的事，只是问他能不能击中那个人的快球，威廉斯干脆地答道："没问题。""你觉得下一次他会怎样对付你？"投手追问道。威廉斯从没想过应该怎样对付他，因为那是投手们思考的问题。那个投手又对威廉斯说："为什么你不回到场边等待下一次机会呢？"威廉斯按照他的话去做，结果收到了很好的效果。这件事看似只是小事一桩，但就是这件小事打开了一项长达20年的针对投手思维的研究的序幕。

在这个故事里，那个投手和威廉斯都没有认识到不可预测的必要性。这样说是因为，假如威廉斯想过对方会怎样向自己投球，那个投手就不会在他意识到自己早有准备的时候仍然投出一个曲线球！当时双方都想压制对方，但又无法掌握对方的想法，所以只能靠猜测行事。这就涉及猜测的概率问题。要想做到不可预测，投手投球的选择必须是随机的。当然，投出不精确的球的情况除外。如果一个投手连自己都不知道球会飞向何处，那么虽然他是不可预测的，但是他就没办法决定什么时候应该投什么类型的球，以及不同类型的球应该保持怎样的相对频率。

这种类似的情况还出现在1986年的全美棒球联赛中。那是一场纽约大都会队与休斯敦星象队争夺冠军的比赛。当时，纽约大都会队依靠击球手莱恩·戴克斯特拉在第九局面对投手戴夫·史密斯的第二投击出的一个本垒打赢了最后的胜利。这是一场非常艰难的比赛。赛后，两位球员接受了记者的采访，当被问到究竟发生了什么事的时候，戴克斯特拉回答说："他投出的第一个球是一个快球，我击球出界。当时我感觉到他在第二投时会投一个下坠球，结果他果然那样做了。因为事先做出了判断，我非常准确地看清了这个球的路线，所以我的出手也非常准确。"史密斯则非常沮丧地说道："这样的投球选择可真是糟糕极了。如果让我再投一次，我就会投出一个快球。"

如果老天再给史密斯一个重新来过的机会，那他是不是应该再投一个快球呢？当然不是。击球手戴克斯特拉可能看到了史密斯这一层次的思考方式，所以他会认为史密斯将要投一个快球。此时，史密斯应该转向另一个层次的思考方式，投一个下坠球。对于双方来说，彼此都将对方的一切有规则的思考与行动方式看透，并且加以利用，所以说，他们最好的行动策略就是力求做到不可预测。

尽管棒球投手的投球选择是不可预测的，但还是有一些规则可以对这类选择进行指导。一定数量的不可预测性不应该完全听天由命。实际上，可以通过整个博弈的细节精确地确定投手选择投这种球而非那种球的概率。

PART
04

随机性的
惩罚最有效

随机策略是博弈论早期提出的一个观点，促进了博弈走向成熟阶段。这个观点本身很好理解，但是要想在实践中运用得当，使其作用达到最大化，就必须做一些细致的研究。比如在前面提到的网球运动中，发球者采取混合策略，时而把球打向对方的正手，时而把球打向对方的反手，但这还远远不够。他还必须知道他攻击对方的正手的时间在总时间中所占的比例，以及根据双方的力量对比如何及时做出选择。在橄榄球比赛里，攻守双方每一次贴身争抢之前，攻方都会在传球或带球突破之中做出选择，然后根据这个选择决定应该怎样去做，而守方会知道攻方的选择只有两种，所以就会把赌注押在其中一个选择上，做好准备进行反击。

无论是在网球比赛还是橄榄球比赛里，每一方非常清楚自己的优点和对方的弱点。假如他们的选择瞄准的不只是对手的某一个弱点，而是可以兼顾对方的所有弱点并且加以利用，那么这个选择就是最好的策略。赛场上的球员当然也明白这一点，所以他们总是做出出人意料的选择，使得对方无法摸清他的策略，最大限度地制约对手的发挥，为己方最终赢得胜利奠定基础。

需要指出的是，多管齐下与按照一个可以预计的模式交替使用策略不可画等号。如果那样做的话，你的对手就会有所察觉，通过分析判断出你的模式，从而最大限度地利用这个模式进行还击。所以说，多管齐下的策略实施必须伴随着不可预测性。

在剃须刀市场上，假如毕克品牌在每隔一个月的第一个星期天举行购物券优惠活动，那么吉列经过长期观察就能够判断出这个规律，从而采取提前举行优惠活动的方式进行反击。如此一来，毕克也可以摸清吉列的策略，并根据吉列的策略制定其新的策略，也就是将优惠活动提前到吉列之前举行。这种做法对竞争的双方来说都非常残酷，会使双方的利润大打折扣。不过假如双方都采用一种难以预测的混合策略，那么就可以使双方的激烈竞争有所缓解，双方的利润损失也不会太大。

某些公司会使用折扣券来建立自己的市场份额，他们这样做并不是想向现有消费者提供折扣，而是为了扩大品牌的影响力，吸引更多的消费者，从而获得更高的利益。假如同行业里的几个竞争者同时提供折扣券，那么对消费者来说，这种折扣券没有任何作用，他们仍然会选择以前的品牌。消费者只有在一家公司提供折扣券而其他公司不提供的时候，才会被吸引过去，尝试另外一个新品牌。可口可乐与百事可乐就曾经进行过一场激烈的折扣券战争。两家公司都想提供折扣券，以达到吸引顾客的目的。可是，如果两家公司同时推出折扣券，那么两家公司都达不到自己的目的，反而还会使自己的利益受损。所以，对它们来说，最好的策略就是遵守一种可预测的模式，两个公司每隔一段时间轮流提供一次折扣券。但是，这样做也存在着一些问题。比如当百事可乐预计到可口可乐将要提供折扣券的时候，它抢先一步提供折扣券。所以，要避免他人抢占先机，就需要使对手摸不清楚你什么时候会推出折扣券，这正是一个随机化的策略。

众所周知，税务局的审计规律在一定程度上是模糊而笼统的。这样做的目的其实很明显，就是给企业造成一种心理压力，让他们全都难逃审计的风险，所以他们也就只能老老实实地如实申报。如果税务局不这样做，而是事先按一定的顺序安排好被审计的企业，那会出现什么情况呢？如果税务审计存在着一定的顺序，并且哪一家企业将会受到审计都可以根据这个顺序推测出来，那么在企业报税的时候，肯定会参照这个顺序，推算出自己是否会受到审计。假如企业能够预测到自己在受审计的行列之内，而又能找到一个出色的会计师对报税单做一番动作，那么他们必然会这样去做，使其不再符合条件以免除被审计。假如一个企业肯定会被审计，那他就会选择如实申报。如果税务局的审计行动具有完全可预见性，审计结果就会出现问题。因为所有被审计的企业早就知道自己要被审计，所以只能选择如实申报，而对于那些逃过审计的人，他们的所作所为就无人可知了。

很多国家都实行服兵役制度，也就是国家每年都征召达到法定年龄的青年入伍。如果全国所有百姓都拒绝应征，因为法不责众的缘故，所以也就不可能惩罚所有人。如此一来，又该如何激励达到法定年龄的青少年去应召入伍呢？需要说明的是，政府掌握着一个有利的条件，有权力惩罚一个没有登记的人。在这种情况下，政府可以宣布按照姓氏笔画的顺序追究违法者，排在第一位的假如不去登记就会受到惩罚，这使得那家人只能乖乖就范。排在第二位的就会想到，既然第一家已经去登记了，如果自己不去就会遭到惩罚。这样依次排列下去，所有的百姓都会主动去登记。可这并不能解决所有问题。在人数众多的情况下，必然会有一小部分人会出差错。也许排在前面的百姓已经因为没有去登记而遭到了政府的惩罚，所以后面的人就可以高枕无忧了。真正有效的办法是随机抽取哪家该去登记，这样做的好处是，对少数百姓实施惩罚就可以达到激励多数人的目的。

在《吕氏春秋》中记载着一个有关宋康王的故事。宋康王是战国时期的一位暴君，史书把他与夏桀相提并论，称为"桀宋"。这位宋康王打仗很有一套，"东伐齐，取五城，南败楚，拓地二百余里，西败魏军，取二城，灭滕，有其地"，为宋国赢得了"五千乘之劲宋"的美誉。宋康王打仗很厉害，但是连年征战惹得民怨沸腾，朝野上下一片骂声。于是他整天喝酒，变得异常暴虐。有些大臣看不过去，就前去劝谏。宋康王不但不听，还将劝谏的大臣们找理由撤职或者关押起来。这就使得臣子们对他更加反感，经常在私下里非议他。有一天，他问大臣唐鞅说："我杀了那么多的人，为什么臣下更不怕我了呢？"唐鞅回答说："您所治罪的，都是一些有罪的人。惩罚他们是理所当然，没有犯法的人根本不会害怕。您要是不区分好人坏人，也不管他犯法没有犯法，随便抓住就治罪，如此一来，又有哪个大臣会害怕呢？"宋康王虽然暴虐，但也是个聪明人。他听从了唐鞅的建议，随意地想杀谁就杀谁，后来连唐鞅也身首异处。大臣们果然非常害怕，没有人再敢随便说话了。

从这个故事可以看出，唐鞅的建议虽然有些缺德，但他仍然把握住了混合策略博弈的精髓。他给宋康王所出的主意正是一条制造可信威胁的有效策略：随机惩罚。宋康王只是想对臣下们进行威胁，使得大臣们有所收敛。如果他只惩罚那些冒犯他的人，大臣们就会想方设法地加以规避，宋康王的目的必然无法达到。而"唐鞅策略"使得大臣都担心无法预测的惩罚，所以他们也就不敢再放肆了。

这个故事告诉我们，一旦有必要采取随机策略，只要摸清对手的策略就能够找到自己的均衡混合策略：当对手无论怎样做都处于同样的威胁之下，并且不知道该采取哪种具体策略的时候，你的策略就是最佳的随机策略。

虽然随机策略使得宋康王达到了震慑群臣的作用，但这并不意味着他可以随自己的某种偏好倾向进行惩罚。因为如果出现某种倾向，那就是偏离了最佳混合策略。这样一来，宋康王的策略对所有大臣的威胁程度将会大打折扣。

同时，随机策略也存在着一定的不足，那就是当大臣们合起伙来对抗宋康王时，那么宋康王将会束手无策。如果大臣们知道宋康王不会将他们杀戮殆尽，那么他们很可能会合起伙来冒犯他。在这种情况下，由于宋康王只能选择性地杀几个，其他人因为冒犯宋康王并未获罪，反而会得到好的名声，这会使得他们更加大胆地去这样做。面对这种局面，宋康王应该怎样做才能破解群臣的合谋呢？他最好的做法就是，按照大臣们的职位高低对其进行排序，并对第一号大臣说，如果他胆敢冒犯君王，就会被撤职。一号大臣在这种威胁之下必然会老实下来。接下来，宋康王对二号大臣说，如果一号大臣很老实，而你不老实，那你就等着脑袋搬家吧。在二号大臣的意识里，一定会认为一号会老实，因此他为了保住性命也会老实。用相同的方法告诉其他大臣，如果他前面的大臣都老实，而他不老实就会被杀。如此一来，所有的大臣都会老实下来。这一策略非常有用，就算大臣们串通起来，也无法破解。因为一号大臣从自身的利益考虑，他老实听命一定比参与这种冒犯同盟要实惠得多。

这种策略在与一群对手进行谈判的场合有着很好的用处。它成功的关键在于，当随机进行惩罚时，每个人都有被惩罚的可能性，所以会选择不合作的策略进行殊死搏斗。但是当惩罚有一种明确的联动机制以后，情况就会有所转变。除非有一种情况出现，就是当在你面对的是一群非理性的对手时，当然这不在讨论的范围之内。除了这种情况，这样的威胁一般都能达到你的目的。

第十篇

斗鸡博弈

斗鸡博弈：
强强对抗

在斗鸡场上，有两只好战的公鸡遇到一起。每只公鸡有两个行动选择：一是进攻，一是退下来。如果一方退下来，而对方没有退下来，则对方获得胜利，退下来的公鸡会很丢面子；如果自己没退下来，而对方退下来，则自己胜利，对方很没面子；如果两只公鸡都选择前进，那么会出现两败俱伤的结果；如果双方都退下来，那么它们打个平手谁也不丢面子。

A鸡

		前进	后退
B鸡	前进	（-2，-2）	（1，-1）
	后退	（-1，1）	（-1，-1）

从这个矩阵图中可以看出，如果两者都选择前进，结果是两败俱伤，两者的收益均为-2；如果一方前进，另外一方后退，前进的公鸡的收益为1，赢得了面子，而后退的公鸡的收益为-1，输掉了面子，但与两者都前进相比，这样的损失要小；如果两者都选择后退，两者均不会输掉面子，获得的收益

为-1。

在这个博弈中，存在着两个纳什均衡：一方前进，另一方后退。但关键是谁进谁退？在一个博弈中，如果存在着唯一的纳什均衡点，那么这个博弈就是可预测的，即这个纳什均衡点就是事先知道的唯一的博弈结果。但是如果一个博弈不是只有一个纳什均衡点，而是两个或两个以上，那么谁都无法预测出结果。所以说，我们无法预测斗鸡博弈的结果，也就是无法知道在这个博弈中谁进谁退，谁输谁赢。

由此可以看出，斗鸡博弈描述的是两个强者在对抗冲突的时候，如何能让自己占据优势，获得最大收益，确保损失最小。斗鸡博弈中的参与双方都处在一个力量均等、针锋相对的紧张局势中。

227

提到斗鸡博弈，很容易让人想到一个成语"呆若木鸡"。这个成语来源于古代的斗鸡游戏，现在用来比喻人呆头呆脑，像木头做成的鸡一样，形容因恐惧或惊讶而发愣的样子，是一个贬义词，但是它最初的含义却正好与此相反。这个成语出自《庄子·达生》篇，原文是这样的：

"纪渻子为王养斗鸡。十日而问：鸡已乎？曰：未也，方虚骄而恃气。十日又问，曰：未也，犹应向影。十日又问，曰：未也，犹疾视而盛气。十日又问，曰：几矣。鸡虽有鸣者，已无变矣，望之，似木鸡矣，其德全矣，异鸡无敢应者，反走矣。"

在这个故事中，原来纪渻子训练斗鸡的最佳效果就是使其达到呆若木鸡的程度。呆若木鸡不是真呆，只是看着呆，实际上却有很强的战斗力，貌似木头的斗鸡根本不必出击，就令其他的斗鸡望风而逃。

从这个典故中我们可以看出，呆若木鸡原来是比喻修养达到一定境界从而做到精神内敛的意思。它给人们的启示是：人如果不断强化竞争的心理，就容易树敌，造成关系紧张，彼此仇视；如果消除竞争之心，就能达到"不战而屈人之兵"的效果。

呆若木鸡的典故包含斗鸡博弈的基本原则：让对手对双方的力量对比进行错误的判断，从而产生畏惧心理，再凭借自己的实力打败对手。

在现实生活中，斗鸡博弈的例子有很多。

假设王某欠张某100元钱。这时张某是债权人，王某为债务人。张某多次催债无果，有人提出双方达成合作：张某减免王某10元钱，王某立刻还钱。我们假设一方强硬一方妥协，则强硬一方可得到100元的收益，妥协一方收益为0。如果双方都采取强硬的态度，就会发生暴力冲突，张某不但无法追回100元的债务，还会因受伤花费100元的医疗费，所以张某的收益为-100元。此时债务人王某的收益为-100元。具体如图所示：

张某

		强硬	妥协
王某	强硬	（-100，-100）	（100，0）
	妥协	（0，100）	（10，90）

　　双方在自己强硬而对方妥协的情况下能够获得最大收益。为了使收益最大化，也就是获得100元的收益，张某和王某都会采取强硬的态度。但是他们都忽略了一点，那就是如果双方都采取强硬的态度，自己和对方都会得到负效益100元。在这个博弈中，张某和王某都选择妥协的态度，收益分别为90元和10元，是双方理性下的最优策略。由此可以看出，债权人与债务人为追求各自利益的最大化，选择不合作的态度会使双方陷入囚徒困境。

　　尽管从理论的角度来说，这个博弈有两个纳什均衡，但由于目前中国存在着诸多如欠债不还、假冒伪劣等社会信用体系不健全的问题，这种现实造成了法律环境对债务人有利的现象。也正是基于此，债务人会首先选择强硬的态度。于是这个博弈又变成了一个动态博弈。债权人在债务人采取强硬的态度后，不会选择强硬，因为采取强硬措施对他来说反而不好，所以他只能选择妥协。而在双方均选择强硬态度的情况之下，债务人虽然收益为-100元，但他会认为在他选择强硬时，债权人一定会选择妥协，所以对于债务人来说，他的理性战略就是强硬。因此，这一博弈的纳什均衡实际上应为债务人强硬而债权人妥协。

由斗鸡博弈衍生出来的动态博弈，会形成一个拍卖模型：拍卖规则是竞价者轮流出价，最后拍卖物品归出价最高者所有，出价少的人不仅得不到该物品，而且还按他所竞拍的价格支付给拍卖方钱财。

假设有两个人出价争夺价值一万元的物品，只要进入双方叫价阶段，双方就进入了僵持不下的境地。因为他们都会想：如果不退出，我就有可能得到这价值一万元的物品；如果我选择退出，那么不但得不到物品，而且还要白白搭进一大笔钱。这种心理使得他们不断抬高自己的价码。但是，他们没有意识到，随着出价的增加，他的损失也可能在不断地增大。

在这个博弈中，实际上存在着一个纳什均衡，即第一个人叫出一万元竞标价的时候，另外一个人不出价，让那个人得到物品，因为这样做对他来说是最理性的选择。但是对于那些置身其中的人来说，要他们做出这种选择一般来说是不可能的。

PART
02

斗鸡博弈的结局

在森林里，一只小兔子在山坡上吃草，鬣狗和狼同时发现了它。它们表面商量要采用前后夹击的方式一起抓捕小兔子，但实际上却各自心怀鬼胎，暗中盘算着将小兔子据为己有。

在鬣狗和狼采取行动时，机警的小兔子发现情况不对，赶紧向前逃跑。这时，等候在前面的鬣狗将小兔子击晕，然后叼着小兔子就要离开。狼拦住鬣狗，十分生气地说："咱们一起合围小兔子，现在得手了，你怎么能据为己有呢？"鬣狗看都没看狼一眼，十分傲慢地对它说："要不是我在前面把小兔子击晕，它早就逃走了，现在我将它据为己有有什么错？""要不是我绕到它后面去，你能抓住它吗？"狼理直气壮地说。

它们两个都认为自己有理，于是互不相让，争吵起来，最后竟然大打出手。结果它们谁都没有占到便宜，落得个两败俱伤的结局。此时，被击晕的小兔子苏醒过来，撒腿就跑。鬣狗和狼都已经累得筋疲力尽，根本没有力气去追小兔子了。

这个小故事就是一个斗鸡博弈中最终落得两败俱伤的例子。在斗鸡博弈中，对各自来说，最有利的结局便是对方后退，而自己坚守阵地。

在海上航行的船只会遇到这样一个问题：海面虽然辽阔，但航线却是固定的。所以，船舶在航行中会有很多机会遇到一起。对于两艘相向而行的船舶来说，谁进谁退的问题应该怎样解决呢？有时相会的两艘船舶可能来自不同的国家，所以就有必要约定一个大家都遵守的航行规则。如果不这样做会出现什么样的局面呢？下面让我们来看这样一个小笑话：

一艘夜间航行的军舰，在航行的过程中，舰长发现前方航线上有一丝灯光若隐若现。于是他立即呼叫道："对面船只，右转30度。"没想到对方回敬道："请对面船只左转30度。"这让舰长有些不悦，于是他警告对方说："我是美国海军上校，请马上右转30度。"谁知对方不但不听从命令，反而仍然用原先的声调回答说："我是英国海军二等兵，请左转30度。"舰长被对面的小士兵给气坏了，他再一次高声下达命令："我是美国海军'莱克星顿'号战列舰舰长，右转30度。"这时，对方语气平和地答道："我是灯塔管理员，请对面船舶左转30度。"

舰长的行为真是让人忍俊不禁。他以为凭借官衔大、武力强就可以横行无忌，但是，灯塔管理员可不吃他那一套。

要避免或减少海上两船相撞事件的发生，制定一些大家彼此都遵守的规则是非常有必要的。因此，人们制定了一个制度：迎面交会的船舶，彼此各向右偏转一点儿。如果船舶在十字交叉处交会，那么谁先看见对方船舶的左舷，谁就要先让，行驶速度慢一点或者将船舶偏右一点儿都可以。这种情况实际上就是斗鸡博弈中的两个纳什均衡中的其中一个。如果不制定这样的规则，那么船舶就会任意行驶，必然就会出现斗鸡博弈中两败俱伤的结果。

下面再来看一个唐朝"牛李党争"的故事。

在唐朝后期，出现了统治阶级内部争权夺利的宗派斗争，史称"牛李党争"或"朋党之争"。"牛党"指以牛僧孺、李宗闵、李逢吉为首的官僚集团；"李党"是指以李德裕为首的官僚集团。"牛党"大多出身寒门，靠寒窗苦读考取进士，获得官职。"李党"大多出身于门第显赫的世家大族。两党在政治上存在着严重的分歧，特别是在选拔官僚的途径和对待藩镇的态度上，体现得更为明显。在朋党斗争的二十余年里，这两个党派斗争得异常激烈，几乎每年都上演着"上台"与"下台"的大戏。一旦"李党"当权，其党羽将会全部调回中央任职，而"牛党"党羽必然会遭到外调或者贬官的命运。等到"牛党"当权的时候，情况也大抵如此。

公元832年，"李党"重新当权。此时出现了一个能够使两个党派和解的大好机会。身为"牛党"的长安京兆尹杜棕建议李宗闵推荐李德裕担任科举考试的主考官，但是这个建议并没有得到李宗闵的同意。杜棕之所以会提出这个建议，是因为他看到出身士族世家的李德裕虽然表面上总是对进士出身不以为然，心里却非常羡慕这一名头。杜棕正是想用这个办法改善两个党派之间的关系，但是李宗闵却没有这样去做。杜棕一计不成又生一计，他建议李宗闵推荐李德裕担任御史大夫。这一建议得到了李宗闵同意，但看得出来，李宗闵对此并非心甘情愿。杜棕把这件事告诉给李德裕，李德裕听后感激万分，惊喜不已。这件事如果办成，两个党派之间的关系一定会有所缓解，这对大唐的江山社稷，对双方成员来说都是一件好事。可是，杜棕没有想到，李宗闵听信小人谗言，改变了主意。李德裕知道结果后深感自己遭到了戏弄，所以对"牛党"更加憎恨。这也彻底葬送了两个党派和解的机会。从此以后，每一个党派都千方百计地想置对手于死地，于是大唐朝廷上演了一场场你死我活的政治战争。但是，他们斗来斗去最终只落得个两败俱伤的结果。

这种不计后果，最终导致两败俱伤的事情在商业领域也时有发生。现在很多同类企业为了争夺市场份额，经常用降价销售的策略吸引消费者关注。在2006年的第四季度，美国的AMD与英特尔两家电脑芯片生产厂商就上演了一场价格大战。

2006年，英特尔与AMD之间的竞争进入白热化。虽然AMD靠从英特尔手中夺走戴尔公司订单的手段取得了短暂的优势，但是还没等高兴劲过完，AMD就遭到了当头棒喝。从芯片销量上来看，AMD的三、四季度的销量同比都有很大的增长幅度，但是高销量并没有带来高利润，因为与竞争对手英特尔大打价格战，AMD产品的平均价格不断下跌。反映到AMD2006年第四季度的财政报告中的是净亏损达5.7亿美元，平均每只股票的亏损就达到了1.08美元，与2005年第四季度的高赢利额相比，这一业绩简直惨不忍睹。这个结果是因为收购图形芯片商ATI的巨额支出和处理器价格的持续下滑双重影响造成的。

在与英特尔的价格大战初期，AMD也曾风光无限。但是AMD咄咄逼人的市场攻势使英特尔受到很大影响，被惹急的英特尔于是迅速调整策略，放弃用户熟知的奔腾商标，启用新商标酷睿。此外，英特尔还进行了大规模的裁员，从而节省20亿美元的运营费。做出这些调整后，英特尔便开始通过降低电脑芯片价格与AMD展开了竞争。AMD在英特尔的攻势面前败下阵来，营业额受到了严重影响，下滑幅度之大令人瞠目结舌。虽然英特尔在价格大战中击败了竞争对手，但其自身也没有获得好处。2007年以来，英特尔承受了巨大的竞争压力。而2006年第四季度的利润相比上一年同期也下降不少。此外，由于存货过多，所以只能将库存的旧款处理器处理掉，在这一点上，英特尔的损失也很严重。

从这场价格大战中可以看出，AMD与英特尔都是输家，它们的销售业绩都受到了严重的影响。从事物的两面性分析来看，大打价格战虽然对企业扩大市场规模、提高市场占有率、促进企业在生产技术和管理方面的推陈出新等方面有利，但是，它对市场经济的有序发展和消费者的权益造成了严重危害。

这主要体现在以下几个方面：

第一，价格战会促使企业成本增加，影响企业发展，降低企业利润水平。

第二，价格战会带来消极的行业影响，不利于行业进步。

第三，不利于创造企业的品牌价值。比如高路华彩电，虽然在20世纪90年代有一个良好的发展势头，销量也非常可观，但在随后的价格大战中败下阵来，销售额持续走低，最终沦落到破产的境地。

第四，价格战会影响企业的可持续竞争力。

第五，不利于维护消费者的利益。价格大战使企业的利润下降，所以企业必定会千方百计地在节约成本上想办法，这样就会导致劣质产品充斥市场的局面出现，结果最终受害的还是消费者。

事实上，参与价格战博弈的双方是无法一下子就将竞争对手打败的，从表面看有输有赢，但失败者还会继续垂死挣扎，而胜利的一方也会遭受重创，需要时日进行调整。所以，从斗鸡博弈的利益择优策略来看，如果双方都选择拼命进攻，不肯让步，则只能是两败俱伤。在这个方面，西方政坛上"费厄泼赖"式（英语Fair Play的音译。意思是光明正大地比赛，不要用不正当的手段，胜利者对失败者要宽大，不要过于认真，不要穷追猛打）的宽容很值得学习。这种宽容会对对手网开一面，避免把对手逼入死角。这不仅是一种感性和直观的认识，而且有着博弈论的依据。

放下你的面子

在斗鸡博弈中，参加博弈的双方会陷入僵持不下的困境。造成这种局面出现的原因有两个，一是双方势均力敌，实力相当；二是双方都很在乎面子，不愿意做出丢面子的事情。我们设想一下，假如有一只公鸡肯放下面子，主动退出，然后找个地方拜师学艺，勤学苦练，等到学有所成再找对手决斗，那么它打败对手的概率一定会大大增加。这也正是破解斗鸡博弈的关键所在。在这一困境中，只要参与者有一方肯主动避让，就会实现最好的结果。可问题是，现实中的人们总是把面子看得比生命还重要，即使丢掉性命也不愿意丢掉面子。比如几个朋友在一起喝酒，有人已经喝得差不多了，任凭别人再怎么劝也不肯再喝一口。这个时候，对付他的最好办法就是讲几句刺激他的话，让他觉得面子上挂不住，那他就会乖乖就范。

有一个本科生毕业后被分配到一家事业单位工作。在这个单位里，最高学历的人仅为专科毕业，所以他成了单位里学历最高的一个人。周末休息时，本科生闲来无事就跑到附近的一个小池塘去钓鱼。真是凑巧，原来单位的正副局长也在那里钓鱼。看见两位领导聊得热火朝天，他只是微微点头致意。他心里想：这两个专科生，居然聊得热火朝天，到底有啥好聊的呢？过了一会儿，本科生看见正局长放下鱼竿，"嗖嗖嗖"地从泛着波光的水面上跑到对面上厕所。这种只有在武侠小说和电视剧里出现的场景活脱脱地出现在他的面前，他一下子就被吓傻了。正局长上完厕所后，又按照原来的方式神奇地从水上"漂"回来了。难道这是在做梦？难道这是在拍电视剧《射雕英雄传》？难道正局长是一个像裘千仞那样会"水上漂"的人？一连串的问题在本科生的脑袋里出现，但是他认为自己是本科生，怎么能向一个专科生请教呢？正当他还在胡乱猜测的时候，副局长也站起来，像刚才正局长一样"漂"过水面，到湖对面上厕所。这下子本科生更加茫然了，但尽管如此，他仍然不肯放下面子去向别人请教。10分钟后，本科生也内急了。对面的厕所虽然看着很近，但是却需要绕过池塘两边的围墙，大约需要10分钟才能走到，该怎么办呢？去问两位局长，不行！那样太丢面子了！情急之下，本科生想到，既然他们专科生都能从池塘上"飞"过去，我这个本科生当然更没问题。于是他也起身往水里跳。"扑通"一声响，本科生落水了。两位局长看到后将他拉了上来，询问他要干什么。本科生把自己想上厕所的情况告诉他们，然后接着问道："为什么你们可以走过去，我却不能？"两位局长听后哈哈大笑，之后告诉他事情的原委：在这个池塘里有两排木桩子，平时凸出在水面上，最近池塘因为下雨涨水，所以木桩子就看不见了。两位局长经常到这里来钓鱼，对这里的情况非常熟悉，所以能够记得木桩子的位置，于是就踩着木桩子到对面去。

这个故事非常有趣，同时也反映出一个深刻的道理：如果一个人过于看重面子、爱惜面子，无法摆脱面子带来的问题，那么必然会吃苦头。一个人会随着学识、地位等因素的改变，思想里会出现越来越多的障碍，在诸多障碍中，固守面子很可能让人受到伤害。

对于一个企业而言，面子就是企业的信誉。在商业领域，很多问题的处理都会涉及企业的信誉。下面让我们看这样一个例子。

Excite@Home曾是美国最大的有线接入服务商，当其因科技泡沫而面临全面崩溃之时，它的债券持有人想尽各种办法，试图增加意外发生的机会以减少自身的损失。AT&T（美国电话电报公司）是Excite@Home的合作伙伴，与其有着长久的合作关系，AT&T向自己的客户提供的很多网上服务都是在Excite@Home的帮助下进行的。当破产危机像密布的阴云一样笼罩在Excite@Home的上空时，AT&T就打算买下它的资产。可是，AT&T的出价并没有打动Excite@Home的债权人。这是因为，法律规定债权人有权中止自己的网上服务。如果他们那样做，很

239

多的AT&T客户将会受到损失。因为那样会造成很多AT&T的客户无法上网，如此一来，AT&T就会麻烦缠身。于是，Excite@Home为使AT&T提高买下其资产的价码，以结束营业作为威胁。这就形成了一个斗鸡博弈。在这个博弈中，双方在谈判时都有两种选择，即强势或弱势。如果AT&T不能让Excite@Home很快中止服务，那么当双方都很强硬时，AT&T就会深受影响。也就是说，当双方无法达成一个一致的协议时，AT&T将会遇到很大的麻烦。

但最终的结果是Excite@Home落败了。它原以为自己能够给AT&T造成非常严重的伤害，但是实际情况却并非如此。因为AT&T可以很快地把网上用户转移到其他的网上去，这样就能够最大限度地降低意外事件所造成的损失。AT&T转移完自己的客户之后便撤销了原本对Excite@Home资产的出价，Excite@Home的策略以失败告终。

这个例子说明，企业信誉是企业之间合作的重要基础，只有这种信誉存在，合作双方才能够将双方的合作关系继续维持下去。从另一个方面来讲，Excite@Home为了达到短期内利益最大化的目的，毫不顾虑自身的"面子"也有一定的道理。因为他们知道，企业一旦破产，企业便不复存在，"面子"自然也会随之消亡。但是很多人都意识不到这个问题，宁可不要命也得保全"面子"。现在想想，那些人是不是有些迂腐可笑呢？

PART
04

是对手也是朋友

　　觅食、交配、逃跑和攻击，这是自然界中所有动物的四种先天性的本能。有人曾经做过一个实验，把100条不同种类的鱼放在同一个水槽里，想看一下一段时间之后将会出现什么结果。同在一个水槽里生活的鱼群很快就爆发了一场战争，很多鱼被同类或者异类咬死。最后得出的结论表明，同类鱼互咬与异类互咬的比例是85∶15。

　　攻击可以使动物获得更多的异性和食物，从种群的范围来看，同物种间的争斗在客观上可以促进个体的空间分布更趋于合理，这样它们就不会因为缺少食物而使种群的生存和繁衍受到威胁。在上面实验中出现的同物种间的攻击远远超过异种间的攻击的现象，其原因正在于此。但有些时候，攻击也会给物种带来消极的后果，严重时可能会导致种族的衰落乃至消亡。所以，如何恰当地使用攻击手段，成为一切动物必须加以重视并合理解决的问题。两头公牛之间的斗争就能够很好地避免出现严重的后果。它们在战斗前拉开架势，怒目圆睁，粗声喘气，似乎非要把对方置于死地不可。但是，它们这样做只是向对手展示自己的实力，告诉对手如果实力不济就赶紧撤退。有些时候，不可一世的公牛在与对方对峙时发觉对方比自己更有实力后，也会非常知趣地离去。获胜的公牛虽然很兴奋，但却从不会追逐落败者。

嗜杀同类的现象在哺乳类动物中是绝无仅有的。在一般人的观念里，狼是一种嗜杀成性的动物。但是在这个种群里，每一头狼都具有极强的抑制能力，它们从来不会把锋利的牙齿咬向同类身上。这也正是狼族能够一直繁衍下去的重要因素之一，如果缺少了这种抑制力，可能我们只能在纪录片中寻找狼的身影了。

在双方势均力敌的斗鸡博弈中，前进的一方可以获得正的收益值，而另一方及时选择后退，也不会给自己造成多大的损失。因为丢掉面子和命丧黄泉比起来要划算得多。此外，这还关系到整个种群的生存与发展。在人类社会中，情况要比动物复杂得多，所以人类争斗的理由与自然界中的动物相比要复杂得多。正因人类比其他的动物高级，所以人能够通过学习，获得更为高级的博弈智慧。也就是说，人的行为与动物相比也要更为复杂和多样，这使得他们可以成功地避免两败俱伤的结局。

一个牧场主与一个猎户毗邻而居。牧场主养了许多羊，猎户的院子里养了一群凶猛的猎狗。这些猎狗很不安分，经常跳过栅栏，对牧场里的小羊羔进行攻击。牧场主因此三番五次去找猎户，希望猎户能够管理好自己家的猎狗。可猎户根本听不进牧场主的话，他虽然每次都会答应，但实际上仍旧对他的猎狗不管不顾。所以牧场主家的好几只小羊还是遭到了猎狗的袭击。这种情况终于使牧场主再也无法忍受。于是他便去找镇上的法官评理。法官了解此事的经过之后，对牧场主说道："我很同情你的遭遇，也能体谅你现在的心情，如果需要的话，我会处罚那个猎户，也可以下令让他管理好他的猎狗。但是，如此一来，你就失去了一个朋友，多了一个敌人。你愿意和邻居做朋友还是和邻居做敌人？"牧场主毫不犹豫地回答说："当然是朋友了！"法官说："那好。我告诉你一个方法，如果你按照这个方法去做，那么你的羊群不但能够不再受到骚扰，而且你还能够得到一个好的邻居。"牧场主觉得这是一个两全其美的好办法，就请教法官该如何去做。法官告诉他，从自家的羊群里挑选几只最可爱的小羊羔，送给猎户的5个儿子每人一只。这个方法虽然会使牧场主受到一些损失，但从长远的角度看，如果这个方法能够奏效，那么猎户家的猎狗就将不会再去骚扰牧场主家的羊，而且还能够使牧场主与猎户成为好朋友。牧场主按照法官的方法去做，送给猎户的5个儿子每人一只可爱的小羊羔。孩子们看到洁白温顺的小羊羔都特别喜欢，每天都要在院子里和小羊羔一起玩耍。看到孩子们每天都玩得很开心，猎户也很高兴。为了防止猎狗伤害到儿子们的小羊，他便做了一个大铁笼子，把猎狗结结实实地锁在里面。此后，牧场主的羊群再也没有受到骚扰。

春秋战国时期，郑国派子濯孺子去攻打卫国，子濯孺子打了败仗，掉头逃跑。卫国士气高涨，于是便派大将庾公之斯追击。子濯孺子发现后面的追兵，非常伤心地说："真是不巧，我的老毛病怎么偏偏赶上此时发作，我连弓都拉不开，看来只有死路一条了。"子濯孺子又问他的车夫："追击我的是谁呀？"车夫回答说是庾公之斯。子濯孺子听后高兴地说："天无绝人之路，我死不了了！"车夫不明白，就问道："追击您的庾公之斯是卫国的有名射手，您为什么说您死不了呢？"子濯孺子从容不迫地回答说："你知道庾公之斯跟谁学的射箭吗？庾公之斯的老师是尹公之，而我又是尹公之的老师，尹公之是个正派人，因此，他的学生必然也很正派。"很快庾公之斯便追了上来。庾公之斯见子濯孺子坐着不动，便开口问道："老师你是怎么了，为什么不拿弓呢？"子濯孺子回答说："我今天身体不适，拿不了弓。"庾公之斯说："我的箭术师从尹公之，而您又是尹公之的老师，我又怎么忍心用您的技巧反过来伤害您呢？可是，现在我们各为其主，今天我追杀您是国家的公事，我也不能做出因私废公的事情。"于是，庾公之斯从箭筒抽出箭，然后在车轮上将箭头敲掉，之后拉弓搭箭，向子濯孺子射了几下便离开了。

庾公之斯虽说不能因私废公，但是子濯孺子是他老师的老师，也就是说，庾公之斯的技艺间接来自子濯孺子，所以他又不能对子濯孺子痛下杀手。在这种两难选择面前，他只是象征性地向子濯孺子射了四箭。其实，庾公之斯的这种做法对自身来说是很有好处的，一方面他没有杀害老师的老师，保全了自己的名声；另一方面，他也给自己留了一条后路，子濯孺子必然会将此事铭记在心，万一哪天走投无路落到子濯孺子手里，子濯孺子也会因为这件事而放他一马。

主动与竞争对手合作，避免两败俱伤的做法在商业领域也时有发生。

　　从20世纪80年代起，苹果和微软就因争夺个人计算机这一新兴市场的控制权展开了激烈的竞争。90年代中期，两家公司的竞争呈现出一边倒的局面，微软优势十分明显，而苹果公司受到了严峻的挑战，甚至连生计都无法维持下去。在这种情形下，微软没有彻底将苹果打垮，反而还出人意料地向苹果公司投资1.5亿美元，成功地解救了苹果公司。成功存活下来的苹果得到了微软的帮助，逐渐从穷途末路走出来。而微软也因为帮助苹果而使自身受益匪浅。

　　通过这个故事可以看出，真正有智慧、有成就的人在对商机的把握和运用方面要远远超出常人，更为重要的是，他们具有把对手变成朋友的处世智慧。一般人面对敌人或对手的时候，都会迎难而上，决不退缩，不拼个你死我活誓不罢休。但是，真正明智的人信奉这样一句话："世界上多了一个朋友，就少了一个敌人。"生活在纷繁复杂的社会中，与别人发生对立和冲突是在所难免的事情。但需要注意的是，这些对立和冲突有很多是由各种原因共同造成的误会。这时，应该主动调整自己的姿态，避免出现以硬碰硬、两败俱伤的结果。更为重要的是，要把你的对手转化为朋友，使双方在合作中达到双赢。

第十一篇

协和博弈

协和谬误：
学会放弃

20世纪60年代，英法两国政府联合投资开发大型超音速客机——协和飞机。这种飞机具有机身大、装饰豪华、速度快等很多优点。但是，要想实现这些优点，必须付出很高的代价，仅设计一个新引擎的成本就达到数亿元。英法两国政府都希望能够凭借这种大型客机赚钱，但是研发项目开始以后，他们发现了一个很严重的问题——如果要完成研发，需要不断地投入大量金钱。另外，就算研发成功，也不知道这种机型能否适应市场的需求。但是，如果停止研发，那么以前的投资就等于付诸东流了。

在这种两难的选择之下，两国政府最后还是硬着头皮研发成功了。这种飞机投入市场以后，暴露出了很多缺点，如耗油量大、噪音大、污染严重、运营成本太高等，根本无法适应激烈的市场竞争，因此很快就被市场淘汰了，英法两国也遭受到了很大的损失。其实，在研发协和飞机的过程中，如果英法政府能及时选择放弃，他们就能够减少很大的损失。但令人遗憾的是，他们并没有那样做。最后，协和飞机退出民航市场，才使英法两国从这个"无底洞"中脱身。

博弈论专家由此得到灵感,把英法两国政府在研发协和飞机时骑虎难下的博弈称为"协和谬误"。当人们进行了一项不理性的活动后,应该忘记为此支付的时间和金钱成本,只要考虑将这项活动进行下去所需要耗费的精力,以及它能够带来的好处,再综合评定它能否给自己带来正效用。像股民对股票进行投资,如果发现这项投资并不能赢利,应该及早卖掉,不要去计较已经投入的精力、时间、金钱等各项成本,否则就会陷入困境之中。在博弈论中,这种现象就被称为"协和谬误",也称"协和博弈"。

下面让我们看几个协和谬误的事例。

有一个姓王的农村小伙子,总是希望自己能够发财致富,过上好日子。某天他看电视时看到了关于彩色豆腐机发家致富的广告,他觉得这是一个好机会,于是就跑到北京进行实地考察,之后便以3万元的价格在某公司订购了一台彩色豆腐机,并交了1000元的押金。那家公司还有一条规定,想学生产技术需要交1万元学习费用,这笔钱全部交齐机器就会运送到顾客家里。王某当时正处于兴奋的状态之中,所以就凑了1万块钱,交给那家公司。可是,王某在学完技术之后就后悔了,因为通过已经购买这种机器的用户反应和市场考察发现,这种机器做出来的彩色豆腐并不像广告说的那样深受广大百姓喜爱。还有,农村市场有限,根本就无法养活这样一台豆腐机。

此时的王某处于进退两难的境地:如果这时候选择放弃,那么1000元的押金和1万元的学习费就白花了;如果不放弃,那就需要支付另外的1.9万元钱才能买来豆腐机，而且以后的经营情况会是什么样子谁也不知道。王某把这个问题翻来覆去考虑了很久，最后他想道：我辛辛苦苦赚来的1万块钱就这么扔了吗？既然已经花了1万块钱，就算再搭进去1万多块钱又能怎么样呢？况且，自己把彩色豆腐的前景估计得过于悲观了，以后这种彩色豆腐说不定会很受欢迎。正是出于这样的想法，王某最后还是交了那笔钱，把彩色豆腐机拉回家了。可是结果并不像他想象的那样，这种机器加工的彩色豆腐存在着很多缺陷，味道更是没法与传统手工制作的豆腐相比，所以很少有人买。此外，这种机器还特别费电，王某最终无法继续经营下去，只能选择停产。

小李酷爱健身，当看到一家健身俱乐部的广告后觉得很有意思。亲自去俱乐部参观后，他认为俱乐部的环境和设施都还不错，于是就想成为这家俱乐部的会员。在向健身俱乐部付了一笔会费后，他从医生那里得到了一个十分不好的消息。医生告诉他在这段时间内不适宜剧烈运动。这下该怎么办呢？小李内心很矛盾：如果听从医生的劝告，不做剧烈的运动，那么交给健身俱乐部的那笔钱不就是白交了吗？可是，如果不听医生的话，冒着身体的痛苦继续运动，可能会给自己的健康带来损失。为了不使会员费变成一笔巨大的损失，小李最终还是坚持去俱乐部健身，结果健身不但没有起到应有的效果，他的健康状况也出现了很大的问题。

小张夫妇有一个乖巧可爱的小女儿，他们对孩子的未来非常重视，为了孩子能有一个好的将来，小张夫妇花了1万多块钱给女儿买了一架钢琴。但是,他们的女儿生性活泼好动,对钢琴一点兴趣也没有。这下可急坏了小张夫妇,自己用省吃俭用节约下来的钱给女儿买钢琴,希望她长大以后能够成为艺术家、名人,可是孩子却一点也不能体谅父母的良苦用心。虽然女儿不喜欢弹钢琴,但是价值不菲的钢琴已经买回来了,总不能白花那一大笔钱,让钢琴成为家里的摆设吧。于是,小张想到了请个音乐学院的钢琴老师给女儿当家教的办法。与妻子商量后,妻子也觉得这个办法不错。后来通过熟人介绍,他们请来了一位音乐学院的老师来教女儿,但可惜的是,这个办法仍然无法引起女儿对音乐的喜爱,他们为了请家教所花的几千块钱也都白花了。

以上是几个发生在我们身边的事例,下面再让我们来看看战争中有关协和谬误的事例。

21世纪初,美国总统小布什下令发动伊拉克战争。在战争中,美国虽然凭借强大的武力很快就把萨达姆政权给推翻了,但是,在长达数年的伊拉克重建过程中,驻伊拉克美军经常会受到袭击,有时甚至是自杀式爆炸,这使美军伤亡惨重,损失相当大。另外,很多与美军有关的虐囚、屠杀和暴力等事件使美国在伊拉克战争中失去民心,"中东计划"也都随之流产。所以说,美国虽然在伊拉克战争中取得了胜利,但是一系列战争后遗症又使美国损失严重。总体来说,美国发动的这场战争是失败之举。

美国在越南战争中犯了在伊拉克战争中同样的错误。1961年5月,美国向越南派遣了第一支特种部队,以达到其支持南越吴庭艳对抗由胡志明领导的北越，遏制共产主义发展的目的。这件事使美越两国的战争正式拉开帷幕，后来美军又不断将战斗部队投入到越南境内。

虽然美国从参战人员的个人素质、武器装备等方面来说都占据着优势，但战争的过程和结果并不像人们想象的那样。美国几届总统在任期间都一直关注着越南战争的局势，并不时地派兵增援，截至1966年8月，驻守在越南的美军人员达到了42.9万。但是北越军民没有被美军的强大气焰所吓倒，他们因地制宜，不断利用游击战偷袭美军，使美军不胜其扰。此时，如果美国选择退兵，就不会再继续损失下去，可是，已经投入了大批的人力物力，如果不能打败北越，先前的投入都将会白白浪费。正是这种心态使美国陷入越南的"泥潭"之中难以自拔，最后造成了巨大的损失。

肯尼迪执政后，美国国内的反战浪潮一浪高过一浪，美国只得逐步从越南撤军，美军到1975年4月底才完全撤出。美军撤走以后，北越便将美国驻西贡大使馆和南越总统府攻占。据统计，在越南战争中，伤亡的平民人数达到500万之多。美国虽然从越南"光荣地撤退"，但损失也非常大。越战是美国历史上持续时间最长的战争，在双方交战的10多年里，美国伤亡人数超过30万，另外还有2000多人失踪，耗费的财物超过2500亿美元。更为严重的是，这起事件成了美国在"冷战"策略上的重大失误，美苏"冷战"的格局也受到重大影响，美国逐渐由攻势改为守势，而苏联则由守势转为攻势。除了这些影响之外，美国国内的种族、民权等方面的矛盾也因此被激化。

通过上面的事例可以看出，协和谬误具有这样的特点：当事人做错了一件事，明知道自己犯了错误，却死活也不承认，反而花更多的时间、精力、钱财等成本去挽救这个错误，结果却是不但浪费了成本，错误也没有挽回。这也正是人们常说的"赔了夫人又折兵"。

PART
02

我们的理性很脆弱

美国著名博弈论专家马丁·舒比克在1971年设计了一款经典的"1美元拍卖"游戏。这个经典的博弈论游戏既简单，又富有娱乐性和启发性。

教授在课堂上跟学生们玩了这个游戏。他拿出一张1美元钞票，请大家给这张钞票开价，每次以5美分为单位叫价，出价最高的人将得到这张1美元钞票。但是，那些其他出价的人不但得不到这张钞票，还要向拍卖人支付相当于出价数目的费用。

教授利用这个游戏赚了不少钱，原因是学生们玩这个游戏时会陷入骑虎难下的困境之中。在这个游戏里，如果你不能够清醒地认识你的成本，那么你就很有可能会落入骑虎难下的境地之中：你是以获得利润为目的开始这个游戏的，但是，随着不断地加价，你会发现你已经为此付出了一定的代价，如果继续竞拍下去，你就会越陷越深。游戏也由追逐利润渐渐地演变成如何避免损失。这个时候，你应该做出什么样的抉择呢？

首先，为了将问题简化，我们将舒比克教授的"1美元"改为100美元，以5美元为单位叫价。这样做只是为了方便计算，并没有改变游戏的实质。

游戏开始后，一定会有人这样想：不就是100美元吗？只要我的出价低于100美元，那我就赚了，我所能出的最高价是95美元，再往上出价就赚不到钱了，有谁会继续往上加价呢？

如果用低于100美元的价格竞拍下这张钞票，那么中间的差价就是竞拍者所赚的钱。如果用100美元竞得同值的这张百元钞票虽然没有赚，但也不会赔。假设目前的最高叫价是70美元，迈克叫价65美元，排在第二位。出价最高的人将得到100美元的钞票，并且会赚到30美元，而迈克一定会损失65美元。如果迈克继续追加竞价，叫出75美元，那他就会取得领先。但是那个人不会眼睁睁地让自己损失70美元，所以他必会破釜沉舟地继续提价，直到超过100美元这个赚钱的底价。因为就算他选择了105美元，他也会认为这样自己最多只会损失5美元，相比70美元要少多了。然而，迈克的想法也会如此，所以就会进而将价位提升至110美元。于是，新的一轮竞价大战又开始了。

其实，当两个人的竞价超过100美元时，他们的目的已经从谋利变成了减少损失，在这种情况下，他们两个人的竞价往往会变成两个傻瓜间的对决。当然，就算是两个傻瓜在一起竞价，也不会让竞价这样无休止地进行下去。因为竞价者手里的资金是有限的，他们一定会以手头现有的资金来跟价，最后一个人跟到了295美元，而另一个人则以300美元赢得了这张百元钞票。这个时候，最倒霉的是那个出价295美元的人，因为他身上只有这么多钱，否则他绝对不会放弃。

有些时候，情况会复杂得多。比如假设杰克和凯文来参加竞拍，他们每人都揣着250美元，而且都知道对方兜里有多少钱。那么，结果会出现什么情况呢？

　　我们现在反过来进行推理。如果杰克叫了250美元，他就会赢得这张100美元的钞票，但是他亏损了150美元。如果他叫了245美元，那么凯文只有叫250美元才能获胜。因为花100美元去赢100美元并不划算，如果杰克现在所叫的价位是150美元或者150美元以下，那么凯文只要叫240美元就能获胜。如果杰克的叫价变为230美元，上述论证照样行得通。凯文不可能指望叫240美元就能够取胜，因为他知道，杰克一定会叫250美元进行反击。要想击败230美元的叫价，凯文必须要一直叫到250美元才行。因此，230美元的叫价能够击败150美元或150美元以下的叫价。按照这个方法，我们同样可以证明220美元、210美元一直到160美元的叫价可以取胜。如果杰克叫了160美元，凯文就会想到，要想让杰克选择放弃，只有等到价位升到250美元才行。杰克必然会损失160美元，所以，再花90美元赢得那张100美元的钞票还是值得的。

第一个叫价160美元的人最后获胜，因为他的这一叫价显示了他一定会坚持到250美元的决心。在思考这个问题的时候，应该把160美元和250美元的叫价等同起来，将它看成是制胜的叫价。要想击败150美元的叫价，只要继续叫价，叫到160美元就足够了，但比这一数目低的任何数目叫价都无法取胜。这也就意味着，150美元可以击败60美元或60美元以下的叫价。其实用不着150美元，只要70美元就能够达到这个目的。因为一旦有人叫70美元，对他而言，为了获得胜利，一路坚持到160美元是合算的。在他的决心面前，叫价60美元或60美元以下的对手就会重新考虑自己的策略，会觉得继续跟进并不是一个明智的选择。

在上述叫价过程中，关键一点是谁都知道别人的预算是多少，这就使得问题简单了很多。如果对别人的预算一无所知，那么毫无疑问，只有到混合策略中寻找均衡了。

在这个游戏中，还有一个更简单也更有好处的解决方案，那就是竞拍者联合起来。如果叫价者事先达成一致，在竞拍时选出一名代表叫价50美元，然后谁也不再追加叫价，那么他们就能够分享这50美元的利润。但是，这种竞价和合作方式太过肤浅，一般人都能够想到，这样便会出现若干对合作者，在公开的场合，谁与谁合作就会暴露得非常明显，所以这种伎俩一般来说是不会成功的。

像这种事情在现实生活中无处不在。比如说，有人参加一家航空公司的里程积分计划，当他想搭乘另一家航空公司的飞机时，就会付出更高的代价。一个人在北京找到一份工作，那么他离开北京去另外一个城市发展就需要付出更高的代价。

问题的关键在于，如果你做出了类似的承诺，你讨价还价的资格在很大程度上会受到削弱。正是利用这一点，航空公司如果找来很多人参与里程积分计划，那么它在价格上就不会再轻易做出让步。公司也可以利用职员搬家成本高，在职工薪水方面占据有利地位。

在很多时候，上述后果并不容易被人察觉。只有那些真正的聪明人才会具有这种预见性。之后，他们会在尚未订立契约之前加以充分利用。一般来说，他们利用的方式是采取预先支付酬劳之后再签约。还有一种情况会导致同样的结果，那就是潜在的利益谋取者之间相互竞争。比如，航空公司的里程积分计划为了吸引更多的参与者，就不得不为他们提供更多的积分奖励。

赫胥雷弗教授在他的《价格理论与应用》中，对英国作家威廉·萨克雷的名作《名利场》中女主角贝姬的表白，"如果我一年有5000英镑的收入，我想我也会是一个好女人"，出过一个思考题。

赫胥雷弗教授指出，如果这个表白本身是真实的，也就是贝姬受到上帝眷顾，每年有5000英镑收入的话，在别人看来她就真的变成一个好女人，那么，人们对此至少可以做出两种解释：一是贝姬本身是一个坏女人，而且也不愿意做一个好女人，但是如果有人每年给她5000英镑作为补偿，她就会为了这些钱去做一个好女人。二是贝姬本身是个好女人，同时她也想做一个好女人的，但是为生计所迫，她只能做一个坏女人。如果每年有5000英镑的收入，她的生计问题就能够得到解决，她也就会恢复她好女人的本来面目。

这两种可能，究竟哪一种符合实际？人们如何才能做出正确的判断呢？怎样才能知道贝姬本性的好坏呢？为了能够获得正确答案，需要先摒弃来自道德方面的干扰，之后再进行判断。比如把"做好女人"看作某种行为举止规范或者必须遵守的限制，就很容易得到答案。

贝姬为"做好女人"开出的价码是5000英镑，如果5000英镑是一笔小钱，说明她认为"做好女人"的成本不高，也就是说她只要能够得到维持生计的钱就会做"好女人"；如果5000英镑不是一笔小钱，而是一笔巨款，就说明她认为"做好女人"的成本很高，非用一大笔钱对她所放弃的某种东西进行补偿不可。

这时，最重要的问题就变为判断5000英镑究竟算是巨款还是小钱。从当时其他有名的文学作品中可以看出，一个女人维持生计只需要100英镑的年金就足够了。所以说，贝姬开出的5000英镑绝对不能算作一笔小钱。

在讨论贝姬到底是不是好女人时，我们运用了成本这一概念。在经济学中，成本指了得到某种东西而必须放弃的东西。在日常生活领域，成本指我们所做的任何选择必须要为之付出的代价。因为成本的构成非常复杂，种类也异常繁多，所以我们并不能简单地把"成本"与"花了多少钱"画等号。

中国古代著名的军事著作《孙子兵法》，就曾对成本进行过讨论。在《作战篇》中，开篇讨论的并非战略或战术问题，而是计算一次军事行动的成本，包括人力和物力的投入。孙子曰：

凡用兵之法，驰车千驷，革车千乘，带甲十万，千里馈粮。则内外之费，宾客之用，胶漆之材，车甲之奉，日费千金，然后十万之师举矣。

其用战也，胜久则钝兵挫锐，攻城则力屈，久暴师则国用不足。夫钝兵挫锐，屈力殚货，则诸侯乘其弊而起，虽有智者不能善其后矣。故兵闻拙速，未睹巧之久也。夫兵久而国利者，未之有也。故不尽知用兵之害者，则不能尽知用兵之利也。

善用兵者，役不再籍，粮不三载，取用于国，因粮于敌，故军食可足也。国之贫于师者远输，远输则百姓贫；近师者贵卖，贵卖则百姓财竭，财竭则急于丘役。力屈中原、内虚于家，百姓之费，十去其七；公家之费，破军罢马，甲胄矢弓，戟盾矛橹，丘牛大车，十去其六。故智将务食于敌，食敌一钟，当吾二十钟；芑秆一石，当吾二十石。故杀敌者，怒也；取敌之利者，货也。车战得车十乘以上，赏其先得者而更其旌旗。车杂而乘之，卒善而养之，是谓胜敌而益强。

故兵贵胜，不贵久。

故知兵之将，民之司命。国家安危之主也。

通过这篇文章可以看出，打一场仗（无论正义与否）要耗费相当庞大的财力、物力以及人力资源，所以，从敌人那里获取给养就显得非常重要。而且，这样做还能够提高敌人的战争成本，使敌人陷入被动。所以，战争成本是战争中不得不考虑的一个重要问题。

古代兵法有坚壁清野的战术，在现代军事史上也有焦土政策一说。坚壁清野指采用使敌人攻不下据点，又得不到任何补给的措施，是对付优势敌人入侵，一种困死、饿死敌人的作战方法。焦土政策是指，在战争期间，一方由于战势对自己不利而打算撤退时，彻底摧毁本土的建筑设施、有用资源等不动产，不给对手留下任何有价值的东西，同时也断绝自己的后路。

这两种策略具有一个共同点，即尽最大努力使对方无法从战争中获得战利品，也就是提高对方的战争成本。尽管这种战略会给自己造成很大的损失，但在某些特殊时刻，这也算得上是一种有效的策略。而且，这一举措也明确地告诉对方，我要和你血拼到底，为此我宁愿做出任何牺牲，你不要指望从我的屈服中获得什么好处。

焦土政策不仅在现代战争中有所运用，在市场竞争中同样被很多企业使用。在市场竞争中，焦土政策指的是处于劣势的公司，通过大量出售公司的有形资产，或者破坏公司的无形资产的形式，使实力强大的蓄意收购者的收购意图受到毁灭性的打击。国美和永乐等家电销售连锁企业就曾运用焦土政策，彻底粉碎了家电巨头百思买的收购计划。

国美、永乐、五星、苏宁、大中是在中国具有影响力的大型家电销售连锁企业。百思买1966年成立于美国明尼苏达州，是全球最大的家电连锁零售商。在成功收购江苏五星后，百思买以控股五星电器的方式吹响了向中国家电市场进军的号角。面对着全球家电老大百思买发出的进军中国的宣言，刚刚成为一家人的国美与永乐决定先下手为强，运用焦土政策策略，在百思买尚未采取实质性的行动之前，给它致命一击。

国美与永乐很快就宣布，要在北京市场发动连续的市场攻势，将北京家电市场的门槛提高，借此迫使百思买知难而退，彻底放弃北京市场。国美与永乐很快就打响了零售终端联合作战的第一战。同时，这也是国内家电零售市场上连锁巨头首次在采购、物流、销售上的联合作战。这一战役不仅是要打消百思买进入北京市场的野心，而且还要实现真正意义上的消费者、厂家、商家三方共赢。这次价格大战一改过去单一压低供应商进价，从而制造低价的做法，致力于整合供应链价值，使供应链效率提升，从而实现真正的利润优势。打价格战并不是国美与永乐这次行动的主要目的，其主要目的是通过价格战，提前将北京、上海等家电市场变成"焦土"，从而将市场门槛抬高，令百思买不战而退。最终，国美与永乐通过焦土政策实现了目的，吓退了百思买，保住了其在中国家电销售连锁企业中的龙头地位。

一般来说，焦土政策的作用有两方面：第一，把可能要属于对手的东西破坏，使对手的行动成本增大；第二，向对手显示自己决不妥协的立场。

选择这样的破釜沉舟的策略，会给人带来意想不到的结果。这是因为，对手对你以后可能采取行动的预期被你彻底打乱，而你就能够充分利用这一信息不对称，使自己在博弈中获得好处。

羊毛出在羊身上

在人才市场上，存在着这样一种现象：北大的一般毕业生和其他一般学校的拔尖学生一起去求职，尽管他们学的是同样的专业，水平或许相差也不大，但是，大多数用人单位会选择前者而不选择后者。其实，前者的水平并不一定比后者高，但用人单位为什么会对前者趋之若鹜，而对后者置若罔闻呢？

由于各所学校的评分标准不同，各所学校提供的学习成绩单并不能够成为用人单位对学生进行评估和比较的标准。在这种情况下，用人单位为了获得更为优秀的人才，只能将社会对毕业学校的认识和统计结果作为选择学生的标准。在这一点上，北京大学毕业的学生就占据了巨大的优势。

这种现象在不同的场合、不同的领域都可以看到。比如有一对年轻人为结婚去家电商场选购一款冰箱。他们发现，同为三开门218L的冰箱，有的卖3000多元，有的只卖1000多元。虽然价格方面差异悬殊，但是，更多人不愿意购买价格便宜的，反而更钟情于价格高的名牌产品。他们对这个现象很不理解，于是就向对家电行业比较了解的一位朋友请教。朋友告诉他们，其实国内家电质量都差不多，使用寿命也没有太大的差异。洗衣机、电视机如此，冰箱也不例外。听了朋友的解释后，这对年轻人更加不解。这到底是怎么回事呢？其实，最主要的原因是大多数人信赖品牌，因为品牌能够让人用着放心，而且在售后服务方面也更有保障。

很多消费者追求名牌也是同样的理由。但是，这个理由并不是放之四海而皆准的。还以冰箱为例，人们对冰箱质量的认识，并不是通过实践得来的。冰箱不同于日常低值易耗品，不需要经常更换，一般来说，购买一台冰箱可以用几年甚至十几年的时间。正是这个原因，使人们无法积累感性经验。居民的购买行为大多受到各种媒体以及亲朋好友的影响。名牌产品一定会在各种媒体上大打广告，人们无法不受其影响，这时，亲朋好友也受到广告的影响，他们对购买者进行口碑相传，于是就会造成消费者信赖名牌、购买名牌的现象。

在经济领域，这种并非由产品质量而是由其他因素引起的排斥现象被称为歧视。当歧视将某些团体的工作努力和人力资本投资扭曲的时候，它就会对经济造成极大的伤害。歧视的损害体现在很多方面，但对商品和劳务的供给者而言，影响最为严重。他们花费同样的成本，生产出同样质量的产品，卖出去的价格却无法与那些名牌相比，更可悲的是，很多时候他们的产品根本就卖不出去。

歧视同样对购买者不利。商品的歧视迫使那些受到歧视的企业为宣传自己的产品，把大量的精力和费用投入到广告上，因此造成企业成本大大增加。如此一来，企业的品牌虽然建立起来了，但它们为建立品牌所付出的成本都转嫁到消费者身上。这也正是名牌产品比普通产品价格更高的原因。

对于企业而言，建立名牌还有一个重要的益处，就是企业与消费者达到一种伙伴关系，赢得顾客的忠诚。这已经成为在激烈竞争的市场环境中，企业生存与发展的必然选择。

许多企业为留住老顾客和吸引新顾客，所使用的一种重要营销手段就是大力培养顾客对品牌的忠诚度。如果产品的质量能够得到保障，那么品牌忠诚度就会成为一个名牌的基本要素。一个名牌的成功，主要来源于消费者对品牌的忠诚、信赖和不动摇。如果消费者对一个品牌缺乏忠诚度，那么一旦发生突发事件，消费者就会停止购买这个品牌的产品。可口可乐公司污染事件并未影响到中国消费者对该产品的信心，而雀巢等洋品牌奶粉被消费者冷落就能够很好地说明这个问题。

1999年6月10日，从比利时开始，欧洲爆发了可口可乐污染事件。这起事件最早源于比利时小镇博尔纳的一所小学。6月10

日，这所学校的学生们觉得可口可乐喝起来味道非常奇怪，校方对此未加注意，导致这所学校的50多名学生接二连三地发生了腹泻和胃痛等不适症状。6月15日，比利时全国范围内有150名儿童因为饮用了可口可乐软饮料而出现同样的不适症状。面对此事，比利时政府大惊失色，当即下令全面禁售可口可乐产品，连可口可乐旗下的雪碧和芬达都未能幸免！当天晚上，比利时卫生部紧急宣布，将通过对住院孩子进行抽血化验，以查明事情原委。化验的最终结果表明：有些孩子出现溶血现象。不过，比利时卫生部长告诉广大消费者不要太紧张，但同时批评可口可乐公司在事发后缺乏合作诚意。很多激进的消费者甚至呼吁抵制所有的可口可乐饮料。很快，卢森堡、荷兰也发现了受污染的可口可乐产品，于是两国政府随即下令从商店里撤下所有的可口可乐的产品，等待可口可乐公司做出进一步解释。荷兰政府下令，所有产于比利时的可口可乐产品必须立即从荷兰境内的货架上撤下；严禁从比利时进口任何可口可乐产品；买了比利时生产的可口可乐的顾客可以退货。6月16日，韩国也做出反应。韩国食品与药品管理局正式宣布，立即组织对在韩国境内销售的所有可口可乐产品进行抽查，确定其是否受到污染。韩国有关部门将检查可口可乐韩国公司生产产品的八项指标，其中包括气压、碳酸铅含量和细菌密度等。

随着各国政府不断发出禁令，污染事件越闹越大。在严峻的形势面前，可口可乐公司积极做出回应。先是在得到比利时政府提供的患者初步化验报告后，立即组织专家进行研究。与此同时，比利时的可口可乐公司将250万瓶可口可乐软饮料紧急收回。

在比利时，可口可乐有着很高的品牌信誉度，自1927年在比利时开设了分厂之后，这个国家平均每天喝掉的可口可乐达到100万瓶。随着事件的影响不断扩展，纽约股市上可口可乐的股值每股下跌了1美元。在此之前，亚特兰大可口可乐总公司的黑人雇员就指控可口可乐公司搞种族歧视，并且把公司推上了法庭，对可口可乐的形象造成了极坏的影响，公司海外业务的开展也受到了严重的威胁。如今，又发生了污染事件，可口可乐公司真可谓是祸不单行。

尽管可口可乐污染事件在世界范围内闹得沸沸扬扬，但在中国，可口可乐公司的23个工厂和销售都没有受到影响，一起产品质量投诉也未发生，更没有发生任何退货现象。

其实，在可口可乐污染事件发生之前，还发生过一件影响极大的污染事件。1999年春天，比利时、荷兰、法国、德国相继发生因二噁英污染导致畜禽类产品及乳制品含高浓度二噁英的事件。二噁英是一种有毒的含氯化合物，是目前世界已知的有毒化合物中毒性最强的。它的致癌性极强，还可引起严重的皮肤病，甚至伤及胎儿。这一事件发生后，世界各国纷纷下达禁令，全面禁止进口四国的肉、禽、蛋、乳制品。中国卫生部也于6月9日紧急下令，禁止国内各大卖场销售欧盟四国1999年1月15日以后生产的受二噁英污染的肉、禽、蛋、乳制品和以此为原料的食品。

很快，中国各大商场销售的雀巢、安怡、雅培等洋品牌的奶粉变得无人问津。尽管雀巢公司多次向消费者做出解释，宣称他们的产品与二噁英没有任何关系。但是，消费者仍然不买账，坚决拒绝购买雀巢的产品，从而使雀巢产品的销售额一跌再跌。

同样对消费者的健康构成严重的威胁，但是可口可乐在中国的销售丝毫没有受到影响，而雀巢等洋品牌却被消费者彻底冷落，这其中的原因何在？对于这个问题，有些经济学家给予了回答。他们指出，可口可乐事件的影响没有波及中国，最主要是因为它在中国市场上建立起了品牌的忠诚度。

一直以来，可口可乐公司始终致力于顾客忠诚度的培养。20年来，可口可乐公司在中国的投资已经达到11亿美元。可口可乐公司不遗余力地在产品质量上下功夫，从而得到消费者的认可，并在消费者心目中建立起极高的忠诚度。

研究资料显示，20%的忠诚顾客创造了一个成功品牌80%的利润，而其他80%的顾客只创造了20%的利润。除了可以带来巨额利润，顾客的忠诚度在降低产品的营销成本方面也有所体现。

第十二篇

海盗分金博弈

海盗分赃

2010年1月27日，一艘柬埔寨货船被索马里海盗劫持。3月23日，一艘英属维京岛的货轮被索马里海盗劫持……索马里海盗劫持船员后，就会向相关国家和公司索要赎金，一旦不能满足，他们多一般会残忍地杀害人质。海盗问题已经成为各国当下需要面对的一个难题。

在我们的印象中，海盗都是一群桀骜不驯的亡命之徒，他们勒索、抢劫、杀人。但是在一个故事中他们却非常民主，这个故事就是著名的"海盗分金"。

假如在一艘海盗船上有五个海盗，他们抢来了100枚金币，那么该怎么分配这些金币呢？下面是他们分配的规则：

首先，以抽签的方式确定每个海盗的分配顺序，签号分别为1、2、3、4、5。

其次，抽到1号签的海盗，提出一个分配方案。对这种分配方案，五个海盗一起进行表决，如果海盗中有半数以上的人赞成，那么它就获得通过，并以这一方案来分配100枚金币；假如他提出的方案被否决了，也就是只有半数以下的人赞成或没有人赞成他的方案，那么他将被扔进大海喂鲨鱼。这时就轮到2号签的海盗提出分配方案，然后剩余的四个海盗一起表决他的方案。和前面一样，只有超过半数（含半数）的海盗赞成，他提出的这一方案才能通过，并按他的这一方案分配100枚金币；反之，他和1号海盗一样会被扔进大海喂鲨鱼。同理，3号、4号海盗也是和1号、2号海盗一样。当找到一个所有海盗都接受的分配方案时，这种情况才会结束。假如最后只剩下5号海盗，那么他显然是最高兴的，因为他将独吞全部金币。

对这五个海盗，我们先做如下的假设：

（1）假设每个海盗都能非常理智地判断得失，都是经济学上所说的"理性人"，并能够做出有利于自己的策略选择。换句话说，每个海盗都知道，在某个分配方案中，自己和别的海盗所处的位置。另外，假设不存在海盗间的联合串通或私底下的交易。

（2）金币是完整而不可分割的，海盗们在分配金币时，只能以一枚金币为单位，而不能出现半枚这样的情况。而且也不能出现两个或两个以上的海盗共有一枚金币的情况。

（3）每个海盗都不愿意自己被丢到海里喂鲨鱼。在这个前提下，他们都希望自己能得到尽可能多的金币。他们都是名副其实的、只为自己利益打算的海盗，为了更多地获得金币或独吞金币，他们会尽可能投票让自己的同伴被丢进海里喂鲨鱼。

（4）假定不存在海盗们不满意分配方案而大打出手的情况。

如果你是1号海盗，你提出什么样的分配方案才能保证该方案既能顺利通过，又避免自己被其他海盗丢进大海里呢？而且这一方案还可以使自己获得更多的金币。

大部分人对这个问题的第一感觉都是抽到1号签的海盗太不幸了。这是因为每个海盗都从自己的利益出发，他们当然希望参与分配金币的人越少越好。所以，第一个提出方案的人能活下去的概率是很小的。就算他把钱全部分给另外四个海盗，自己一分不要，那些人也不一定赞同他的分配方案。看起来，他只有死路一条了。

但事实远不是我们想的那样。想要1号海盗不死其实很简单，只要他提出的分配方案，能使其余四个海盗中至少两个海盗同意就能获得通过。所以，1号海盗为了自己可以安全地活下去，就要分析自己所处的境况，他必须笼络两个处于劣势的海盗同意他的分配方案。怎样才能使这两个海盗同意他的方案呢？假若1号海盗被丢进大海，那么这两个海盗得到的金币假定为20枚，那么只要1号海盗分给这两个海盗的金币数额大于20枚，这两个海盗就会赞成他的分配方案。也就是说，如果不同意他的分配方案，这两个海盗只会得到更少的金币。

1号海盗就该想办法了，怎样的分配方案才是可行的呢？

如果第一个海盗从自己利益出发进行分析，而不按照这种推理方法，就很容易陷入思维僵局："如果我这样做，下面一个海盗会如何做呢？"这样的分析坚持不了几步就会使你不知所措。

我们可以用倒推法来解决这个看似复杂的问题，即从结尾出发倒推回去。因为在最后一步中往往最容易看清楚什么是好的策略，什么是坏的策略。知道最后一步，就可以借助最后一步的结果得到倒数第二步应该怎样选择，然后由倒数第二步的策略推出倒数第三步的策略……

因此，我们应该从4号和5号两个海盗入手，以此作为问题的突破口。我们先看看最后的5号海盗是怎么想的，他应该是最不肯合作的一个，因为他没有被丢到海里喂鲨鱼的风险。对他来说，前面四个海盗全部扔进海里是最好的，自己独吞这100枚金币。但是，5号海盗并不是对每个海盗的分配方案都投反对票，他在投票之前，也要考虑其他海盗的分配方案通过情况。

但是，这种看似最有利的形势，对于5号海盗来说，却未必可行。因为假如前面三位都被扔进大海，只剩下他和4号海盗的时候，4号海盗一定会提出这样的分配方案，那就是100∶0，就是4号海盗分100枚金币，5号0枚。如果对这个方案进行表决，对自己的这个方案，4号海盗肯定投赞成票。因为就只剩他们两个了，4号的赞成票就占了总数的一半，这个方案一定能获得通过。表决结果是5号海盗无法改变的。金币的分配方案，在只剩下4号海盗和5号海盗的时候是100∶0。

再往前推，我们看看只有3号、4号、5号海盗存在时的情况。根据5号海盗的处境，3号海盗会提出99∶0∶1的分配方案，即3号分99枚，4号0枚，5号1枚。对这个方案投票时，3号一定会同意，4号海盗肯定不会同意，但5号海盗一定会投赞同票。为什么5号海盗投赞同票？因为如果不这样做，而投不赞成票，那么他和4号两票对一票，不赞成3号的分派方案，3号就会被丢下大海。那么接下来就只剩5号和4号了，就回到了我们在上一段的分析，5号将什么也分不到。因此，当3号、4号、5号海盗共存时，金币的分配方案是99∶0∶1。

以这种方法再往前推，我们看看当2号、3号、4号、5号共存时的情况。2号海盗这时候根据推理会预测到，假如他被抛下大海，那么分配方案是99∶0∶1。因此他的最好分配方案是98∶0∶0∶2，即笼络5号海盗，放弃3号海盗和4号海盗。表决时，5号海盗会同意，因为前面已经说过，如果5号海盗不同意这一分配方案，2号海盗就会被丢进大海，那么他只能得到1枚金币，但如果同意2号海盗的分配方案，他却可以得到2枚金币，他肯定选择后者。3号海盗和4号海盗因为分不到金币，肯定投反对票。那么4个海盗的投票情况就一目了然了，2号和5号投赞同票，3号和4号投反对票，2号的方案因为有半数的人同意而通过。也就是说，这种情况下的金币分配方案为98∶0∶0∶2。

再往前推，我们看看1号到5号都在时的分配方案。通过前面的分析，我们知道假如1号海盗被扔进大海，由2号来提出方案的话，3号海盗和4号海盗什么也分不到。因此1号海盗的分配方案就应该从处于劣势的3号海盗和4号海盗入手，分给3号海盗1枚金币，分给4号海盗1枚金币，具体方案是98∶0∶1∶1∶0。3号、4号和1号都会同意这一方案，很显然，就算2号和5号反对，这个方案依然会通过。

最终的结果虽然难以置信，但却合情合理。表面上看来，1号是最有可能喂鲨鱼的，但他不但消除了死亡威胁，还牢牢地把握住先发优势，并最终获得最大的收益。而5号看起来最安全，没有死亡的威胁，甚至还能坐收渔人之利，但结果只能保住自己的性命，连一枚金币都分不到。

但是，海盗分金这种模式只是在最理想的状态下的一种隐含假设，而在现实生活背景下，海盗的价值取向并不都一样，有些人宁可同归于尽，也不让你一个人独占98枚金币。

我们在这里主要是看重这种分析问题的方法，即倒推法，而在博弈学上，我们称其为海盗分金博弈模式。

我们用这个博弈模式可以分析许多问题，涉及各个方面。

蜈蚣博弈悖论

倒推法是分析在完全且完美状态下动态博弈的工具，虽然有效，但也存在着致命的缺点。如果我们了解蜈蚣博弈悖论，就会知道为什么倒推法存在着缺陷。

蜈蚣博弈是罗森塞尔最先提出的，它是这样一个博弈：博弈的双方为甲和乙，两人轮流进行策略选择。可供选择的策略有两种：合作和不合作。假定由甲先选，然后是乙；接着再是甲，然后乙，两人就这样交替选择。假定甲乙之间的博弈次数为100次，那么这个博弈各自的收益如下：

这个博弈的图形模式像一只蜈蚣，因而被称为蜈蚣博弈。

甲和乙是如何进行策略选择的？我们可以用倒推法来分析这个博弈：在最后一步，甲在合作与不合作中进行选择时，因为不合作将会带来更大的利益，所以不合作的策略要优于合作，甲应当选择不合作。在倒数第二步，乙这样想，下一步甲会选择不合作，所以我在这一步就提前背叛对方将获得更多的好处，而且避免下一步被背叛。因此，在倒数第二步，乙的理性选择应该是不合作……依次倒推，一直倒推到第一步，甲理性的选择就是不合作。这同我们前面所讲的有限次数的重复性博弈中双方达不成合作是一个道理。

这样的博弈结果是双方在第一步就不能达成一致，倒推法的结果是令人遗憾的。倒推法从逻辑推理来看是严密的，但是，结论是违反常理的。一开始就采取合作性策略有可能获取的收益为100，而采取不合作的策略获取的收益为1，这就违反常理了。从逻辑的角度来看，一开始甲应采取不合作的策略；而直觉告诉我们，采取合作策略是最优策略。甲一开始采取合作性策略的收益有可能为0，但1或者0与100相比实在是太小了。我们可以看到，这两者是相互矛盾的，这就是蜈蚣博弈的悖论。

博弈论专家对蜈蚣悖论做过实验研究，发现双方会自动选择合作性策略，根本不会出现一开始选择不合作策略而导致双方收益为1的情况。这种做法与倒推法相悖。实际上，双方这样做要好于一开始甲就采取不合作的策略。

这样看起来倒推法是不正确的。但我们会发现，即使双方均采取合作策略，从一开始就走向合作，这种合作也坚持不到最后一步。只要是理性的人，出于自身利益的考虑，在某一步时，肯定会采取不合作策略，那么倒推法肯定在这一步要起作用。合作在倒推法起作用的时候便不能进行下去。在现实中，这个悖论的对应情形是：参与者不会在开始时确定他的策略为不合作，但是，他不能确定在哪一处采取不合作策略。

在逻辑和现实性方面，倒推法都是有成立条件的，因此，它的分析预测能力就有局限性。倒推法不可能适用于分析所有的动态博弈，如果在不能用的地方用了倒推法，就会造成矛盾和悖论，就会出现上述借钱的笑话。只要分析的问题符合倒推法能够成立的条件和要求，它仍然是一种分析动态博弈的有效方法。不能因为倒推法的预测与实际有一些不符，就否定它在分析和预测行为中的可行性。

游戏中的倒推法

下面请读者玩一场游戏。

在1到100之间，我们选出某个数。如果你猜中我们选的这个数，就会有一份丰厚的奖励。从100个数中猜一个数，猜中的概率是1%。我们可以让你猜5次，这是为了增加你赢的机会，每轮猜错后，我们都会告诉你猜得太高还是太低。猜中的越早，奖励越丰厚。如果5轮都猜错，你将什么都得不到，游戏结束。

如果你准备好了，我们可以开始了。

你第一次猜的数是50吧！大多数人都会这么猜，但是，这个数太高了，也就说，这个数小于50。

你第二次会猜25吗？大多数人在猜过50之后都会猜25。但是，这次又小了。

接下来，很多人都会猜37。但是，37还是小。

42？还是小了。

请注意，到此你已经用了4次机会，还有最后一次。

这是你的第五次机会，也是你最后的机会。现在这个数的范围你已知道，它在43～49之间，即还剩下43、44、45、

46、47、48和49这7个数。你会选哪一个？

你前4次的猜测方式都是把区间二等分，然后选择其中间数。在数字以随机方式抽取的游戏中，这是一个比较好的办法。从每一轮的猜测中，你都可以获得尽可能多的信息，从而可以尽快接近那个数。

从技术术语上来讲，这种对数字的猜测方法叫最小化平均信息量，但每个人都会有不同的答案。从每一轮猜测中，你会获得尽可能多的信息，这可以使你减少你猜测的次数，更快地获得成功。但是，在我们这个游戏中，数字不是随机挑选的。所以，我们当然会把一些情况考虑进去，挑一个你难以猜中的数字。

我们在与人博弈的时候，将自己置于对方的立场是很关键的。所以，在这场游戏之前，我们已经站在你的立场上预计你的猜测顺序是50、25、37、42。也就是说，我们已经知道了你玩这场游戏的规则，我们就可以降低你猜中这个数字的概率。

我们已经给了你很大的提示，在游戏结束之前，对你的帮助只能有这么多了。那么，请问你最后一次挑选哪个数？49？

很遗憾，答案是错的。我们挑选的数字是48，这是我们设计好的一个圈套。实际上，以上的长篇大论，都是故意的，目的就是要进一步误导你。这样我们选定的48才不会被猜中，我们一步步引导你，让你猜49。

所以，要想在游戏中击败我们，你就要比我们还要多想一步："应该猜48，因为他们一定会误导我猜49。"

在博弈对局中，你需要考虑其他参与人将如何行动，以及那些人的决策将如何影响你的策略。就像上面一样，在猜测一个随机挑出的数字时，他们一定不想让你成功。那么你就要结合当时的情况，来判断他们可能出什么数字，或者判断他们出哪一区域的数字。

有这样一个游戏。这个游戏无论在理论上，还是在实践上，都是向前展望、逆向推理的最好实例。

把全班同学分为A、B两队，两队同学相对而立，中间的地面插着21支旗，A队和B队轮流移走这些旗。在轮到自己时，每队可以选择取走1支、2支或3支旗。不能一支旗都不取，也不能一次取走4支或4支以上的旗。哪一队取走最后1支旗，哪一队获胜，无论这支旗是最后1支，还是2支或3支旗中的一支。输了的一组，要淘汰掉自己队的一个队员。然后比赛继续。

在游戏开始前，每个队都有几分钟时间让成员们讨论。A队先行动，它第一次取走2支旗，现在还剩下19支旗。现在假如你是B队的成员，你会选择拿走多少支旗？你可以拿起笔把你的选择记录下来。

在B队讨论的过程中，B队一个成员这样分析道："不管怎么选择，我们最后一轮必须留给他们4支旗。"这个见解是对的，因为如果最后一轮留给对方4支旗，那么对方无论取走1支、2支或3支，取胜的都是自己。最后，B队果然在游戏中取胜，因为他们在还剩6支旗时，拿走了2支。

之前，在还剩下9支旗时，A队从中拿走3支。他们中的某一个成员，突然发现了这个问题："如果B队接下来取走2支旗，我们就输了。"因此，A队刚才的行动是错的，他们不应该取3

支。他们该取走几支呢？

其实刚才的推理已经给了我们答案，只要在最后一轮留给对方4支旗就可以了。那么在下一轮时，怎样才能确保给对方留下4支旗呢？答案是在前一轮中给对方留下8支旗！为什么留给对方8支就可以呢？很简单，在还剩下8支旗的时候，如果对方取走3支，那么你就取走1支，还剩下4支；如果对方取走2支，那么你也取走2支，还剩下4支；如果对方取走1支，那么你就取走3支，也还是剩下4支。因此，如果A队在只剩下9支旗时，取走1支就能扭转战局。A队在最后时刻虽然已经醒悟了，但结局已经无法改变！

我们再把这个问题从头来看，在前一轮中，B队从剩下的11支旗中取走了2支，所以轮到A队时还剩下9支旗。如果此时A队选择取走一支旗，就只剩下8支旗，那么B队就输了。

沿着开始的推理，我们再倒一步。怎么才能一定给对方队留下8支旗呢？在前一轮时，你必须给对方留下12支旗；怎么才能留下12支旗呢？你还必须在前一轮的前一轮给对方留下16支旗……所以，A队如果在游戏开始时，不是取走2支，而是只取走1支旗，那就能确保胜利。

那么，也许有人要问了，是不是先行者一定能取胜呢？也不是，在旗子游戏中，如果开始时的旗子是20支，而不是21支，那么获胜的一定是后行者（前提是按照上述的推理方法）。

21支旗博弈不存在任何不确定性：参与者的行动和能力、某些自然的机会元素以及他们的实际行动都是确定的。它是一种简单的、我们可以很容易理解的博弈。它有以下3个特点：

第一，A队和B队行动时，还剩下多少支旗，他们都是知道的。而在许多博弈中，由于自然、概率的存在，会出现一些偶然的元素。例如，许多人打过扑克牌，打牌就是一种不可知的博弈，当一个玩家选择出什么牌时，他并不知道其他人手中的牌是什么。当然了，我们可以从其他人先前出过的牌中看出一些端倪，并以此推断他们手中剩余的牌。但总的来说，打牌是一种不可知的博弈。

第二，在这个博弈中，博弈的双方都有着清晰的目标，那就是取胜。但是，在商界、政界以及社交活动中的博弈却不一定有清晰的目标。在这样的博弈中，参与者的目的很复杂，它是经过短期考虑和长期考虑、自私与正义或公平的反复衡量下的混合产物，所以他们都有多重目标，而且目标还有可变性。在博弈中，要想知道其他参与者下一步怎么做，就要知道他们的目标是什么，以及如何看待对手的目标。

第三，对于己方来说，对手的决策选择是确定的。在上述的21支旗博弈中，是不存在策略不确定性的，因为对方的行动是可以知道的。但是，在其他许多博弈中，参与者必然面临关于其他参与者选择的不确定性。例如，足球守门员在面对对方罚的点球时，就面临着对手决策的不确定性。他不知道对方会把球踢向哪个方向，对方当然也会隐藏自己的意图，是左还是右？但他必须做出选择。在投标拍卖中，在不知道其他投标人选择的情况下，每个竞标者都必须做出自己的选择。换句话说，在很多博弈中，参与者们同时行动，而不是按预先规定的次序行动。

在强盗分金博弈模型中，任何分配者都想让自己的方案获得通过，这其中的关键是事先考虑清楚其他海盗的最高收益，并用最小的代价获取自己最大的收益，拉拢海盗中收益最低的人。

倒后推理理论对我们的生活有着很重要的影响，如果能学会这种分析问题的方法，许多看似复杂的事情都会迎刃而解。

第十三篇

讨价还价博弈

写个保单吧

讨价还价博弈模式

有一块蛋糕，现在由两个孩子分着吃（分别以甲和乙表示两个孩子）。有一个简单的方法，就是甲将蛋糕切成两块，乙从中选择一块。那么甲在切蛋糕的时候，一定会让两块蛋糕切得大小尽量相同，因为是由乙先选的，如果一大一小，那么乙一定会选择大块的。

设想甲和乙在为怎么分蛋糕而讨价还价的时候，桌子上放着的冰激凌蛋糕却在不停地融化。在甲和乙每一轮的决策中，蛋糕都会慢慢变小直至完全消失。

讨价还价的第一轮由甲方提出分配方法，乙方选择同意还是不同意，同意则谈判成功，不同意就进入第二轮；第二轮由乙方提出分配方案，甲方选择同意还是不同意，同意则谈判成功，不同意则蛋糕融化了一部分，谈判失败。

对于甲来说，刚开始提出的分配方案很关键。如果乙不同意他所提的分配方案，那么即使第二轮谈判成功了，蛋糕也已经融化一半了，甲可能还不如第一轮降低条件分到的蛋糕多。所以在第一轮时，甲提出的分配方案要以这两个条件为出发点：一要尽量阻止谈判进入第二阶段；二是猜测乙方是怎么想的。

蛋糕在第二轮博弈的时候，只有原先的一半大了。所以，就算甲谈判获胜了，最多也只得到二分之一块蛋糕，而失败则什么都得不到。乙当然知道甲在第二轮时所能得到的蛋糕最多为二分之一块。所以，在第一轮时，如果甲想要的蛋糕大于二分之一块，乙就会反对，从而将博弈带入第二轮。

经过再三考虑，甲也知道了乙的计划。对甲来说，他在第一轮博弈时提出的分配方案中，自己要求分得的蛋糕一定不能超过二分之一块。所以，甲在第一轮要求得到二分之一块蛋糕，乙表示同意，谈判顺利结束。最后的结果是这样的：双方各吃一半蛋糕。

这种博弈最明显的特征就是具有成本性，对于谈判的各方来说，应该尽量缩短谈判的过程以减少耗费的成本。

我们再把上述博弈延伸一下，即假如出现第三轮博弈的情况。假设蛋糕每过一个讨价还价的轮次，就融化三分之一块大小，到最后一轮时蛋糕全部融化。这时候，我们可以用上一章介绍的倒推方法。假如甲乙两人的谈判到了第三回合，那么此时的蛋糕只剩下三分之一块了，也就是说，甲就算成功也最多只能得到三分之一块的蛋糕。乙也是知道这一点的，所以在第二轮的时候，他会提出两人平分第一轮剩下的三分之二个蛋糕；甲在第一轮时，就知道如果第一轮谈判失败的话，乙在第二轮会提出要三分之一块蛋糕，所以在第一轮谈判刚开始的时候，甲会直接答应给乙三分之一块的蛋糕。乙当然很不满，自己凭什么只获得三分之一块呢？但他也知道，就算不赞成这个分法，进入第二轮时，他最多也只能得到三分之一块的蛋糕。如果到了第三轮，那就几乎分不到蛋糕了。所以，乙在第一轮时会接受甲提出的分法：甲获得蛋糕的三分之二，乙获得蛋糕的三分之一。

在现实生活的这种讨价还价中，收益是会缩水的，方式不尽相同，缩水的比例也不同。但是，任何讨价还价的过程都不可能无限延长，这一点是可以肯定的。这是因为，谈判的过程总是需要成本的，在经济学上，这种成本叫作"交易成本"。

我们在前面提到过两人分蛋糕的实例。随着两个孩子之间为分蛋糕而谈判的过程，冰激凌蛋糕会融化，融化的那部分蛋糕，我们可以称之为交易成本。时间就是金钱，在这个高速运转的商业社会中，在谈判时所消耗的时间也是交易成本。就算是正在热恋的一对情侣，为去看动作片还是看爱情片而讨价还价时，他们花费的时间也可以算作成本。不仅如此，假如这对恋人为此争吵，双方的心理伤害也是巨大的，这个成本比时间成本更大。

有很多谈判随着时间拉得越长，利益缩水就会越严重。假如各方始终坚持不愿意妥协，暗自希望谈成一个对自己更加有利的结果，其好处就将超过谈判的代价。

当然，并不是所有的收益都是会缩水的。一种最为简单的讨价还价就是在超市里，卖方会明码标价，买方觉得价格合适就买，不合适就不买，或者去别的超市看看。

在商业谈判中，如果迟迟不能达成一致，那么买家会失去一次使用新产品的机会，而卖家将会失去抢占市场的机会。国与国之间也是一样，如果两国或多国之间的贸易谈判一直久而未决，那么，他们在争吵收益分配的时候，已经丧失了贸易自由化带来的好处。所以，对于参与谈判的各方来说，都愿意尽快达成协议。

虽然参与者都希望尽快结束谈判，但马拉松式的谈判仍然存在，这是因为参与谈判的双方还没有对"蛋糕的融化速度"达成共识。换句话说，他们还没有对未来利益的流失程度达成一致。

在确定谈判规则的时候，策略行动可能就已经开始了。假如双方中的一方提出的条件在第一轮能够被对方接受，那么谈判在第一轮就会达成一致，这样也就节省了时间，也就不存在第二轮、第三轮……但如果双方第一轮不能取得共识，那么只能一轮一轮地谈下去，直至达成一致为止。所以，在谈判时，你提出的第一个条件是否能够吸引对方让其接受是非常关键的。

讨价还价博弈，只要博弈阶段是双数时，双方分得的蛋糕将会是一样大小；博弈阶段是单数时，先提要求的博弈者所得到的收益一定不如另一方，不过，这种差距随着阶段数的增加会越来越小，最后的结果是，每个人分得的蛋糕接近于相等。而讨价还价博弈就是为了使自己的利益达到最大化。

PART
02

坚持与妥协

生活中，坚持能为自己换来更多收益的事很常见，有许多读者就是这样。我们知道，一些新书会在精装本出版后的一年左右出版平装本。读者抓住书商们的这个特点，在精装本出版时并不去买，因为它太昂贵；而平装本就要便宜多了，所以他们一般都是等着买平装本，这样就省下不少钱。当然了，精装本还是有人买的，有些没有耐心的读者是不会在意价格的。

马丁·路德抨击了教皇及其顾问班子。天主教会要求他公开承认错误，并让他收回这样的主张。但他拒绝公开认错："我不会违背自己的良心，所以我不会收回任何一点主张。"而且面对天主教的威胁，他一直不放弃："我绝不会屈服，我会坚持到底。"以自身立场的神圣为基础，马丁·路德拒不让步，他认为自己就是正确的。当然了，为此他也受到了教皇派的强烈仇视。他坚定的立场促使新教改革运动的诞生，改变了欧洲中世纪的天主教会，对欧洲产生了深远的影响。

而在国与国之间，坚持也是一股强大的力量。"二战"之初，法国战败，法国将军戴高乐逃亡英国。后来，他成了法国的领导人。但就算有这样尴尬的过去，他与罗斯福和丘吉尔谈判时，仍然坚持自己的立场。到了20世纪60年代，作为总统的他经常说"不！"，欧洲经济共同体迫于无奈，多次按照法国的意愿修改决策。

1963年和1968年，戴高乐两次单方面宣布要将英国拒于欧共体之外，他的这个立场很坚定。对于其他国家来说，只有两个选择：接受和放弃。戴高乐在提出这样的立场之前，已经小心地衡量过，他有把握让自己的立场被接受。戴高乐这么做，使法国取得了巨大的利益，这当然要归功于他的坚持。

战争也是如此，对于战争的双方来说，都需要坚持。因为它是靠庞大的后勤消耗来支撑的。这就意味着，战争每进行一天，战争的收益就减少相应的数量。这种情形就正如《孙子兵法》中说的那样："故兵贵胜，不贵久。"但这里的"久"并不是指双方都不要坚持，而是对一方而言的，对于防守方来说，坚持确实是最好的选择。美国攻打伊拉克，虽然胜利了，但花费却远比其消灭的敌人高，就是因为对方在自己的地盘上更能坚持。

在一场势均力敌的战争中，判断双方胜负的一个重要依据就是哪一方能坚持。

即使是在一场力量不对称的战争中，坚持依然很重要。这时的情形是这样的：强大的一方急于进攻，弱势的一方却高挂免战牌，如果弱势的一方能坚持的话，那最后强的一方将不得不退兵。

刘备在攻打西川时，苦战几年，才攻到成都。懦弱的刘璋

选择了投降，没有听许多下属的劝阻，把成都外围的百姓迁入成都，粮食烧光，坚壁清野。倘若刘璋能坚持，刘备便不一定拿得下西川，最起码不会这么顺利。

在我们的生活中常见到这种现象：非常急切的买方，往往要付高一些的价钱购得所需之物；急切的销售人员，往往也是以较低的价格卖出自己所销售的商品。正是这样，富有经验的人买东西、逛商场时总是不紧不慢，即使内心非常想买下某种物品，也不会在商场店员面前表现出来；而富有经验的店员们总是会以"这件衣服卖得很好，这是最后一件"之类的说法劝诱顾客。

事实上，上述的做法都是有博弈论的依据的。在博弈理论上已经证明，当谈判的多阶段博弈是单数阶段时，最先开价者具有先发优势，而双数阶段时，第二个开价者具有后动优势。

对于任何谈判都要注意，一方面尽量摸清对方的底牌，了解对方的心理，根据对方的想法来制定自己的谈判策略。另一方面，就是要有耐性，谈判者中能够忍耐的一方将获得更多的利益。我们凭借直觉就可以判断，越是急于结束谈判的人会越早让步妥协，或做出更大的让步。在前面分冰激凌蛋糕的博弈中，如果考虑每一方谈判时间的价值，就可以在数学上严格地证明这一直觉的合理性。

这一策略完全可以转化为工作中的

小诡计。设想你在公司会议上做报告，在场的有些人与其说是同事，不如说是敌人。他们憋足了劲要对你的方案吹毛求疵。对付他们，你可以用这个方法：在会前发的提纲里，只简述主要内容，有意略去某些细节和解释。他们会以为你忽略了某些方面，并以你的这些缺点来攻击你。开会时，当他们扬扬得意地把那些问题提出来后。你可以马上打开投影仪，侃侃而谈，显得比投影屏幕都光彩夺目。于是你立刻成了大家心目中的英雄，对手们下次发难，就得三思而行了。

这个招数还可以用于别的情况。当你努力改变别人的看法时，比如应聘面试、商业谈判和资格面试等，都可以先假装糊涂，然后再旁征博引，把各种理据一一道来。

孩子们有时也会利用这个招数。他们先是"忘了"告诉你他们懂的东西，但在你没有料到的场合，却会突然说出那方面的知识，让你称赞一番。比如你为儿子开生日聚会，一切都顺利，参加聚会的孩子都很乖。当大家唱完生日歌，鼓掌祝贺的时候，你儿子却突然开始独唱生日歌，而且唱的是俄语！这让你大吃一惊，又暗自得意。你从来不知道儿子会唱俄语歌，更没有想到他敢在大庭广众之下露一手。

总之，在别人毫不提防的情况下，提供重要事实，或者表演绝招，都可以使你更引人注目。这是从讨价还价的博弈中引申出的智慧。

PART

03

等待成本

唐朝有个县令刚到任，便来到了一个小村子。

见到当地的村官，他问："你们这里的鸡蛋什么价啊？"

村官答道："一文钱三颗。"

这位县令便对村官说："替我买三万颗鸡蛋。"说完便掏出一万文钱来。接着又补充道，"鸡蛋太多了，我无法取走，劳烦你安排村中有母鸡的人家，帮我把这些鸡蛋孵成小鸡。"

村官自然不敢反抗，便把这些鸡蛋平均分给村里有母鸡的人家。几个月后，县令找到村官，问他小鸡孵出来没。虽然小鸡死了不少，但是他不敢这么说，只得说小鸡全部孵出来了。县令就问他，一只小鸡可以卖多少钱。他回答说，可以卖三十文。县令便要求他把小鸡卖了。他很无奈，只能按一只三十文的价钱，一共九十万文钱给了县令。

县令又来到另一个村，问当地的村官："你们这里的竹笋什么价？"

村官回答道："一文钱五根。"

县令拿出一万文钱来，对村官说："给买五万根竹笋，不过，我暂时不需要那么多笋，你就把它们种在你的竹园里吧。"

秋天的时候，竹子长大了，长大的竹子一根可以卖十文钱。村官接到县令的命令，卖掉竹子，并把钱给县令。村官无奈只得给县令五十万文，因为这些竹子有很多没有成活，村官不得不自己搭上了一些钱。

很显然，县令是很无耻的。他只投资了两万文，却赚到了一百四十万文。但是这中间的其他费用，却都是由村官及村民们分担的。以博弈论的观点来看，这就是减少了自己的等待成本，也就是"借鸡生蛋"。

讨价还价的博弈中，能坚持的最后一般会分到较大份额。各方在这个过程中必须猜测对方的等待成本，等待成本较低的一方，就能占到上风。对于自己来说，符合自身利益的做法就是宣称自己的等待成本很低。

我们看看下面这一段对话，就是在不断降低自己的等待成本，获得最大的利益。

"老板，这个多少钱？"

"68块！"

"68块？你抢啊，10块卖不卖！"

"你给50吧！"

"还是太贵了，15块！"

"我再让一点，45块，不能再少了！"

"我再加5块，20怎么样？"

"最低40，这基本是原价了。"

"最高30，不卖算了，我到别处看看。"

"35卖你，哎！我都不赚钱了。"

"那就35吧，还不赚钱？赚大发了你！"

从博弈论的角度来看，这是一个讨价还价的博弈。这是一场零和博弈，一方利益的增加就意味着另一方利益的降低。但是，双方的最终目的是希望达成某种协议，他们的利益也有一致的地方。于是，在达成协议的基础上，双方就会为自己争取最好的结果而努力。

不仅仅买方和卖方存在这样的博弈，在父母和孩子之间，也存在着讨价还价博弈。作为父母，他们希望引导孩子向他们期望的方向进步；但对于孩子来说，在父母的过分关爱之下，反而没有自己的选择，有一种被约束的感觉。这个时候，讨价还价的基础开始形成，父母希望孩子沿着他们安排的"光明大道"走，而孩子希望能"做回自己"。如此一来，双方就会经常发生类似下

面的讨价还价:

孩子:我下午出去玩一会儿。

母亲:不行,你作业写完了吗?你钢琴练了吗?你……

孩子们会用不同的方式来影响父母,促使他们改变决定;而父母也会用不同的方式让子女多学习,并让子女"前进"在自己为他们安排的道路上。

可以说,讨价还价是非常有趣的一种博弈,我们甚至可以说它是创造生活艺术的一种具体方法。

有一次,两名学者在外地开会,讨论完会议内容后已经很晚了。他们两人要返回酒店,便在街头找了一辆有牌照的出租车。上车后,他们告诉了司机酒店的地址。司机听他们的口音,立刻断定他们不是本地人。司机对他们说,我不打表,但我答应收你们的钱一定低于打表的数目。两人虽然有些疑虑,但还是同意了。

他们虽然没有反对,但他们却有疑惑:司机既然说收的钱比打表状态下要少,那么这个陌生的司机为什么宁愿收入少一点呢?怎么才能知道自己有没有多付车钱呢?虽然带着这些疑惑,但他们想:一旦他们到达酒店,他们就有了讨价还价的优势,更何况现在已经很晚了,再找一辆出租车是很困难的。

到达酒店后,司机说应该付30元。两个学者说,25元行不行。司机生气了,没等学者两人反应过来,就把车门锁上了。他竟然又按原路开了回去,到了两人刚才上车的地方,粗鲁地将他们推到车外。然后,司机一边发动车子,一边对着他们叫道:

"你们去找一个25元的车吧，看看打表25元能不能跑到酒店。"

他们等了一会儿，终于来了一辆出租车。这名司机是打表的，当表停在25的时候他们正好回到了酒店。

对于两位学者来说，花这么多的时间只省下5元钱，那肯定是不值得的。但是，我们从中却可以学到东西：面对一个不懂得讨价还价的对手，情况是很危险的，因为他可能选择两败俱伤，使双方都不受益。

两位学者还没有把握好讨价还价的时机，他们应该在下车之后再来讨论价钱问题，那么他们讨价还价时就不会这么狼狈了。

因此，通过改变我们与对手之间的位置，来创造一个对自己最佳的讨价还价优势，是很重要的。

PART
04

价格歧视

在希腊神话中，海伦是最美的女人，因此也拥有众多追求者，奥德修斯就是其中之一。海伦的追求者们为了避免冲突，相互商量出一个协议：由海伦本人来选丈夫，不管选的是谁，其他的追求者都不能反对，而且要支持她的选择，并保护她所挑选的男人。可惜的是，奥德修斯并没有被海伦选中，但他还是发誓要保护她。

海伦结婚了。没过多久，特洛伊战争爆发，海伦被绑到了特洛伊。海伦的丈夫找到那些曾经发誓要保护她的男人，要他们跟自己一起上战场，攻打特洛伊，救出海伦。但这时奥德修斯已经有美满的婚姻，而且儿子也刚刚出生，所以他并不想遵守他的誓言。而且，根据神谕的指示，假如他去打仗的话，20年都回不了家。所以，他根本不想和他们一起去救海伦。

希腊人果然找到了奥德修斯，要求他去救海伦。但奥德修斯装疯卖傻，以此来躲避他们的征召。希腊人几乎要放弃他了，因为发疯的奥德修斯在战场上将毫无用处。但帕拉米狄斯却对这件事起了疑，他认为奥德修斯是假装的。帕拉米狄斯将奥德修斯刚出生的儿子抱来，放在奥德修斯面前，看看他是否会伤害自己的孩子。当然，这是为了证明奥德修斯的头脑是否还是清楚的。如果奥德修斯伤害了自己的儿子，就证明奥德修斯确实疯了；如果他没有伤害自己的孩子，就证明他还是清醒的。奥德修斯本来就是假装的，他怎么可能伤害自己的孩子呢？所以，这个方法让他装疯的事情暴露无遗。

结果很明显，奥德修斯被逼无奈，只能和希腊的军队一起去攻打特洛伊。最后，希腊人战胜了特洛伊，但奥德修斯的结局被神谕应验了，他直到20年后才回到家乡。

之所以在这里讲这个神话故事，是因为这则神话故事中蕴含着关于博弈论的知识。有两个"奥德修斯"，一个正常，一个装疯卖傻。正常的奥德修斯和发疯的奥德修斯在行为上有明显的不同，这被帕拉米狄斯证实了。也就是说，利用自选择的机制，帕拉米狄斯让奥德修斯自动表现出自己的类型。

同一种商品，不同的客户去买，他们愿意付出的价钱是不同的。因此，对每个人都制定同样的价格会减少你的利润，所以大部分商家和机构对自己的产品都制定出不同的价格来提高自己的利润。这就是价格歧视。

假设有一种产品市价是20元，甲需要这种产品，而且条件也允许，他会毫不犹豫地买下这种产品。而乙也需要这种产品，但他只愿意付15元。假如现在你是这种产品的拥有者，而且卖15元依然赢利，那么你卖不卖呢？很显然，你不光会卖给甲，也会卖给乙。

下面我们从总的方面来看看价格歧视在生活中的应用，不管你是商家的负责人，还是消费者，都会对你有一定的帮助。

　　学生去看电影，只需出示学生证，就经常能买到打折票。假如你不是学生，就没有这么好的运气了，只能买原价票。为什么电影院会给学生比较低的票价？

　　假如我们把电影票的价格降低5元，那么看起来是电影院在每张降价票上损失了5元的利润，其实不然，因为这可以使卖出的总票数有一定的增加。也就是说，如果不降价的话，就没有这么多的人来看。而且对于电影院来说，根本无须付出什么成本，因为播放厅以及一些设备都是现成的，多一个人来看就等于多赚一份钱，何乐而不为呢？但是，作为电影院来说，他们并不知道降价后到底会多卖多少张票，因为这不是他们能决定的，这是由顾客的价格敏感度而定的。无论票价怎样变，有些客人依然会看，对于电影院来说，这些客人的价格敏感度就是很低。对于这些人，电影院方面希望他们都买原价的票，因为原价他们依然会来看。但是，有一部分客人的价格敏感度很高，他们很容易受到价格变化的影响，也就是你便宜我就看，不便宜我就不看。他们只有在电影票降价的时候，才可能去电影院看电影。所以，电影院对那些价格敏感度高的顾客打折；而对那些价格敏感度低的顾客，电影院还是会以原价来卖票。当然了，怎么区分这两种顾客是电影院面临的一个问题，因为我们无法区分两种顾客的现实区别：谁是敏感度低的人，谁又是敏感度高的人。

对于学生来说，昂贵的电影票价让他们望而却步，因为他们一般都没有收入。如果降低价格的话，或许可以令他们走进电影院。相对来说，大学生的空余时间比大多数的上班族要多，因此，如果有这种机会的话，学生们还是很愿意跑到电影院去看电影的。

作为一种教育机构，大学也经常会在学费上出现价格歧视。很多大学的学费都很高，不过，有一部分学生可以领取助学金，而其他大部分学生是付全额学费的。

相对于有钱人家的学生，家境贫困的学生更在意大学的学费。所以，对于价格的敏感度，贫困学生会比家境富裕的同学要高。比如现在有两个高考分数差不多的学生，两人几乎同样优秀，而且都考进了某学院。但是，他们两个一个有钱，一个没钱，没钱的几乎没有交学费的能力。如果学院只能给其中一位学生助学金的话，那么显然要给贫困的一个。只有这样，两位优秀的同学才能都来到这家学院读书。之所以不给家境富裕的，是因为就算不给，他依然能来学校读书。而困难的学生则不然，他可能因此到愿意为他出助学金的学校去，甚至因此辍学也是有可能的。

如果大学为某个学生提供为数可观的助学金，那么学校就会要求这个学生提供贫困证明，如父母的收入等。而且学校的这种助学金一旦落实到学生手里，是不能让给别人的。

学校实行价格歧视是很容易的，而对于企业来说，要进行这种价格歧视就比较困难。仍以上面的电影院为例，电影院决定对学生买电影票进行打折。但是，一些并不是学生的人士很可能给学生一点好处，让学生买打折票给自己。所以，企业实行价格歧视，一定要灵活运用，以不同的方式来决定哪些顾客值得享受打折的待遇。

那么企业是如何制定价格歧视的呢？自选择是企业常用的手段之一，它们常常以此来吸引不同的顾客。对待不同的顾客，它们会用不同的方式。企业在顾客自选择成不同的群体后，再通过价格歧视，以此来提高自己的利润。

优惠券就是很好的办法，它可以让顾客自选择成两组：一是对价格敏感的顾客；二是对价格不敏感的顾客。为了打折优惠，你必须忍受缓慢的结账排队。但是，优惠券能为价格敏感的顾客提供打折优惠，还能有效区分顾客。

有些优惠券就是发的传单，你必须花时间把这些搜集起来，因此，这等于是让顾客用时间来换取金钱。所以，那些时间比较充裕的人最喜欢用优惠传单。也就是说，最喜欢使用优惠券的人可以四处寻找商场的各种优惠传单。而对于一些商场来说，它们也喜欢把这些优惠券发给这些人。当然了，有一部分人并不在意优惠券，他们不管有没有优惠券都会买他们需要的商品。与那些有优惠券的相比，他们用了稍多一些的金钱买到同样的商品。这也是商场乐于看到的，如果人人都拿着优惠券，那反而不正常了。

在电影院，学生必须出示学生证明，以便将自己同其他顾客区分开来，享受学生票优惠；在大学里，助学金申请人提供父母收入等资料，以便将自己同其他学生区分开来，接受助学金。这两者其实都是一个分类的过程。而优惠券则是靠顾客自行分类，也就是靠自选择来区分顾客，使用优惠券的人基本是那些价格敏感度高的人。

为了从顾客身上获得最大的利益，同一种商品，面对不同的消费群要定出不同的价格。但是，你需要知道的是，对于每个顾客来说，他一定不希望自己买同样的商品比其他人多付钱。怎么克服这一难题要根据自己的经营方式，以及销售环境来定。

第十四篇

路径依赖
中的博弈

PART
01

马屁股与铁轨

四英尺又八点五英寸，这是现代铁路两条铁轨之间的标准距离。这一数字是怎么来的呢？

早期的铁路是由建电车的人负责设计的，电车所用的轮距标准就是四英尺又八点五英寸。那电车的轮距标准数字又是怎么来的呢？因为早期的电车是由以前造马车的人负责设计的，造马车的人显然很懒惰，直接把马车的轮距标准用在了电车的轮距标准上。那么，马车的轮距标准又是怎么来的呢？因为英国马路辙迹的宽度就是四英尺又八点五英寸，所以马车的轮距就只能是这个数字，不然的话，马车的轮子就适应不了英国的路面。这些辙迹间的距离为什么会是这个数字呢？因为它是由古罗马人设计的。为什么古罗马人会设计用这个数字呢？因为整个欧洲的长途老路都是由罗马人为其军队铺设的，而罗马战车的宽度正是四英尺又八点五英寸，在这些路上行驶，就只能用这种轮宽的战车。罗马人的战车轮距宽度为什么是这个数字呢？因为罗马人的战车是用两匹马拉的，这个距离就是并排跑的两匹马的屁股的宽度。

美国航天飞机燃料箱的两旁，有两个火箭推进器，是用来为航天飞机提供燃料的。这些推进器造好之后，是用火车来运送的。途中要经过一些隧道，很显然，这些隧道的宽度要比火车轨道宽一点。由此看来，铁轨的宽度竟然决定了火箭助推器的宽度。我们在上面已经提过，铁轨的宽度是由两匹马屁股的宽度决定的，这么说，美国航天飞机火箭助推器的宽度竟然与马屁股相关。

这只是现实生活中的一种普遍的现象，而在博弈论中，我们称之为"路径依赖"。

1993年诺贝尔经济学奖的获得者诺思提出了"路径依赖"这个概念，即：在经济生活中，有一种惯性类似物理学中的惯性，一旦选择进入某一路径（不管是好还是坏）就可能对这种路径产生依赖。在以后的发展中，某一路径的既定

1.435m

方向会得到自我强化。过去的人做出的选择，在一定程度上影响了现在及未来的人的选择。

路径依赖被人们广泛应用在各个方面。但值得注意的是，路径依赖本身只是表述了一种现象，它具有两面性，可以好，也可以坏，关键在于你的初始选择。在现实生活中，报酬递增和自我强化的机制使人们一旦选择走上某一路径，要么是进入良性循环的轨道加速优化，要么是顺着原来错误路径一直走下去，直到最后发现一点用处也没有。

一家公司的十几位白领，上班的地方是一间约100平方米的办公室，他们很平静地在这里工作着，每天重复着上班下班的生活。

但是，一个人打破了这种平静。其实他自己觉得没做什么，但在同事们看来，他却做了一件不可思议的事：他在整齐划一的办公桌之间的隔板上加了一块纸板，这样看起来，他的座位隔板比左邻右舍高出了一节。他并没有选择在上班的时间加那块纸板，而是选择在下班之后。

同事们第二天上班时发现了那块纸板的存在。

他们一致抗议：这块加高的纸板打破了整个办公室的协调与统一，影响这间办公室的美感。看他们反对时的神态就知道，这块纸板不仅伤害了他们的感情，而且还损害了他们的利益。他们说，这块纸板是与众不同的东西，不适合放在办公室里，它的存在是对周围环境的破坏。

公司的一个领导来到公司时，也发现了这个变化。这事不在他的管辖范围之内，他也并不在这间办公室里工作，但他还是对这个变化做出了"指示"："好好的，为什么要加一块板呢？不要搞特殊。"不过，他也只是说说，并没有要求即刻拆除。同事们都说不该这么做，但谁都没有采取暴力手段将之拆下来。

在这之后的几天，大家还是这么议论着，但已不像开始那么激烈。一周之后，基本没人再提起这件事。再后来，同事们已经习惯了那块起初被视作眼中钉的纸板，并渐渐地习以为常。那么，既然这块纸板并不影响他们，他们当时为什么还要强烈地反对呢？难道真的是因为纸板破坏了办公室的美感？就算是，它所产生的美学破坏力应该是极小的。但是，这块纸板却反射出社会的群体被个体冒犯后要付出怎样的代价。

在博弈论中，有一个进化上的稳定策略，是指种群的大部分成员采用某种策略，上面的故事就很好地反映了这个策略。对于个体来说，最好的策略取决于种群的大多数成员在做什么。

在稳定策略中，存在着一种可以称为惯例的共同认识：大众是怎么做的，你也会怎么做，有时你也许不想这么做，但最后还是和大家的做法一样。而且，在大家都这样做的前提下，你也这样做可能是最稳妥的。因此，稳定策略几乎就是社会运行的一种纽带、一种保障机制、一种润滑剂，从某种意义上说，它就是社会正常运转的基础。

现在你可以想象一下：当所有其他人的行动是"可预计的"，那么在这个时候，你的行动也会是这样。这也就是说明：有时候你是机械地根据一种确立的已知模式来选择，而不是用自己的理性来选择。

在上述的例子中，没有纸板就是大家共同认定的一种惯例，而现在你加了一块纸板，那么你就打破了这个稳定策略。你的实际行动让过去的惯例产生了偏离，所以，遵守这个惯例的同事们开始反对你。其实，当时加一块纸板并不影响别人，他们之所以反对就是因为稳定策略。

春秋时，齐国相国管仲陪同齐桓公到马棚视察。齐桓公见到马夫，便问他："在这里做工还习惯吧，你觉得马棚里的这些活，哪一样是最不好做的？"

养马人一时不知如何回答。一旁的管仲便代他回道："其实我以前也做过马夫，依我看，编拦马的栅栏这个活是最难的。"

齐桓公奇怪地问道："何以见得？"

管仲说道："在编栅栏时，所用的木料往往是有曲有直。选料很重要，因为木料如果都是直的，便可以使编排的栅栏整齐美观，结实耐用。如果一开始就选用笔直的木料，接下来必然是直木接直木，曲木也就用不上了。如果是曲的就不行，假如你第一根桩时用了弯曲的木料，或者中间误用了曲的木料，那么随后你就会一直用弯曲的木料，笔直的木料就难以启用，那么编出来的栅栏就是歪歪斜斜的。"

如果从一开始就做出了错误的选择，那么后来就只能是一直错下去，很难纠正过来。管仲说的是编栅栏的事，但是，他也为我们提供了一些信息，管仲所说的话实际上就是稳定策略的形成过程，也就是被后人称为路径依赖的社会规律。

香蕉从哪头吃

社会上有许多这种路径依赖博弈，当然有好的、积极的一面；但也有不好的一面。所以，当社会上有不良的风气时，政府部门就要起到监管作用，并将这些不良的"路径"引导到正轨上来。

其实，路径博弈除了有好的和坏的之外，还有一种情况，它不好也不坏，我们暂时称之为"中立"的路径博弈。

在一次采访中，一位美国在华投资人说："一般来说，美中两国的习惯有很多不一样的地方，以吃香蕉为例：中国人总是从尖头上剥，而美国人吃香蕉是从尾巴上剥的。虽然有差别，但这种差别并不妨碍两国关系。而且两种吃法都没有错，不能说从尖头吃就不对，也不能说尾巴那一端开始剥是错的，习惯不一样，不一定就非要谁必须改变对方。"

其实许多事情都是这样，有的人喝咖啡喜欢加糖，有的人偏偏喜欢咖啡的苦涩。你不能说谁是错的，只是每个人的习惯不一样而已。所以，在现实生活中，当别人没按你的方式做某件事情，但他还是顺利地完成了，不要责怪人家方法不对，说不定人家在心里也是这样说你。

有两个人，一个懒惰，一个勤劳，他们各养了一条金鱼。懒惰者虽懒惰，但金鱼还是能养好的，和勤劳者不同的是，他一月才为金鱼换一次水，而勤劳者基本是每天换一次水。有一天，懒惰者注意到勤劳者竟然一天换一次水，他便觉得自己太懒了，怎么能一个月才换一次水呢？于是，他也学勤劳者，改为一天换一次。但是，他的金鱼第三天就死了，因为它适应不了频繁地换水，以前都是一月一换的。这里并不是要让你像懒惰者一样懒，主要是强调当一种无害的路径博弈形成时，就不要尝试改变了，除非它是有害的。

香蕉可以从两头吃，我们为什么要改变自己剥香蕉的方式呢？有时候不妨先试试换个角度去想，要不要改变自己的想法？这些想法是有意义的吗？

日常生活中存在着种种惯例，也就是我们平时所说的规范。这些规范不像种种法律法规和规章制度那样是一种正式的、由第三者强制实施的硬性规则，只是一种非正式规则，一种非正式的约束，但是，它巨大的影响力时刻影响着我们的生活。

这些稳定的规范支配着我们的生活。早起我们洗脸刷牙，你要是不洗脸和刷牙有没有错？没有错。我们都在12点左右吃午饭，你要是不在这个时间段吃行不行？可以……我们可以不这么做，但我们还是这么做了。

稳定策略能提供给博弈参与者一些确定的信息，所以在社会活动中，它就能起到节省人们交易成本的作用，例如格式合同。

格式合同又称为标准合同、定型化合同，是指当事人一方预先拟定合同条款，对方只有两个选择：完全同意和不同意。所以，对另一方当事人而言，必须全部接受合同条件才能订立合同。格式合同在现实生活中很常见，车票、保险单、仓单、出版合同等都是。这种契约和合约的标准文本就是一种稳定策略。

如果没有这种标准契约和合约文本，就等于你每次坐长途汽车前都要找律师起草一份合约，坐船和飞机也都是如此……如果是这样的话，那么你一辈子就如同活在这些简单的合同里。

不过，有时候一些习惯的改变却可以带来意想不到的效果，当然只限于那些可以改的习惯。

有一份实地调查报告，是关于客户流失的调查。结果显示，客户流失主要由两个原因造成：一是商家不愿经营本小利薄的产品，从而使一些顾客转到别的商家购买；二是商家的服务质量差。

在现实生活中，当你要买彩电、洗衣机、冰箱之类的家用电器时，到任何一家商场都能买到。可要是买几个螺丝钉，或者纽扣、针线之类的小物品，就算跑遍周边的各大商场都没有卖的。最后，自己不得不专门去一趟卖这些小商品的批发部。这样的情况，很多人遇到过。这是因为许多大型商场销售的产品是按能赚取的利润来安排的，赚取的利润高就能上架，而一些本小利微的便民商品就看不到了。

实际上，如果商家有创新的思维模式，自己多弄几样本小利微的小件物品是有好处的。因为在大家的日常生活中，虽然平时购买本小利微的商品的顾客寥寥无几，但是，只要商家店里有这些东西，便会给消费者留下一种很亲切的感觉。在大商厦里，如果能摆设几个像家庭主妇喜爱的针线纽扣之类的柜台，无论是对消费者，还是对商场来说，都是有利的。因为这些小的商品可以增加你的客流量，那些专门来买这些小物件的顾客来到大商场里，不会只买这么一个小物件就回去吧，他们既然来了，肯定还会看看别的物品。所以，虽然这些小的商品利润不高，但有它们在，别的物品就卖得更好了。如果你能这么做，那么和别的卖场相比，你的企业的良好形象就在无形之中树立起来了。

如果因循守旧，那做同一件事的代价只会越来越大。

因此，不管是个人还是企业，都要尽早发现自己的潜力。因为，如果某项技术被先开发出来，而且已经开始投入使用了一段时间，那么就算你的技术比前者更好，恐怕也不如前者卖得好。因此，我们在做一些技术研究时，不仅要研究什么技术能适应今天的需要，而且要考虑什么技术最能适应未来。

PART

03

超速行驶

　　有一次，一位家在城市的作家去乡下亲戚家做客，在田间看到一位老农。老农正在拴一头大水牛，奇怪的是，水牛只是被他拴在一个小木桩上。

　　作家就上前问老农："大伯，木桩这么小，您不怕它跑掉吗？"

　　老农笑道："不会的，我一直都是这么拴的，它从来没有跑过。"

　　这位作家有些迷惑地问："水牛只要稍稍用点力，这么一个小小的木桩就能被它拔出来了。您说水牛没有跑过，是真的吗？"

　　见作家不解，老农笑着说："我说它不会跑，这是有原因的。这头水牛还是小牛的时候就被拴在这个木桩上了，每天如此。它刚被拴在这里的时候，确实想着挣脱，左转转右转转。但它那时力气小，折腾了一阵子后，还是在原地打转，后来就放弃了挣脱的念头。当它长大的时候，它的力气已经足够挣脱木桩了，但它有了小时候的教训，却再也不跟这个木桩斗了，它认为小时候没挣脱，长大了一定也挣脱不了。"

作家问道："那您怎么知道它长大了也不会想着挣脱小木桩呢？"

老农说："有一次，我拿着草料来喂它。因为当时我有急事，还没到它附近就把草料放下离开了，我当时没想到它脖子够不到那里。过了一会儿，我去看水牛有没有吃完，结果发现草料还是放在那个地方，一点也没动。而水牛此刻睁着一对大眼望着那些草料，还时不时地叫上两声。我本以为它肯定会挣脱木桩去吃草的，但它没有这么做。"

作家这才明白，原来束缚这头水牛的是它的思维定式，而并不是那个小小的木桩。

如果水牛被老农拿着鞭子用力抽两下，如果水牛试着去挣脱一下木桩，如果……它就会获得自己想要的自由。我们可以有多种假设它会挣脱木桩的束缚。但事实证明，成年后的水牛已经不再去挣脱木桩。

这一做法包含着很深刻的博弈论智慧，那就是路径依赖博弈。下面我们结合一个现实生活中的博弈来理解这种智慧。

在这个博弈里，一个司机的选择会与其他所有司机发生互动。

《中华人民共和国道路交通安全法》等法规规定：车辆的行驶速度不能超过一定的限度，而这个速度的数值在高速公路和在城区是不一样的。以北京市为例：在二环、三环和四环路内的车速不能超过80公里/小时；长安街、两广大街、平安大街、前三门大街限速为70公里/小时；五环以外（包括五环）的车速不能超过90公里/小时；京津塘高速路的限速为110公里/小时；机场高速路最高限速为120公里/小时。假如车辆超速，视情节轻重相应地给予罚款、记分直至吊销驾驶执照的惩罚。

你在这种规定之下怎么选择自己的行驶速度呢？

假如所有的人都在超速行驶，那么你怎么做？你也要超速。原因如下：一是驾驶的时候，与道路上车流的速度保持一致才能安全。在大多数高速公路上，假如别人的车速是70，而你的车速是50，你想想会出现什么后果。二是假如别人都在超速行驶时，你跟着其他超速车辆基本不会被抓住。所谓法不责众，难道交警能让这些超速的车全部停到路边处理吗？只要你紧跟道路上的车流前进，那么总的来说，你就是安全的。

反过来，如果越来越多的司机遵守限速规定，那上述的情况就不会出现。这时，如果超速驾驶的话是很危险的。试想一下，你比别人开得快，那就意味着你需要不断地在车流当中穿来插去，这样不仅很容易出事，而且被逮住的可能性也很大。

在超速行驶的案例中，事情朝着两个极端发展：要遵守规定就都遵守规定；要超速就都超速。因为一个人的选择会影响其他人，当这一选择达到一定的数量时，你这个选择就是对的。假如有一个司机超速驾驶，那么他旁边的司机就会心动：要不要跟上？假如旁边的司机选择跟上，那么后面的司机也会考虑……假如人人超速驾驶，谁也不想成为唯一落后的人；假如没有人超速驾驶，那就谁也不会第一个出头，因为那样做没有任何好处。

某家电公司的高层主管们正在会议室为自己新推出的加湿器制定宣传方案。

在现有的家电市场上，加湿器的品牌有许多种，竞争非常激烈。为推销自己的产品，每一个商家都奇招频出，大力宣传自己的品牌。所以，要想在这样的情况下，将自己的加湿器成功地打入市场是很困难的。会议室里的主管们都沉默着，因为他们毫无办法。

一个新任主管打破了沉默，他说："如果非要在家电市场做宣传，我也没有什么好的方案，但我们一定要局限在家电市场吗？"所有的人都愣住了，等待着他继续说下去。

"我曾看过我老婆做美容用喷雾器，当时就想，如果把我们的加湿器定位在美容产品上，效果会不会更好？"

总裁听完眼睛一亮，站起来兴奋地说道："不错，这主意真不错！我们就以这样的方式推销加湿器！"

方案有了，实施起来就不会太难。在他们新推出的加湿器广告中有这样的话：加湿器，给皮肤喝点水。就这样，作为冬季最好的保湿美容用品，加湿器正式出现在市场上。新的加湿器一上市就成功地抢占了市场，并取得不俗的销量。

在竞争日益激烈的家电销售市场中，每一种品牌都想提高自己的知名度，办法也是层出不穷。在这种情况下，如果你依然在家电市场中苦苦支撑，那么就算你能坚持得住，也要付出较大的代价，而且效果也不好。

给自己的产品寻找一个新的角度，重新为自己的产品定位。上述家电公司的这一全新理念为自己赢来了一个新的市场，新的利润渠道。这样的创新不仅使他们避开了竞争激烈的家电市场，更重要的是使消费者重新认识了加湿器，也成功地推销了自己的产品。

挣脱路径的束缚

春秋时期，楚庄王任用政治家孙叔敖为令尹。在他的治理之下，楚国的实力不断增强。国力增强了，与他国的冲突是免不了的。所以，楚国必须相应地提高军事实力。而在春秋时期，作战用的战车就是军事实力的表现之一。楚国民间的牛车底座很低，坐矮车已经是楚人的习惯了，但这种矮车不适合做战车。楚庄王打算下令提高车的底座。孙叔敖说："如果您想把车底座改高，不一定要下令，'令'多会使民众不知所措。君上只要下令让各个地方的城镇把街巷两头的门槛提高就可以了。乘车的人不可能过门槛而频繁下车，因为他们都是有身份的君子，只要我们这样一改，他们很自然就会把车的底座随之加高。"

庄王没有发布政令，听从了他的建议，由官府机构开始，统一改造高车乘用，放弃了底座低矮的车。同时，在大小城镇的街巷两头设一较高的门槛，矮车通行时会被卡在那里，靠人推才能通行，只有高车才能通过。过了一段时间，全国的牛车底座都加高了。

从路径依赖理论可以知道，人们一旦做了某种选择，惯性的力量会使这一选择不断自我强化，并在头脑中形成一个根深蒂固的惯性思维。久而久之，在这种惯性思维的支配下，人终将沦为经验的奴隶。

这也是路径博弈有消极一面的原因。因此，我们这个时候就不能再和别人一样，一切都按照"规矩"来。我们要改变这种"规矩"，换个角度看问题，也就是要转换自己的思维方式。

零售店有两种冰激凌，它们的配料和口味以及其他方面完全相同，不同的是，一块比另外一块更大一点，如果你买大一点的，是不是愿意比买小一点的多付一些钱呢？

毫无疑问，你一定同意多付一些钱，只要是理性的人都会是这种判断。人们在买质量好一点的东西时，他们宁愿多付一些钱。但是，现实生活中的我们并不一定总能分清到底是哪个大，哪个小。

我们把上述的两种冰激凌装入两个杯子中，一杯冰激凌是400克，装在可以盛500克的杯子里，所以这时的杯子是不满的；另一杯冰激凌有350克，但却装在能盛300克的杯子里，看上去都快要溢出来了。两个杯子里的冰激凌价格都是一样的。亲爱的读者，如果是你的话，你会选择哪一杯呢？

如果人们喜欢杯子，那么500克的杯子也要比300克的大，就算冰激凌吃完，还可以用杯子盛别的东西；如果人们喜欢冰激凌，那么400克的冰激凌比350克多。无论上述哪一种情况，都是选择不满的那一杯划算。

但是，经过反复的实验证明：最终选择350克的人占大多数。

有时候，人在做决策时是用某种比较容易评价的标准来判断，而并不是去计算一个物品的真正价值。在冰激凌实验中，大部分人的选择就缺乏理性的思考。"冰激凌满不满"就是我们判断优劣的根据，我们以此来决定给不同的冰激凌支付多少钱，这种思考方式使我们花费更多的钱却买到了更少的东西。而一些商家就是抓住这一点来促销的：

麦当劳里的冰激凌整个是螺旋形的，看起来冰激凌高高地堆在蛋筒之外，感觉很多、很实惠，但几下就吃完了。肯德基的薯条也有大小包之分，大家都说买小包最划算，其实只是因为小包装得满满的。如果真的算起来，买小包还是不如买大包划算。人们总是非常相信自己的眼睛，但我们的眼睛却被生活中的一些"这是满的"外表所迷惑了，实际上仅仅用眼睛来选择东西是不可取的。

为了能够对这个问题了解得更清晰，我们再看看一个餐具实验。现在有一家正在清仓大甩卖的家具店。你看到两套餐具，其中一套是这样的：汤碗8个、菜碟8个、点心碟8个，一套共24件，每件都是完好无损的；另外一套餐具：包含上一套的24件，而且与前面说的完全相同，它们也是完好无损的，除此之外，还有8个杯子和8个茶托，其中2个杯子和7个茶托是破损的，加起来一共40件。实验的结果是：人们宁愿花120元买第一套，也不愿意买标价是80元的第二套，但是第二套又确确实实比第一套划算。

为什么会这样呢？要知道与第一套餐具相比，第二套多出了6个完好无损的杯子和1个完好的茶托，但我们为什么在它的价格比第一套还低的情况下，仍不愿意花钱买走它呢？因为这套餐具破了几个，已被消费者归入次品行列，人们要求它廉价是理所当然的。这就是我们生活中的"完美性"概念。在销售商品的过程中，商家往往利用人们的这种心理偏差所做的选择来出售商品，获得更大的利润空间。所以，作为消费者的我们就要注意了，不要落入"完美的陷阱"。

商家不仅会利用我们追求完美的观念，还会利用我们认为次品必廉价的心理。有一次，大刘陪朋友一起去买家具，看到一套家具很漂亮，遗憾的是柜子上有一块漆破了。家具行老板说："这个柜子你们要的话，按半价。"朋友很是心动，问大刘有没有意见，大刘说我们先到别处看看，要是没喜欢的，再回来买下它。结果他们在别的店了解到，原来那个柜子的原价只有老板所标的一半，也就是老板把这个柜子的价格升了一倍，然后再以半价卖。

许多喜欢淘二手物品和有破损但又不影响其价值的人就要注意了，有的商家会把这类物品先提价，然后再以折扣很低为诱饵把东西卖给你。所以，我们在"淘宝"时要尽量了解物品的原价。

我们不能就这么活着，我们要改变自己。确实是这样，如果今天只是对昨天的重复，那么生活还有什么意思呢？许多人会这么说，但这似乎很难做到，问题的关键是我们必须变换思维，用不同的方式去考虑问题。

在无法改变生存的外在环境时，我们可以适时改变一下思路，转换自己的思维。只要我们的选择是理智的，就有可能开辟出一条崭新的成功之路。世界上的事物都不是一成不变的，我们不要使自己的思维方式僵化，僵化的思维会对人的生存和发展造成阻碍，是你成功路上的绊脚石。

第十五篇

营销中的博弈

降价并非唯一选择

　　近些年来商场之间进行价格战已经成为一种趋势，这种促销方式屡试不爽。常人一般认为价格越低，就越受消费者的欢迎，商品的销量便会越大。其实这是一种误区，产品的价格、销量与利润之间的博弈关系远非我们想的那样简单。

　　20世纪70年代，索尼电器完成了在日本市场的占有之后大举进攻海外市场，但是却不理想，尤其是在电器消费大国美国市场内，其经营业绩更是可以用"惨淡"二字来形容。为了找出其中的原因，索尼海外销售部部长卯木肇亲自到美国去考察市场。到美国之后卯木肇来到了有索尼电器出售的商场中，当时就惊呆了。在日本广受欢迎的索尼电器，在美国的市场中像是被抛弃的孩子，被堆放在角落里，上面盖满了灰土。卯木肇下定决心一定要找出其中的原因，让索尼电器在美国就像在日本一样大放光彩。

　　经过研究，卯木肇发现了其中的原因所在。在此之前，索尼电器在美国制定的营销策略一直是大力降价，薄利多销。索尼花费了巨额的广告费在美国电视上做广告，宣传索尼电器的降价活动。没想到弄巧成拙，这些广告大大降低了索尼在美国人心中的地位，让人们觉得索尼电器价位低肯定是因为质量不好。因此导致了索尼电器在商场中无人问津。看来这个降价策略完全是失败的。价格不过是消费者购买电器的标准之一，质量相对更重要一些，图便宜买劣质家电的人也有，但是相当少。因此，卯木肇当时最需要做的便是改变索尼的形象。但是这些年给消费者形成的坏印象怎么可能一下子就改变呢？对此他愁闷不已。

一次偶然的机会，他看到一个牧童带领着一群牛走在乡间小路上。他心想，为什么一个小牧童就能指挥一群牛呢？原来这个小牧童骑着的正是一头带头的牛，其他牛都会跟着这头牛走。卯木肇茅塞顿开，想出了自己挽救索尼在美国市场的招数，那就是找一头"带头牛"。

卯木肇找到了芝加哥市最大的电器零售商马歇尔公司，想让索尼电器进入马歇尔公司的家电卖场，让马歇尔公司充当"带头牛"的角色，以此打开美国市场。没想到的是马歇尔公司的经理不想见他，几次都借故躲着他。等到他第三次拜访的时候，马歇尔公司的经理终于见了他，并开门见山地拒绝了他的请求，原因是索尼电器的品牌形象太差，总是在降价出售，给人心理上的感觉像是要倒闭了。卯木肇虚心听取了经理的意见，并表示回去一定着手改变公司形象。

说到做到，卯木肇立刻要求公司撤销在电视上的降价广告，取消降价策略，同时在媒体上投放新的广告，重新塑造自己的形象。做完这一切之后，卯木肇又找到了马歇尔公司的经理，要求将索尼电器在马歇尔公司的家电卖场中销售。但是这一次经理又拒绝了他，原因是索尼电器在美国的售后服务做得不好，如果电器坏了将无法维修。卯木肇依然没有说什么，只是表示自己回去后会着手改进。卯木肇立刻增加了索尼电器在美国的售后服务点，并且配备了经过专业培训的售后服务人员。等卯木肇第三次来到马歇尔公司的时候，这位经理又提出了一些问题。卯木肇发现对方已经开始妥协，于是用自己的口才和诚意说服了对方。对方允许他将两台索尼彩电摆在商场中，如果一周内卖不掉的话，公司将不会考虑出售索尼电器的任何产品。

这个机会的争取实在是不容易，卯木肇下定决心一定要抓住。他专门雇了两名推销员来推销这两台彩电。最终，两台彩电在一周之内全部卖了出去，开了一个好头。由此，索尼电器打开了马歇尔公司的大门，马歇尔公司成为索尼电器的"带头牛"。有了这样一个强有力的"领路人"，其他家电卖家纷纷向索尼敞开了大门，开始出售他们的产品。结果在短短几年之内，索尼电器的彩电销量占到了芝加哥市的30%。以后这种模式又迅速在美国其他城市复制。

这个故事告诉人们，解决企业营销方面的难题要先诊断，然后对症下药。降价策略并不是每次都会管用，有时使用不当甚至还会弄巧成拙，不但解决不了问题，还会被人说成便宜无好货。

古时候有位商人非常有经济头脑，他发现驿站旁边的一条街上有几家饭馆生意特别好，于是他也在这里开了一家。但是饭馆开业之后，他发现了其中隐藏的问题。原来这些饭馆表面上生意红火，其实去吃饭的顾客都是回头客，如果饭菜价格同其他饭馆相同的话，自己根本没有任何优势。若是自己降价的话，势必会引起一场价格战，这样几家饭馆都赚不着钱，还得罪了同行，得不偿失。那该怎么办呢？他研究了一下市场，发现其中吃饭的人多为做苦力的。这些人饭吃得多，菜吃得少。于是他对症下药，将店里菜的分量减少了一点，而米饭的分量却增加了不少。原先盛饭用的小碗一律换成了大碗，其实饭和菜的总成本并没有增加。

　　这样，这家店的顾客逐渐增多，几个月下来每天来这里固定吃饭的人有几十个。但是这个商人并不满意，他又想出了一招。他发现这些来吃饭的人由于工作原因吃饭时间不稳定，有的人上午就已经歇工了，但是必须饿着肚子等到中午才吃饭；有些人中午工作不能停下，等到下午下班的时候饭馆不供应饭菜了，要么就得等到晚上一起吃，要么就让别人中午帮他们买好，但是到了下午饭菜一般都凉了。于是这位商人推出了全天服务，将一天开饭时间由三次增加到六次，除了原先的早中晚各一次，在上午、下午和晚上再增加一次。这种经营模式立刻受到了顾客的欢迎，原先别家的老主顾也被吸引了过来。就这样，这家店的生意日益红火，没过几年就将隔壁几家饭馆全部兼并了过来。

　　由此可见，降价并不是营销策略中唯一的选择，还有可能是最坏的选择。作为消费者我们是接受甚至欢迎价格战的，因为消费者是受益者，相当于"鹬蚌相争，渔翁得利"中的那个渔翁。但是，从长远来看，这并不一定是一件好事。现实生活中，恶性的价格大战让一部分企业倒闭，让一些品牌消失。或许我们购买一台降价冰箱的同时，正在加速这家冰箱厂的倒闭脚步，而这里面的工人说不定就有你我的亲戚或者朋友。由此来看，降价并不是一个好的营销策略。而在产品质量和开发上多下工夫，努力打造高新产品才是企业的生存之道。

时刻监视你的对手

　　《孙子兵法·谋攻篇》中说："知彼知己，百战不殆；不知彼而知己，一胜一负；不知彼，不知己，每战必殆。"意思是战争中了解自己，了解敌人，则一定会取得胜利；只了解自己的情况，不了解敌人的情况，胜负各有一半的希望；若是既不了解敌人的情况，也不了解自己的情况，结局注定失败。这其中的道理不仅适用于战争，商战中也同样适用。

　　知彼知己，不但要知彼，还要知己。只有正确了解了自己的情况，才能做出最符合自己的决策。

　　鬣狗非常清楚自己的自身条件，它们知道自己没有狮子一样强壮的体魄，没有豹子风一样的速度，没有鳄鱼那样锋利的牙齿，没有狐狸那样的耐心。所以，它们选择了最适合自己的生存之道，那就是群攻和捡拾别的动物吃剩的动物腐肉。它们选择好目标之后，会进行分工。比如它们打算进攻一匹斑马，有的去咬住斑马的脖子，有的咬住斑马的肚子，还有的咬住斑马的后背，无论斑马怎么连蹦带跳，它们死也不松口，直至斑马倒下。如果没有机会进攻对方，它们便会利用敏感的嗅觉去寻找狮子和豹子吃剩的动物残肢。总之，它们非常了解自己的能力，并依此做出生存的选择。虽然这种生活看上去有点狼狈，但对于它们来说却是最好的选择。

做到了解对手和了解自己之后，我们还要了解市场。当年海湾战争爆发之前，一家家电企业从中嗅到了商机。中东地区是全球石油的主要产区，这里如果发生战争，则石油价格肯定会大幅攀升，而生产家电需要的聚苯乙烯来自于石油，石油价格增长，聚苯乙烯的价格必定会增长。于是，这家企业大量购进聚苯乙烯。不久之后，海湾战争爆发，国际油价大幅攀升，石油的各种副产品，包括聚苯乙烯也大幅涨价。这时很多家电企业才反应过来，大肆购进聚苯乙烯，但是这时的价格已经非常高了。战前购进聚苯乙烯的这家企业，光是凭借原材料涨价这一点，就赚了几百万。由此可见，对市场的了解以及信息敏锐度的重要性可见一斑。

一位农夫用自己多年的积蓄买下了一片土地，并打算在上面种上果树。可是他发现这片土地除了野草什么都不长，更不用说果树了。更令人生气的是，这片土地上非但不长植物，野草丛中还有大量的蛇洞，到处可见蛇的踪影。农夫的妻子非常伤心，打算将这片地低价卖掉，另谋生路。而这位农夫则整日喜笑颜开，仿佛中了大奖一样。原来农夫知道养蛇是一项非常有前景的产业，但是投资大，养殖难。这下可好了，自己失去了果园，但是得到了一个天然的养蛇基地，甚至不用自己去管理。

就这样，农夫开始在这个天然的养蛇基地大量饲养蛇。农

夫将蛇皮卖给了制作乐器和皮鞋的厂家，将蛇肉卖给饭店。经过当地媒体的宣传之后，很多人专门跑到他这里来参观，他又趁机在这里开了一家饭店，没过几年便过上了富裕的生活。

假设农夫不知道市场上有蛇的需求，只把它看作是一种可怕的动物，结局可能就会是将这块地贱卖掉。而了解市场信息之后，这块地一下子由荒地变成了聚宝盆。这是一个抓住市场信息，变劣势为优势的典型案例。

在经济高速发展、竞争日益激烈的今天，企业之间的较量扩展到了各个方面。除了资金、产品质量、人才之外，商业情报的竞争也显得非常重要。当今各行业中的佼佼者的情报工作都做得非常好，这已经成为一个企业发展的基本能力。如何去收集对自己有用的情报，并且加以分析，从中提炼出对自己有用的信息，已经成为摆在很多企业面前的一份很重要的课题。能否解决好这个问题，关系着企业日后的发展，甚至存亡。

信息最重要的是要真实，因此，收集对方和市场的信息时要做到客观，不能凭自己的主观思想去猜测和判断。正确的信息带来正确的决策，找到敌人的弱点或者自己的优势，这样市场的形势就能做到了然于胸了。

PART
03

尊重你的上帝

　　打动消费者是所有生产和销售的最后一环，也是最重要的一环，是商品和服务转化为价值的所在。所以，我们经常会听商家说"顾客是上帝"。满足顾客的需要，让顾客得到实惠，这不仅是对顾客的尊重，也会为自己带来更多的收益。经营者要有长远的眼光，将顾客的利益同自己的利益紧密联系在一起，这样就会时刻提醒自己，为顾客提供更好的服务。而顾客体会到了你的付出，便会回报于你。这是一个互惠互利的过程，也是一个相互尊重的过程。

　　我们在前面提到过这样一个故事：一个人打算将路边的灌木丛砍掉，结果这些灌木丛中住着的几群蜜蜂，便纷纷来阻拦。第一群蜜蜂哀求说不要砍掉灌木，那样的话它们就无家可归了，看在它们为农场里的蔬菜传播花粉的份上，饶了它们吧。这个人心想，没有你们照样有别的蜜蜂传播花粉，所以还是将这群蜜蜂所在的灌木砍掉了。等砍第二丛灌木的时候，里面的蜜蜂对农夫说若是敢来砍它们的灌木，它们就会实施报复。这个人不以为然，照样去砍这丛灌木，结果便是蜜蜂出来蜇人，这个人被蜇疼了之后恼羞成怒放火烧了这丛灌木。当这个人来砍第三丛灌木的时候，里面的蜜蜂对农夫说："你肯定不会砍这丛灌木，也不会烧这丛灌木，这种傻事你肯定不会做。"这个人感到纳闷和好奇，便问为什么。蜜蜂说："我们这里有这么多的蜂蜜，我们自己喝都喝不完。你可以拿去喝，也可以拿去卖，给你带来的好处远远大于几捆柴火。"听完蜜蜂的话，这个人放弃了砍掉灌木丛的计划。

这个故事体现了交往中可采用的3种策略：示弱求饶、积极抵抗、合作共赢。毫无疑问，第三种选择是最好的，这种关系同样适用于营销者和消费者之间。恳请顾客可怜你来买你的，强制顾客接受你的服务都是不可行的，只有与顾客合作，才能实现共赢。你为顾客提供质优价廉的商品和服务，顾客便会成为你公司的忠实消费者，归根结底是相互尊重。

如何提供让顾客满意的服务，这是每一个公司都在思考和实践的一个问题。总结成功公司的经验，为顾客提供的服务应该具备一个特点，那就是全面性。最新的产品在没有上市之前便要进行售前服务，让顾客免费试用，这既能做到很好地宣传，又能激发顾客的购物欲望。当产品上市之后，可以帮助客户对商品进行参考，提供免费包装、送货上门等服务。最后售后服务也非常重要，尤其是家电以及高档商品，让顾客感到选择你的产品是一件非常有保障的事情。为自己建立起一种责任感，为客户建立起一种信任感。

提供完善的优质服务，尊重客户，这便是戴尔公司成功的秘诀。戴尔公司的创办人是迈克尔•戴尔，他从小便极具商业头脑。在念大学的时候，戴尔对电脑产生了兴趣，靠改装和升级电脑为自己挣够了学费。

1984年，还在上大学的戴尔便注册了一家公司，自己做老板，专营装配电脑。两年之后，戴尔公司发展成为了一家拥有400名员工和7000万美元收入的大型公司。发展至今，戴尔公司已经成为世界上著名的电脑公司之一，产品畅销全球各地。在总结戴尔成功的原因时，很多人认为最主要的是戴尔的直销模式。其实，这不过是外在的原因，真正的原因是戴尔"一切为客户"的经营理念。

之所以选择直销的营销方式，戴尔公司的出发点也是为了更好地为客户服务。直销就意味着针对每一个客户提供服务，这样的服务更体贴、更周到，同时做到了零库存。零库存能为企业带来更大的利润空间，戴尔公司则把这些空间转化为更好的服务和给客户的让利空间。戴尔公司花费在顾客身上的时间远远大于花费在研究对手身上的时间。

要想让客户感受到尊重，最有效的方式便是提供有针对性的服务。到浪漫的西餐厅去吃一顿烛光晚餐与去食堂吃一次大锅菜，享受到的服务是不一样的，前者有专人服务，后者则没有。在售后服务方面，戴尔立志做到让客户最满意。针对大客户，戴尔公司甚至派出专门的技术人员长期驻扎，提供最及时的服务，在第一时间解决问题。在一对一的服务过程中，客户和公司充分交流，既将公司的信息准确传达给了客户，又收集了用户和市场上的信息，做到了真正的双赢。

在竞争激烈的电脑行业，戴尔的生存法则不算是秘密，但是很少有企业能做到。国内知名家电生产厂家的营销培训课上，主讲人员至少会拿出一半时间来讲对手的缺点。如果寄希望于顾客对别人都失望之后来选择你，那你肯定是被动的。就像赛跑中一样，你若想胜出，要么是自己跑得很快，要么是想办法让别人跑得很慢，前者当然是最好的方法。

人在很多方面是非常感性的，尤其是在消费方面。我们身边经常会发生这种事情，那就是一个人原本没打算买东西，只是想去商场随便逛一下，结果出来的时候，手里大包小包的东西都拿不过来了，这种人以女性为主。对消费者来讲，这是一种不理性的购物方式，但是对于商家来说其中包含着很多商机，那就是顾客在消费的时候是很感性的，完全可以用优质的服务和高明的营销手段争取到这个客户。生活中，很多人的消费行为是到了商场之后做临时选择，可能想好了要买某一样东西，但是没有想好要买哪个品牌。这个时候，哪一家能提供更好的服务，便能争取到更多客户。服务与商品的质量同样重要，甚至比商品的质量还要重要。品牌不同的同一种商品如果价位相同，质量也不会差得太远。而且质量是在使用过程中才会发现的问题，最重要的是先让消费者选择你的产品，否则质量再好也无人知晓。

总而言之，企业要想增加盈利，要想有一个更好的发展，就一定要尊重客户。而尊重客户最重要的体现便是提供优质的产品和服务。服务要全面和周到，要有诚意，这样便会将更多的消费者发展成为自己的客户，从而实现共赢。

PART

04

为什么要做广告

以前，人们经常能够发现货郎挑着装满各种物品的担子，在街头巷尾大声吆喝。这种方式非常简单，只要张嘴就可以，而且因为这种吆喝声很有特色，所以能够吸引很多人来买他的东西。其实，货郎的吆喝就是一种广告，而且这种广告方式已经具有几千年的历史了。但是，随着科技的不断发展，以及人们对各种物品的需求不断扩大，这种传统的广告方式渐渐退出了历史的舞台。

如今，更新颖、更具有科技含量、更能被消费者接受的广告出现在各种媒体上。无论是电视、报纸还是网络，到处都能看到广告。根据资料显示，一个美国人从睁开眼睛起床到闭眼睡觉，每天要接触到的广告达到1500条以上。这是一个多么令人恐怖的数字啊！这意味着很多人们不愿意或者没兴趣了解的广告强行进入他们的耳朵，给他们的生活带来烦恼。同样，中国人每天也要面临着很多广告，尤其是电视剧演到高潮的时候，突然插进来一则广告非常让人气愤。有时打开电脑想要浏览新闻，页面突然弹出一个广告窗口也让人很反感。

其实，企业在营销过程中为产品做广告无非是想通过各种传播媒介告知消费者，让广大消费者去购买产品。很多企业误以为，多打广告就能让消费者更了解自己的产品。但实际情况并不是这样。很多研究表明，只有那些出色的、有创意的广告才能够与消费者的兴趣、审美观念等方面相契合，从而在众多的广告中脱颖而出，被消费者所接受和喜爱。美国费城百货创始人约翰·华纳梅克曾经这样说道："我知道我的广告费有一半是浪费掉的。"为什么会出现这种情况？这是因为企业在打广告时并没有做充分的市场调研，而且广告策划也不够严谨。成功的广告策划一般包括两个关键因素，一是别出心裁的创意，一是新颖别致的发布形式。不论广告的内容是什么，如果能够做到这两点，就必定能够成功。

　　比如广为人知的"恒源祥，羊、羊、羊"广告，就因为巧妙地把恒源祥这个企业品牌与企业的核心产品羊绒联系在一起，向消费者表达了恒源祥集团为消费者提供最好的羊绒制品的专业化形象。这则广告的成功之处还在于，它能够一直坚持下来，在消费者的心目中形成了一种理念，让消费者对这个品牌充满了信心和期待。

　　同样，美国的一个汽车广告也因为做到了上述几点而大获成功。这则广告分为3个镜头，第一个镜头是，在一个安静的图书馆里，走廊两边坐满了读书的人，一辆小汽车从走廊中缓缓驶过，读书的人完全没有察觉，依然在安静地读书。这个镜头向消费者传达出汽车噪音非常低的特点。第二个镜头是一位理发师在一辆疾驰的汽车车厢里为别人理发，旁边还有一位工艺师在专心地制作钻石首饰。这个镜头向消费者传达了汽车驾驶平稳的特点。第三个镜头是一辆小汽车在前行的火车上奔跑，后来汽车加速向火车头部开去，掉到地上后依旧快速地行驶。这个镜头向消费者传达了汽车行驶速度快的特点。这则广告向消费者传达的汽车的3个特点正是消费者最为关心的，所以受到了消费者的好评，这款小汽车也因此而热销。

一则出色的广告一定是与产品相得益彰的，如果不能根据产品自身的特点来做广告，那么广告不但无法让消费者接受，反而会适得其反，受到消费者的广泛批评。

恒源祥根据市场调查发现，很多年轻的消费者认为恒源祥是一个专为中年成熟男人打造的品牌，根本不适合年轻的消费群体，这就使得恒源祥无法受到年轻消费者的接受和认可。品牌消费群体老龄化已经成为恒源祥的突出问题，如果不能够解决这个问题，那么它的市场占有率将会受到严重影响。恒源祥为了在年轻的消费群体中实现突破，想了很多的办法，最后在2005年12月，借成为北京2008年奥运会赞助商之机，把用了十几年的广告语"恒源祥，羊、羊、羊"换成了"恒源祥，牛、牛、牛"。

虽然恒源祥的目的是出于市场考虑，想扩大消费群体，使自己的产品能够为更多的消费者所接受，但是却犯下了严重的错误。本来"恒源祥，羊、羊、羊"的广告语与企业的产品密切相关，而且显示了恒源祥打造民族品牌的决心，况且，这个品牌形象经过十多年的推广，已经深入到消费者的心里，成为受到广大消费者尊重的品牌。但是，"恒源祥，牛、牛、牛"

这句广告语虽然出于攻克20岁到40岁之间的年轻一族的目的，但是这句广告语并不能体现出年轻人追求的时尚、流行等观念。还有，它会让消费者误以为恒源祥改做牛绒了，消费者在看到这则广告语的时候，会产生一种心理误差。而且，恒源祥经营多年的品牌形象也在消费者的心里轰然倒塌。

其实，广告的体现方式是多种多样的，很多企业只注重在各种传播媒介上大打广告攻势，但是大多数企业却忽略了一个非常重要的方面——产品包装。很多时候，产品的包装可以与消费者做面对面的直接沟通，成功的包装设计可以让商品轻易地达到自我销售的目的，从而为企业带来更多的利益。

在20世纪80年代后期的美国啤酒市场上，啤酒企业之间的竞争非常激烈，安豪斯·希公司和米勒公司等巨头企业因为生产经营等方面的优势，占据了绝大部分的市场份额，很多小啤酒企业在竞争中败下阵来，最后只得退出市场。在这个时候，出产于宾夕法尼亚州的罗林洛克啤酒却主动出击，后来凭借在产品包装上下功夫而赢得了市场。在罗林洛克啤酒的包装箱上，印着放在山泉里的绿瓶子。而这种啤酒的瓶子正是绿色的，所以就能够给消费者一种独特、有趣的感觉。这种包装广告让更多的消费者对这种啤酒产生了兴趣，所以罗林洛克啤酒虽然无论从规模、水源等方面都无法与安豪斯·希公司和米勒公司等大型啤酒企业相比，但是却凭借产品包装方面的广告，在激烈的美国啤酒市场中占据一席之地，为小啤酒企业争了一口气。

在市场竞争日益激烈的条件下，广告已经成为企业营销的一种重要的手段，如果企业做出既有创意又能够让消费者乐于接受的广告，那么就能够成功地树立企业的品牌，从而吸引更多的消费者购买自己的产品。

第十六篇

博弈是一场信息战

简历

报喜与报忧

2002年10月8日，瑞典皇家科学院宣布该年度的诺贝尔经济学奖由美国乔治梅森大学的弗农·史密斯和普林斯顿大学的丹尼尔·卡内曼获得。

获奖者之一丹尼尔·卡内曼并非经济学家，而是普林斯顿大学的心理学教授。一位出色的心理学家却获得了诺贝尔经济学奖，这难免让人感到疑惑。瑞典皇家学院就此给出的理由是："丹尼尔·卡内曼将来自心理研究领域的综合洞察力应用在了经济学当中。尤其是在不确定情况下的人为判断和决策方面做出了突出贡献。"

在传统经济学中，所有的理论都是以"人是理性的"这一假设作为逻辑基础，把理性和精密的数学模型作为最基本的研究方式。丹尼尔·卡内曼和合作者阿莫斯·特维斯基则变换了研究的切入点，他们从心理学的角度出发，通过各种现实例证通过人们的心理反应和体现出的行为特征，对经济学中的现象展开研究。最终，他们在20世纪80年代初提出了"前景理论"（也称"期望理论"），开辟了经济学研究的新领域。

卡内曼和特维斯基的观点是怎样的呢？卡内曼和特维斯基通过研究认为，在现实生活中并不存在纯粹的理性人，即人经常处于非理性的状态。人们在了解到基本信息后，通常不会考虑真实的情况，而是根据某项简单的信息做出自己的决策。简单说来，就是人们会只看到外在的信息而忽视本质，为外表付出更多。正是由于人们的这种行为，才导致了传统经济学理论在某些时候和现实情况之间存在着某些偏差。

假设甲的面前有A和B两个房间。A房间内有一台价值5000元的电视机，B房间摆放着价值8000元的冰箱。只要进入房间就可以获得屋内的物品。不过，甲只有一次选择的机会，A和B不能同时都选，只能选其一。而且选择A房间就可以直接进入房间，选择B房间的话，需要先回答一道智力题，答对才能进入房间。

在这样的条件下，如果你是甲，你会做出什么样的决定呢？大多数人都会毫不犹豫地选择A房间。很显然，这是因为选择进入A房间没有任何附加的智力题，不存在任何风险。虽然B房间内的物品价值比A房间的高，但是回答智力题存在一定风险。所以，毫无风险的A房间就成为大多数人的选择。

另一个实验，如果你的投资失败了，面前同时有两个挽回方案A和B。采用A方案肯定可以挽回一半的损失，B方案则带有不确定性，有机会挽回所有的损失，也可能损失得更多，两种情况的概率各占50%。比较两种方案后，A方案虽然无法完全挽回所有的损失，但是风险几乎为零。B方案的确有50%的机会可以挽回全部损失，同时也有50%的可能会血本无归。那么，你会选择哪种方案呢？最终，实验数据显示有85％的人选择了B方案。

在第一个实验中，因为是以获得利益为前提，人们的心理是稳中求胜，不愿冒风险，在做出决策时也会异常小心，所以大多选择不具备任何风险的A房间。在第二个实验中，针对已经形成的损失，人们为了补救已形成的局面，便不惜冒风险，化身成为"冒险家"。

卡内曼与特维斯基还曾在研究中做过一个著名的疾病实验：

假设有一种比较罕见的疾病，染病后会导致死亡。该疾病暴发后有1000人患病。针对该疾病，医院准备了A和B两种抢救方案。

第一种描述方法：采用A方案可以救活300人，采用B方案有机会救活所有的人，但概率只有30％。在这种描述信息下，大多数人都选择采用A方案。

第二种描述方法：采用A方案会导致700人死亡，采用B方案，一个人也救不活的概率是70％，仍有30％的概率救活所有人。在这种信息下，更多的人选择了B方案。

在这个实验中，人们很显然把"存活"看作是一种收益，把"死亡"看作是损失。而且，在相同的收益和损失面前，人们对于损失更加在意。

通过上述实验，我们就可以很好地理解前景理论中所包含的两个基本定律：

第一，面对收益的时候，人们往往会选择回避风险；面对损失的时候，人们往往会偏向于选择风险。

第二，等量的损失和收益给人们带来不等量的感受。简单来说就是对于同样的利益，因获得而带来的快乐远不如因失去而带来的痛苦。

人类兼具感性和理性，也就是说人的理性是有限的。日常生活中的人们总是会受到各种因素的影响，产生感情和情绪的波动，影响到个人的决策。所以，即使是同样的信息，只是改变描述的侧重点，通过不同的传递方法，就会让人们获得不同的感受，产生截然不同的效果。所以，在传递信息的时候一定要讲究方式方法。

假如把前景理论的观点应用到博弈中，我们就能够在信息的传递方面有所依据。那么，怎样才能达到最好效果呢？

美国的萨勒教授和约翰森教授经过研究，根据前景理论提出了传递信息时的4点建议：

（1）如果要向他人传递几个坏消息，应该将它们一起公开。

（2）如果要向他人传递几个好消息，应该把它们单独公开。

（3）如果要向他人传递两个消息，一好一坏。不过好消息不太重要，而坏消息却事关重大的话，应该将两条消息分别公开。

（4）如果要向他人传递两个消息，一好一坏，而且好消息非常重要，坏消息无关紧要的话，那么应该同时公开两个消息。

每个人都有一定的承受极限，我们常说一连串的打击容易让人崩溃，而且火上浇油和雪上加霜是最令人厌恶的行为。所以，假如我们有几个坏消息的时候，把消息合起来表述的伤害要小于一个接一个的表述方式。比如说，你在股市中损失了5000元，接着又把手机弄丢了。回家后，最好两个消息一起告诉家人，这样他们所承受的只是一次坏消息的打击。如果分开说，那么就是两次打击。而且人们对痛苦更敏感，分开说所带来的伤害更大。所以，坏消息应该一起公开。

假如你的工作受到老板的赏识，升职又涨了工资，前一天买的彩票又中了头等大奖。如果你把这两个好消息一起告诉家人，他们感到的幸福感只有一次，而且其中一条好消息的幸福感会被弱化。假如这两个好消息，分两次告诉他们，那就是锦上添花，他们便会获得两次快乐。两次的幸福感之和必定大于一次幸福感。所以，如果是几个好消息，倒不如分几次传递出去。

如果信息的内容有好有坏，那么就要根据消息内容的重要程度选择公开的方式。假如你有一个大的好消息和一个小的坏消息时，应该把两个消息同时公布。比如，你在股票交易中赚取了1万元，但是你不小心把电脑弄坏了，维修费花了1000元。那么，这两条消息就可以同时告诉家人，因为1000元的损失和1万元的收入相比，它所带来的痛苦可以被1万元收益所带来的幸福感完全抵消掉。同理，假如你在股市交易中，只赚取了1000元，却丢失了价值1万多元的笔记本电脑，那么这两条消息就应该分开公布。这样一来，即使遭受了损失1万元的痛苦，家人依然可以享受到赚取1000元所带来的幸福感。如果两个消息一起公布，那么1000元带来的幸福感就会被1万元的痛苦感完全抵消。

根据前景理论和传递信息的4点建议，我们了解到如何才能让人们遭受最小的打击，获得最大的幸福感。同时，我们如果反其道而行之，就会获得与此截然不同的效果。所以，我们可以通过上述理论和原则，在博弈中根据自己的需要，制定相应的信息传递策略，采取适当的方式来传递信息，达到预期的目的，从而在博弈中取得最终的胜利。

在当今这个竞争激烈的社会中，无论是刚刚离开校园、踏入社会的毕业生，还是社会上的求职者，"找一份好工作"是他们心中迫切的渴望。对于求贤若渴的用人单位来说，他们也渴望找到最好的员工，为自己的企业服务，创造更多的效益。求职者希望获得更多用人单位的信息和情况，用人单位希望了解求职者的真实信息以及相关的工作能力。于是，求职者和用人单位之间的信息博弈就此展开。

在这场博弈中，求职者了解到用人单位的信息后，向其提供自己的个人资料。用人单位发布招聘信息，向广大求职者传递自身的信息，然后接收承载求职者信息的应聘简历。博弈双方都同时兼具了信息传递者和信息接受者的双重身份。

不过，在实际招聘过程中，求职者从用人单位那里获得的信息量远远少于自己向其传递的信息量。这一现实情况使用人单位在这场博弈中占据了主动，向用人单位传递怎样的信息，如何传递自身的信息，就成为求职者在博弈中取胜的关键。

首先，求职简历上的个人信息应当真实可信、简单扼要、突出重点。

投递个人简历是求职者向用人单位传递信息的第一步，也是最为关键的一步。个人简历上涵盖了求职者的所有基本信息。

简历上有关学历文凭、资格认证书等内容的信息一定要真实可靠。因为学历文凭和各类资格证书本身就是一种信息。通常情况下，接受教育的程度与能力成正比例，也就是说，受教育的程度在一定程度上体现了求职者的能力水平。用人单位可以此作为了解求职者能力情况的标准。

简历

如果在学历或是某行业的资格认证上不符合用人单位的要求，我们可以寻找符合要求的职位，或是日后通过努力弥补这方面的差距。切忌虚构自己的学历证明或是各种资格的等级认证书。因为即便这些虚假证书现在帮你获得了职位，一旦在日后的工作中被识破了谎言，必定会遭受更大的损失，不仅会失去个人的信用和名誉，还有可能失去已经获得的工作机会，甚至会影响到自己将来的事业发展。

除此以外，简历的内容还应该简单扼要。内容太多不仅会使阅读简历的人抓不住重点，感到厌烦，而且不利于信息的传递，有时候言辞上的不当，或是表达内容的不合时宜，甚至会向用人单位传达错误的信息，造成反效果。通常情况下，用人单位最关心的内容是求职者的学历、工作经验等方面的情况。求职者只要在简历上根据这几点，把自己的信息罗列清楚就可以了。

简历也是求职者推销自己的平台。为了突出自己的优势，求职者可以针对应征职位的工作内容，在简历中描述自己的特长或是以往工作中的具体案例，以此向用人单位传递自己的实力和竞争力。

现在，有很多求职者在简历上除了用各种证书武装自己外，还在简历的外表上进行包装，费尽心机设计花哨的简历封面，或是制作彩色简历。这些举动无非是想抓住用人单位的注意力，传递"自己与众不同"的信息。不过，这种做法需要具体问题具体分析，有的时候这种做法会锦上添花，有的时候却会产生画蛇添足的反效果。

一份信息真实、简单明了、层次分明、针对性强的求职简历，会是一块优秀的敲门砖。它将帮你敲开用人单位的大门，把你送入下一轮博弈——面试。

就求职者和用人单位而言，面试是两者之间面对面的较量。在这场较量中，求职者依然处于弱势。求职者在面试过程中的一举一动、一言一行都在传递着自身的信息。用人单位可以从中了解到求职者简历以外的信息，如道德修养、人格品质等。基于这一点，求职者一定要在面试前做好充分的准备。

首先，面试时的个人形象要干净整洁，着装要合乎时宜。

假如你不修边幅，一副邋里邋遢的形象，那么对方得到的信息就是你这个人不善于管理自己。一个连自己都管理不好的人，怎么会管理好自己的工作呢？假如你应征的是外企的一个职位，却穿着一身运动服去面试，那么不合时宜的着装就在向用人单位传递着"你缺乏准确的判断力"这样一种信息。

其次，保持一颗平常心。

通常情况下，人的内心状态会通过言行表现出来。急躁的心态会让人的言行显得毛毛躁躁，不稳重。紧张的心情会让人手足无措，言行失常，无法表现出自身真正的水平。这些信息一旦被用人单位的面试官接收，就会成为对你评价的标签，直接影响到面试的结果。另外，用人单位要求你参加面试，说明已经在一定程度上认可了你的能力。所以，调整好心态，以一颗平静、自信的心去应对面试中的各种问题，这样才能向用人单位展现出自己的实力。

再次，注意面试中回答问题的方式。

在面试中，用人单位一般会提出与工作有关的若干问题。针对对方的提问，即便是自己在面试前已经准备好类似问题的答案，也不要急于回应，更不要抢答。如果对方一提出问题，你不假思索就说出自己的答案，对方就可以从中得出这样的信息：一方面说明你提前做了充分的准备，一方面也说明你的应变能力可能不够好，思维僵硬。假如除了回答对方提出的问题，你又补充了自己其他的情况作为答案的一部分，则会让对方认为此人习惯自作主张，甚至会留下"此人可能不服从管理"的印象。如果对方提出问题后，你回答问题前稍加思考，整理好自己的语言后才做出回答，对方就会认为你善于思考，思维清晰，行为谨慎稳重。这样的信息自然会为你赢得这次面试增添筹码。

此外，用人单位可能还会提出一些听起来比较苛刻的条件，或是与面试主题无关紧要的问题。这种情况往往在传递一种信息：用人单位想以此考察求职者某方面的能力。

一字失战机

在商业街上有一家经营砂锅面的小面馆，因为砂锅面的口感好，分量又足，所以每到吃饭时间就有很多人前来就餐。有时候，等着吃面的人甚至在店外排起了长队。后来，在这家小面馆旁边又开了一家面馆，想从小面馆丰富的客流量中分得一杯羹。结果事与愿违，小面馆门前依然客流如潮，旁边的这家面馆门前却是冷冷清清，很少有人光顾。

这天，有位先生来到小面馆后发现排队吃饭的人太多。因为时间关系，他决定到隔壁的面馆里就餐。这位先生发现这家面馆不只做面，还有各种口味的砂锅米粉。于是，他点了一份米粉，味道还十分可口。他便问面馆的老板："你们家既然有味道这么好的米粉，为什么要叫作面馆呢？"面馆老板一听，恍然大悟，立刻把店名改作米粉馆。没过多久，米粉馆的客人越来越多，生意也越做越好了。

在前面章节的论述中，我们了解到刻意散布错误的信息，会干扰对手的决策，使自己获益。假如我们在传递信息中出现了失误，传递了错误的信息，那么就会对自己造成损失。故事中米粉馆的老板就出现了这样的失误。

在这个故事中，米粉馆的老板把饭馆的名字叫作面馆，是一种"沾光"的心理，想借助人们对隔壁小面馆砂锅面的青睐给自己的生意带来固定的客源。但是，他忽略了一点：小面馆经营的砂锅面在得到了大量顾客的青睐后，"面馆"已经在很多顾客心中形成了确定的指向性。也就是说，小面馆砂锅面的质量已经得到很多顾客的认可。即使隔壁也是面馆，也做面，人们还是在小面馆门前排队等着就餐。

而且，饭馆的名字本身就是一种信息，人们有时候可以从名字中获知饭馆的经营范围。例如，人们看到"兰州拉面馆"，就知道拉面是这家饭馆的主营产品。从故事的后半部分我们得知，除了面食，这家饭馆还经营有砂锅米粉。所以，米粉馆老板把自己的饭馆起名叫作面馆，就向顾客传递了错误信息。

后来，在名字改为米粉馆后，既有别于小面馆，也通过店名向顾客传递了"主营产品是米粉"的信息。这样一来，就引起了顾客的注意，形成了自己独特的客源。加之产品的质量很好，生意自然就火爆起来了。

米粉店的老板在信息传递失误后，通过改名的补救措施，挽回了之前的损失。但是，有些因信息传递错误而造成的损失则是无法挽回的。

博弈是一个非常复杂的过程。博弈信息在传递的过程中存在着很多不确定的突发状况，也会受到各种因素的影响。一旦信息传递出现了失误，无论所造成的损失是否可以挽回，都将会影响到我们已掌握的博弈优势，甚至导致博弈结局出现变化。所以，我们只有从源头上进行控制，努力提高信息传递的成功率，才有可能避免这一情况的发生。

学会保密

"君不密则失臣，臣不密则失身，机事不密则害成，是以君子慎密而不出也。"说这句话的人是孔子，出自《易经》。意思是说："君王说话不慎密，就会失信于臣子。臣子说话不慎密则会招来灾祸。重要的事情不慎密则会造成祸害。所以，君子说话时要谨慎守密，不要乱说话。"孔子说这句话是在着重强调保守秘密的重要性。

其实，孔子的话并不难理解。我们常说即使是面对最亲密的朋友，也应该保留自己的秘密。在自己的对手面前，我们会让自己全身武装，始终保持着警惕。在朋友面前，我们会因为坦诚和信任而在不自觉当中放松自己，袒露出自己隐藏起来的一面。因此，很多人都说最痛苦的事就是被朋友背叛。正因为彼此了解，熟悉对方的弱点，一旦对自己关系亲密的人出手，必定直击要害。所以说，与人交往中，切记"防人之心不可无"。

为人处世尚且如此，那么，在"信息决定一切"的博弈中，信息保密的重要性就更非同一般了。

在南北朝时期，南朝的宋文帝刘义隆在位30年，在国事上兢兢业业，励精图治，社会稳定。而且，他还很有学识，通晓经史，颇有谋略。可以说，刘义隆算得上是位好皇帝。不过，他的人生结局却不太好，并非寿终正寝，而是死在了自己儿子刘劭的手中。刘义隆被害时，年仅47岁。

　　当时，身为太子的刘劭表现很好，不仅颇有政绩，还曾带兵出征抗击北朝的侵犯。只是有一点，刘劭太想做皇帝了。为了早一天登上皇位，他私下里经常和自己的亲信们求神拜鬼。为了让父亲刘义隆早点归西，他连用小木人诅咒自己父亲的巫蛊手段都用上了。

　　后来，刘义隆知道了刘劭的所作所为后，气急败坏地决定要废除刘劭，另立太子。于是，刘义隆就暗地里指示亲近大臣到处搜罗刘劭的罪证。一旦证据收集完毕，就把刘劭以及一干党羽全部处死。没曾想，这天刘义隆酒后失言，让当时守在身边的潘淑妃获知了他处置太子的计划。

　　潘淑妃听后惊恐万分，因为自己的养子刘浚正是太子刘劭的亲信之一。潘淑妃随即把消息秘密地告诉了刘浚。刘劭和刘浚等人得知刘义隆的打算后，决定提前下手，带着东宫的两千卫士直接冲进了刘义隆的寝宫。刘义隆双拳难敌四手，最终做了刘劭的刀下鬼。刘劭则即刻登基，圆了自己的皇帝梦。

　　由于计划一直在暗地里进行，加之太子刘劭并不知道父亲要对付自己，刘义隆在这场父子之间的博弈中掌握着主动权，处于上风。假如一切能按照原定的计划进行，那么历史就会是另一个样子。正是由于宋文帝趁着酒兴一时口快，泄露了自己的秘密，让原本已经是板上钉钉的事情出了差错。不仅煮熟的鸭子飞了，最终还丢掉了自己的性命。

事实上，会泄露信息的不只是语言，人的行为举止、神态、反应等都会成为泄露信息的途径。

春秋末年，晋侯势衰，晋国的权力分别落在智伯、韩康子、魏桓子和赵襄子四位卿大夫的手中。由于智伯才干过人，势力很快赶超了另外三家，成为四卿之首，最终独揽晋国的政权。

公元前455年，智伯以赵襄子拒绝进献封地为由，联合韩康子和魏桓子共同出兵讨伐赵襄子。赵襄子退守到城防坚固的晋阳，坚守不出。智伯等人的联军久攻不下，最后智伯根据晋阳所处的地理位置，掘开了晋水的河堤，把河水引向晋阳城，水淹城池。

智伯的这一计策却让韩康子和魏桓子分别联想到了自己封地的情况。韩康子封地的都城是平阳，位于泫水河畔。而魏桓子封地的都城设在安邑，紧邻汾河。眼看赵襄子就要被打败了，智伯今天可以水淹晋阳，难保他日不用这个方法对付自己。两人想到这一点，不禁吓出了一身冷汗。

当时，在智伯身边有位谋臣一直在观察这两位卿大夫。这位谋臣随后便私下里提醒智伯，要小心韩康子和魏桓子联手背叛他。智伯问他有什么依据。这位谋臣说："按理说，水淹晋阳后，消灭赵襄子便近在眼前。赵襄子一死，三家便瓜分他的封地以及财富，这是值得高兴的事。可是两位卿大夫脸色发白，额头冒汗，脸上一副心事重重的表情，不见丝毫喜悦之情。这表明两人心中有了别的想法，已经和您不是一条心了。"

智伯听后，虽然觉得有理，但是并没有太过在意，甚至还把此事当作笑谈讲给韩、魏二人听。韩、魏二人心惊不已，对智伯的防备之心愈加严重。

刚好当天晚上，赵襄子派自己的谋臣张孟谈改变装束后秘密出城，找到韩、魏二人，向其摆明利害关系，打算说服二人与赵襄子联手。此事正中两人的心意，三人一拍即合，商定计策，决定里应外合共灭智伯。

第二天夜里，韩、魏二人派兵杀死河堤守卫，将晋水引向智伯军队的大营。赵襄子则率军趁机从城中杀出，三方夹击。智伯被赵襄子所杀，智氏家族惨遭灭族。最终，晋国被韩、赵、魏三家瓜分。

如果我们抛开历史，仅从博弈信息的角度来进行分析，我们会发现在这个故事中，泄露信息的不止智伯一个人，还有韩、魏二人。他们二人在无意识中从神态上泄露了自己内心的真实想法，所以才被智伯的谋臣察觉。智伯暴露信息则是因为口无遮拦，假如智伯谨慎些，不曾把此事对韩、魏二人提起，这二人就不会如此痛快地决定与赵襄子合作，或许二人考虑到智伯的实力，会直接拒绝张孟谈的提议。那么最终就不是三分晋国，而会是智氏家族成为晋国的新主人。

博弈中信息的独享性是保证信息效用的必要条件。一旦信息不再具有独享性，成了众所周知的内容，那么信息在博弈中所具有的效用以及给博弈者带来的优势，就会大打折扣，甚至会起到反作用，成为博弈者的"七寸"。所以，聪明的博弈者不仅会守口如瓶，紧闭自己的嘴巴，还会严格控制自己的神态、行为举止，做事谨慎稳重，尽可能达到"潜龙在渊"的状态，从而在博弈中取得优势。

信息传递有成本

雄孔雀开屏时，尾部带有五色金翠线纹的长羽毛完全展开，流光溢彩，色彩斑斓，十分美丽。不过，雄孔雀艳丽的羽毛不太符合自然界的生存法则，因为羽毛的色彩过于鲜艳不易隐藏自己，容易被天敌发现，过长的羽毛也不利于平时的行动。事实上，在自然界的各类物种中，雄性外表美丽的情况并不少见。这是为什么呢？

根据科学家的研究，在雄性外表美丽、雌性外表一般的物种中，雄性的外表越美丽，就意味着其自身的条件越优秀，能够让雌性产下优良的后代。因此，雌性选择配偶的标准就是雄性的外表。以孔雀为例，假如一只雌孔雀面前有两只雄孔雀。两只雄孔雀便会展开自己的尾羽，展示自己美丽的外表，以此向雌性传递"我很优秀"这样一种信息。通常情况下，雌孔雀会选择那只尾羽较长、色彩最鲜艳、羽毛最丰厚的雄孔雀作为自己的交配对象。所以说，孔雀开屏是一种传递求偶信息的行为。

不过，艳丽的羽毛在自然界中不利于隐蔽，很容易引起天敌的注意，雄孔雀在向雌孔雀传递信息的同时也有遭到其他动物或是人类捕杀的可能。也就是说，雄孔雀这个传递信息的行为带有一定的风险，是要付代价的。

人类社会中的信息传递行为也是有代价的。商家通过各种传播媒体投放广告就是有偿传递信息的典型例子。

在商家和消费者之间，消费者对产品信息只能通过商家的介绍来了解。所以，从博弈信息的角度来说，商家通过媒体投放广告是一种传递信息的行为。同类产品总是存在生产成本和质量上的差异，成本低的产品在某种程度上就意味着质量不高、价格低廉。在消费者不了解产品信息的情况下，价格必然成为消费者选购产品的重要标准。这样一来，质量较好的产品会因为价格因素而被质量较差的同类产品所淘汰。所以，真正了解产品真实情况的商家就有必要通过广告，向消费者传递自己产品的相关信息，最大范围内获得消费者的认同，增强自身在该行业内的竞争力。

但是，无论什么样的广告，都需要商家投入资金。以宣传单式的广告为例，广告设计、纸张、印刷以及散发传单的人员等，每一个环节都需要资金支持，只有这样，广告才能顺利地让消费者看见，实现对信息的传递。

随着广告数量的增加，人们渐渐对广告失去了以前的好奇心理，甚至产生了厌恶情绪。为了抓住消费者的眼球，商品的基本信息不再是广告向消费者传递的主要内容。现在的广告把消费理念作为传递信息的重点，并以此来引导消费者。这就导致了名人代言广告现象的大量出现。

一个人被称为"名人"，只能说他具有较高的知名度，被很多人所熟知，他的言行会引来众人的关注。不过，这并不意味着他就具有对自己代言的产品进行评判的资格。商家邀请名人代言自己的产品，是为了借助名人对公众的影响力，利用公众在潜意识中跟风的心理，来引导消费者购买自己的产品。商家邀请名人代言某种产品，意味着要为此付出一笔开销作为代言费。名人的知名度越高，代言费就越高。例如，姚明在进入NBA两年后，通过产品代言广告所获得税前收入就高达1300万美元以上。

对于公众来说，通过这种形式的广告至少可以从中获取商家所传递的三条信息：

第一，商家愿意花费大量的资金邀请名人为该产品宣传，说明商家对该产品极为重视。

第二，名人具有一定的公信度，名人代言某种产品就是商家的一种承诺，表明该产品的质量非常可靠。

第三，该商家资金充足，具有一定的实力，在某种程度上值得信赖。

对于商家来说，这样的广告可以提升自身在消费者心中的地位，同时也能确立自己产品在同类产品中的主导地位，降低竞争压力，击败一些低档次的产品模仿者。而且，产品最终的实际收入远远高于前期在信息传递上的投入。商家何乐而不为呢？

具有实力的商家在尝到这种信息传递的甜头后，就会考虑进一步扩大信息传递的范围。于是，"央视'黄金资源'广告招标总额破百亿"这种情况就出现了。

近些年来，中央电视台在每年的11月份召开有关下一年度黄金时段的广告招标会。《华尔街日报》把这个年度广告招标会称为"品牌奥运会"，一些经济学家甚至把其看作是"中国经济的晴雨表"，认为其中的一系列数据能够反映出我国当年经济增长的总体趋势，并具有一定的市场发展指向作用。

1994年，中央电视台黄金时段广告招标会第一次召开，当年的招标总额是3.3亿元人民币。自2002年至2009年，招标总额逐年递增，从26.26亿元人民币增至92.56亿元人民币，平均增幅都在10％以上。即使受到世界经济危机影响，在2008年年底召开的2009年度的广告招标会上，招标总额仍比上年增长了12.3627亿元，增幅高达15.4％。2009年经济回暖后，央视广告招标总额的增幅达到了18.47％，突破了百亿元，达到92.56亿元。而且，参加央视广告竞标的企业数量也在逐年递增，所涵盖的行业范围也在逐渐扩大。

从第一次招标会上孔府家酒以3079万元成为央视广告竞标的"标王"，到蒙牛以3.4亿元人民币成为2010年的"标王"，每一次的央视广告招标会都有一个商家成为该年度的"标王"，他们所付出的广告费从千万元人民币到上亿元人民币不等。

其实，商家完全可以选择在地方电视台投放广告，同样能够达到扩大产品信息传递范围的效果，而且可以节省不少广告费用。既然如此，这些商家为什么一定要挤破头在央视投放广告呢？

这与名人代言广告的道理一样，中央电视台作为国家电视台，在民众心中的公信度和影响非同一般，播放范围不仅涵盖整个国家，还包括了海外的一些国家。而且，如果商家能在这样的机会中，为了自身产品的宣传一掷千金，这本身不就是对商家实力信息一种最好的传递吗？更何况通常在中央电视台投放广告后，信息传递所带来的效果极为明显。例如，孔府家酒在夺得1995年的"标王"后，这个之前名不见经传的白酒品牌一夜之间传遍了中国。"孔府宴"当年的销售额就达到了9.18

亿元，一跃进入了全国白酒行业的前三名。娃哈哈在2001年和2002年分别以2211万元和2015万元获得"标王"后，确立了自己"中国最有价值的品牌"的地位，在2004年创下了114亿元的销售纪录。

投放广告只是信息传递诸多方式中的一种，却不是唯一需要付出成本的传递方式。以学历文凭来说，在找工作时，应征者可以通过学历证书向用人单位传递个人受教育程度的信息。而且，学历是用人单位评判一个人是否具有能力的基本标准。

我们大部分人都是从幼儿开始就接受学校的教育，直至成年，涵盖了整个成长过程。在经过竞争激烈的高考进入大学后，我们还要通过努力才能获得正规院校颁发的学历证书。有的人继续学习获得硕士或是博士学位。在此期间，我们要向学校支付学费、书本费，我们所有的吃穿用都是为获得学历而需要提前支付的成本。

除此以外，证明我们掌握了某种行业技能的资格认证书，以及商家在出售上平时提出的"包退、包换和保修"证明，这些都是需要付出成本的信息传递方式。不过，从上述的例证中我们可以看出，需要付出成本的信息传递可以增强信息的效用。所以，在一定条件下，在信息传递中投入成本是非常必要的。

第十七篇

私有信息与公共知识

PART

01

信息不对称

　　宋代高僧圆悟克勤大师跟随在五祖法演的左右，悟道多年，略有所成，但始终并未达到自性的阶段。

　　这天，五祖法演为了向一位辞官归乡的官员解释"祖师西来意"所蕴藏的含义，引用了一首诗的后两句：

　　频呼小玉元无事，只要檀郎认得声。

　　这位官员听了五祖法演的解释后，便陷入了沉思。同时，站在五祖法演旁边的圆悟克勤也在思考他所说的这两句诗的用意。

　　这两句诗的本义是一个女子想让自己的情郎知道自己的所在，又不便直接告诉对方。于是，这名女子便通过呼唤"小玉"的声音来传递信息，让"檀郎"知道自己的位置。而五祖法演借用这句诗是想表达这样的意思：对禅语的理解不能停留在表面上，重要的是要领悟禅语表面意义所表达的言外之意。

　　后来，圆悟克勤在五祖法演的指引下，以此诗句为契机，终于开悟，并把自己的所悟作成了一首悟道偈：

金鸭香销锦绣帷，笙歌丛里醉扶归。

少年一段风流事，只许佳人独自知。

克勤这首诗中的"少年"指的是芸芸众生，而"佳人"指的则是佛祖。他表达的意思是情人之间的情感和参禅悟道是一个道理。少年与佳人之间的缠绵情事也只有两人自己知晓。众生一旦领悟到了佛祖想要表达的含义，其中的奥妙也只有参悟者才能体会得到。

这是禅宗历史上非常有名的一件公案。如果我们把圆悟克勤的领悟放进博弈论的范畴中，那么这段"如人饮水，冷暖自知"的"少年风流事"就是博弈中的"私有信息"。

我们知道，有很多大学生想在毕业后到国外的大学读研究生，继续深造。假如一个中国学生向美国的斯坦福大学提出了就读经济学研究生的申请。面对这份申请，斯坦福大学不可能派专人远渡重洋，到中国了解这名学生的实际学习态度、学习能力等情况。所以，它只能通过相关学者或是教授的推荐信、本科四年的平时成绩单以及TOFEL和GRE考试的成绩单，对是否录取这名学生做出判断。而那些斯坦福大学了解不到的信息，只有该学生本人自己清楚。所以，这也是信息不对称的情况。

由于这种信息量的不对称，导致了另一种概念的产生，这就是委托代理关系。这种关系是在市场交易中，处于信息劣势的委托方与处于信息优势的代理方，相互博弈达成的均衡，通过合同反映出的关系。

简单地说，由于信息量多少的不对称，占据信息量多的人便拥有信息上的优势，占据信息量少的人自然处于劣势。于是，掌握信息少的不知情者委托掌握信息多的知情者从事某种活动时，就形成了委托代理关系。这是一种针对信息不对称状况进行交易所形成的关系。

这种委托代理关系在我们实际生活中的应用十分广泛。例如，产品生产厂家与经销商相比，经销商更了解消费者的心理和需求。所以，生产商委托经销商出售自己的产品。再例如，在西方国家的竞选中，选民和候选人之间也存在一种委托代理关系。选民对政府机构具体运作的信息知之甚少，而那些候选人则熟悉政府的运作流程。选民选择与自己观点相近的候选人，委托候选人实现自己对政府的要求。不过，这种委托代理关系并未形成书面合同或是协议，是一种隐含的委托代理关系。

在博弈中，我们需要依据信息多少来制定行动策略。掌握的信息越多，越有利于博弈者制定准确的策略。同理，掌握的信息越少，就会导致策略不确定性的增加。

所以，在博弈中要尽可能掌握更多的信息，确保信息的完整性。只有这样，才能在制定行动策略的时候，尽量规避风险，增加行动的成功率。

PART 02

空城计是信息战

看过《三国演义》的人都知道"空城计"的故事。如果从博弈论的观点来说，"空城计"就是诸葛亮利用博弈双方信息不对称，所导演出的一场好戏。

针对来势汹汹的司马懿大军，诸葛亮的面前有两种选择，一是弃城，另一个是守城。对于诸葛亮来说，根据当时的具体情况，敌人已经兵临城下了，弃城也未必能够顺利逃脱，而且自己身边多是文臣，行动迟缓。一旦被司马懿的大军追上，必死无疑。所以，弃城不是一个好的选择。

这样分析下来，似乎只剩下守城这一条选择了。此时司马懿大军有十五万人之众，而诸葛亮只有"一班文官，五千军士"，在调配了一半军士押运粮草后，此时自己手中可以用来作战的人数也只剩下两千五百名军士。十五万对二千五百，谁强谁弱，一目了然，更何况司马懿刚刚打了胜仗，士气高昂，来势汹汹，自己根本无力与之抗衡。该怎么办？

既然军队实力上无法与之抗衡，诸葛亮战胜强敌的唯一希望就是自己所拥有的信息。诸葛亮已经知道了司马懿大军的人数，但是司马懿却不知晓城中驻守的具体兵力，也不清楚附近是否还驻扎有别的军队。

此外，诸葛亮和司马懿都对彼此的情况有一定的了解。司马懿对诸葛亮的认知就是"平生谨慎，不曾弄险"。事后，诸葛亮对自己身边的官员解释自己做法的时候，曾提到过："司马懿料吾平生谨慎，必不弄险。"这说明诸葛亮非常清楚司马懿对自己的评价。

更何况，博弈者会根据自己所拥有的信息制定行动策略。由于诸葛亮已经清楚了司马懿所拥有信息的具体情况，所以司马懿会制定出怎样的行动策略，诸葛亮也早已心中有数。不过，对于司马懿来说，诸葛亮会采取什么样的行动，他根本一无所知。因为在他看来，由于自己具有优势策略，无论诸葛亮做出什么样的决策，自己都会战胜对方。

所以说，司马懿知晓的信息，诸葛亮都了如指掌。诸葛亮掌握的信息，司马懿却完全不清楚。两者之间已经存在了信息不对称的情况。

在信息存在不对称情况下的博弈中，获得胜利最关键的策略就是充分利用对方不知道的信息，在隐藏自己弱点的同时，限制对方的优势策略。所以，诸葛亮既然选择利用自己在信息上占有的优势来守城，那么他唯一能采用的策略就是必须最大限度地隐瞒自己的行动目的。

于是，诸葛亮便通过接下来的行为，人为地加强了这种信息不对称的情况。偃旗息鼓、大开城门、焚香操琴这一系列的举动都是诸葛亮在使用虚假的信息加强自己与司马懿之间在信息上的不对称性。利用这些虚假信息迷惑对方，让对方无法了解到自己的真实情况，扰乱对方的判断。

依照博弈论的观点，当博弈者所拥有的信息不多的时候，博弈者考虑更多的是如何才能让自己的策略产生最大的效用。这就是我们在前面章节曾经说过的冒险还是不冒险的问题。例如，你的面前有两个选择。第一，你有100%的机会获得一辆自行车。第二，你有30%的机会获得一辆摩托车。那么你会做出什么样的选择呢？理性的决定当然是选择自行车。

同理，诸葛亮所传递的一系列错误信息让司马懿不知真假，无从判断，从而使得司马懿加强了"进攻导致失败的可能性比较大"的主观想法。相对地，司马懿就会认为撤军这一策略的效用应该会更大。

最终，诸葛亮达到了自己的目的。他让司马懿根据自己所获得的信息，产生了"采取撤军这一行动的结果，要好于采取进攻"的想法。简而言之，就是让司马懿觉得撤军是自己的最佳策略。

其实，我们可以说，在诸葛亮采用信息不对称来对付司马懿的时候，在有意无意之中运用了一种心理战术。诸葛亮在运用心理战术的时候，首先按照司马懿行事稳重的行事作风，站在司马懿的角度来思考，由此推断出司马懿可能会采取的策略。接下来，诸葛亮站在司马懿的角度考虑问题时，加入了司马懿对自己行事特征的因素，即"诸葛亮一生谨慎，不做险事，只有设定埋伏才可能如此镇定自若，焚香操琴"。

由此，诸葛亮推测出了司马懿针对这场博弈的大致想法和可能会采取的策略。而后，诸葛亮再根据自己的推测，制定针对性的应对策略，即改变自己用兵谨慎的行事作风，再加上传递虚假信息扰乱了司马懿的判断，才得以最终顺利摆脱被歼灭的困境。

总而言之，应用空城计的关键就是要利用博弈中信息不对称的情况。无论自己在博弈中处于何种境地，是占据了上风还是处于劣势，如果利用自己独占的信息，制造出虚假信息，迷惑对方，干扰对方的判断，让对方制定出错误的策略，那么自己在这场博弈中就稳操胜券。不过，必须注意的一点是，在信息不对称的博弈中采用空城计具有不可重复性。就像那个喜欢喊"狼来了"的小男孩一样。这种计策运用一次的确可以带来不错的效果。但重复使用，就会导致原本信息不对称的情况消失。如果是这样，那么再次使用这一策略的博弈者就输定了。

为什么清官难做

在博弈中，博弈者在信息的占有上存在着不对称的情况。在博弈行为最为丰富的经济学领域，经济学家们在信息不对称市场和逆向选择理论的影响下，由二手车市场推广到了其他商业领域。于是在各个行业中，不断地涌现出类似于旧车市场模型的情况。

在这些各行业的旧车市场模型中，最具有典型性的就是人才市场和信贷市场。以人才市场为例来说，我们可以简单地了解到信息不对称所造成的严重后果。

人才市场中的信息不对称存在于招聘者和求职者之间。两者之间并非不存在信息的交换和传递。招聘者向求职者散发的宣传单上的确有介绍企业的相关信息，但这些信息都是众所周知的公共信息。同样，求职者也会向招聘者递交个人简历。但是，这些信息也都是一些太过于基本的信息，仅仅停留在表面上而已。企业希望了解求职者的实际能力、真实的性格和勤奋程度；求职者希望了解企业的财务状况、人性化程度以及是否有利于个人发展等信息。这些都是一些私密程度很高的信息，并不容易得到。这就导致了人才市场的信息严重不对称。

这种双方在招聘信息上的不对称所导致的直接后果就是，招聘者因为对求职者真正工作能力的信息掌握较少，无法招揽到自己想要的员工。求职者因为不了解招聘企业的真实实力，则导致了好的就业机会与自己失之交臂。这种结果在不断累积后，最终形成就业困难的局面。

在其他行业中发现的"柠檬市场"，尤其是产品市场，因为卖方隐藏了商品的真实信息，致使交易双方在信息上存在不对称的情况，给假冒伪劣产品提供了生存空间。在这种信息严重不对称的情况下，就会导致逆向选择的出现。

逆向选择并非只适用于经济领域，在组织的设计和有效机制的建立上都可以通过逆向选择进行改进和提高。

我们都熟悉《河伯娶亲》这个故事。故事中的主人公西门豹是魏国的一名官员，在邺城做县令。他是一位刚正不阿、疾恶如仇、勤政爱民的大清官。在他担任县令的第一年，就大修水利工程，改善了当地老百姓的生活状况，深受老百姓的爱戴。

按照魏国的官员制度，国君每到年底会根据官员们本年内的业绩进行赏罚。西门豹帮助当地老百姓根除了水患，老百姓的生活也得到很大程度的提高。按理说，有这样突出的政绩，应该得到国君的提拔和嘉奖才对。没想到，西门豹的工作不仅没有得到魏文侯的肯定，他本人还被勒令离职。这是怎么回事呢？

原来，西门豹只顾着专心为百姓谋福利，不愿意花心思去讨好那些评审政绩的官员。这些官员又刚好都是魏文侯身边的亲信。他们在西门豹那里没有得到好处，就在国君面前诬陷西门豹，说他的坏话，让魏文侯以为西门豹是名不称职的官员。

看到自己勤勤恳恳地工作了一年，最终却落了个被罢官的结果，君王对自己又是这样一种态度，西门豹大约猜到了自己落得这步田地的原因。于是，他向国君承认自己以前不懂为官之道。希望国君再给他一次机会，让他再做一年的县令，弥补以往的过失。

魏文侯答应了他的请求。西门豹返回邺城后，对待政务和百姓的态度与上一年截然相反。他不再认真做事，也不再为百姓谋福利，而是开始四处搜敛钱财，不断地巴结讨好魏文侯身边的近臣。

又到了一年的年底，西门豹照例前往都城，参加评定。他这次享受的待遇与去年刚好相反。魏文侯对他表现得非常热情，不仅对他的政绩大加赞扬，还赏赐给他大量的财物。

西门豹并没有因为国君的另眼相待而欣喜若狂，他只是非常从容地上交了自己的官印，辞官走了。

西门豹辞官的理由很简单。自己认真做事，工作真正有成效的时候，反而被国君罢了官。自己四处搜刮百姓，巴结贿赂国君身边的近臣，国君就对自己赞不绝口。这种官再做下去还有什么意义呢？

"清正廉洁被罢官，重敛行贿名美位固"就是吴思总结出的"淘汰清官定律"。这一定律在中国历史的官场上是屡试不爽。几乎历朝历代的官员，清正廉洁的好官，最后的下场大多都不怎么样，例如明朝的大清官海瑞。简单来说，在当时的官场中，清官肯定是寸步难行的，而那些贪官却是如鱼得水，到处吃香。

很多学者都注意到了这一问题。例如，著名历史学家黄仁宇就曾经在自己的著作中，针对中国历史上的管理体制做出过这样的评价。他认为，中国历史上的管理制度存在太多感性成分，缺少数字化的理性成分。这种说法并非完全正确。在很大程度上，官场中的这种现象体现出的是官僚选拔机制的不合理。而导致这种不合理的原因恰恰正是信息不对称所造成的逆向选择问题。

　　在集权制的官僚体系中，上一级官僚的手中握有下一级官员的任免权。下一级官员为了自己的仕途着想，就有可能弄虚作假，使上一级官员无法知晓下一级官员的真实信息。于是，官僚体制内部就形成了信息不对称的状态，从而最终导致了体制内的逆向选择。如果是处于这种体制当中，即便是纯粹理性化的数字化管理，成效依然不大。

　　所以，我们在设计一种组织体制的时候，首先要考虑避免两个方面的问题，一是逆向选择，另一个就是道德风险。举一个简单的例子来说，你是要求这些官员讲实话还是要求他们勤奋。我们不能以偏概全，而是要对具体信息进行甄别，区别对待。讲实话的按照讲实话的待遇对待，不讲实话的按照不讲实话的标准进行处罚，勤奋与偷懒的也都区别对待。只有做到了这一点，才能使建立的机制更加有成效。

　　要想建立一个卓有成效的组织体制，首先要消除逆向选择的不良影响。这就需要运用到我们前面所讲到的信息的传播、信息甄别以及信息分离。根据美国经济学家斯宾塞的研究，解决逆向选择问题的途径之一就是进行信息传递。曾任世界银行副行长的约瑟夫·斯蒂格利茨则是根据信贷市场中的信息不对称现象，提出了对信息加以甄别后进行信息分离的"分离均衡"。

　　信息传递可以从根本上降低信息不对称的情况，具体做法就是把自己独享的私有信息通过代理人传递给委托人，对信息进行甄别，最终根据甄别出的信息进行筛选，根据经过信息分离后得出的具体情况，制定有针对性的解决办法，以此来达到提高机制效率的目的。

小王邀请自己的4位好友来参加自己的生日晚宴，4位好友分别是甲、乙、丙和丁。其中，小王和甲的关系最好，因此他特别叮嘱甲，要他这次一定要来，去年甲就因身在外地而没能参加自己的生日聚会。但眼瞅着吃饭的时间快到了，甲还是不见踪影。小王不禁有些懊恼，便说："该来的还没来。"

乙听到这话暗想："该来的没来，那我是不该来的了！这不是赶我走吗？"乙当下便愤然离席，连招呼也没打就走了。

小王见乙误解了自己的意思，慌乱地解释说："我不是说你的。"

但乙再也不回头，拉也拉不住。

小王见乙渐渐走远，不禁叹道："不该走的走了。"

丙听到这话，不禁嘀咕起来："既然是乙不该走，看来是我应该走。"丙想既然主人已下逐客令，自己还留在这里，这不是自讨没趣吗？想到这里站起来就走。

小王更急了，大声喊道："别走，我不是说的你！"

这下丁站了起来，愤怒地说："你不是说他，那就是说我了！我现在就走，我还没见过你这样的人，邀请人来参加晚宴，却又把人都赶走。以后我们不再是朋友，各走各的路。"说罢，愤然离去。

　　这是一个因为误会而引发的笑话，误会产生的原因是信息的不对称，小王第一次说"该来的还没来"指的是甲还没来，而乙误以为小王在说自己；第二次不该走的走了小王的意思是说乙不该走，但丙误以为自己该走；第三次我不是说你的，这让丁误以为小王在说自己该走。双方信息的不对称导致了上述几个连锁误会的产生，而这种逆向选择问题在生活中的任何领域都存在。

　　有一个喜欢旅游的人到深山中去探险，但他对这里的路不熟，便在当地找了一个向导。二人准备好食物和水之后，就带着一匹马和一匹骆驼出发了。旅游回来之后，突然刮起了很强的沙尘暴，两人都迷路了。他们带的水和食物很快就耗尽了，人和马都是又饥又渴。

　　所幸的是，他们遇到了一个陌生人，这个人把他们带离了绝境，来到一个村落。那里的居民很热情，不仅好好地接待了他们，还给了他们很多食物和水。两人要离开的时候，村里的人还告诉了他们怎么回去。

喜欢旅游的人带来的马已经完成了任务，而且带着它还要消耗更多的食物和水，要怎么处理这匹马？忽然想到这里的人极为纯朴热情，为什么不把马送给他们呢？他对向导说："将那匹马送给村民吧，我们只要骆驼就行了。"

两人成功走出深山，向导忽然把一些钱交给喜欢旅游的人，然后说："马匹没有送给村民，而是卖给了村民。"

这人恼怒地说："我不是让送给他们吗？"

向导解释道："我之所以选择卖而不是送，因为只有最需要马的村民才会买下马，而且人们总是认为买来的东西比白白捡来的东西珍贵。"

如果真的把马白送给村民，逆向选择就会使马落入当地最贪便宜的人手里，而不是最需要马的人手里，因为只有前者这样的人才会更加努力地争取得到这匹白送的马。

向导知道如果把马送给村民，那么他们也许会为此争来争去，甚至伤了和气，而且最后得到这匹马的一定是最狡猾、最会说谎的人。为了避免不必要的麻烦，他索性卖给了他们。

在选择自己的另一半时，每个人总是抱着很大的期望。与对方交往时，都尽量把自己的优势完美地表现出来，以便能够找到最理想的对象。但是，每天都有一对对的恋人分手，一对对的夫妇离婚，这也和逆向选择有关。

在很多情况下，恋爱中的双方信息是不对称的，因为双方都尽量展现自己优秀的一面，隐藏自己不好的一面。而当双方在一起生活的时间长了，双方不好的一面渐渐显现，使得各自的弱点暴露无遗，由此才会出现上述分手和离婚的现象。

第十八篇

概率、风险
与边缘策略

PART

01

概率不等于成功率

　　每个人都想做出一番事业，没有人想失败，都想着成功。但是，成功者仍然只有少数。为什么总是平庸者多，成功者少呢？

　　第一代互联网刚刚兴起的时候，只要有个商业策划书就可以找到投资人。因此，互联网精英纷纷涌现。但是，一段时间以后，无数经营者铩羽而归，多少投资商血本无归，而真正坚持并成功的只有那么几家。经过激烈的竞争，那几家为什么会成功？是偶然还是必然？

　　公司的成功与人生的成功有相似之处。爱迪生发明灯泡，经历了无数次的失败，最终才获得成功。

　　我们先看看一个人的生活经历：8岁被赶出居住的地方，必须独立谋生；21岁第一次经商失败；22岁竞选州议员失败；27岁精神崩溃，卧床6个月差点死去；35岁参加国会大选失败；36岁竞选联邦众议员失败；40岁再次竞选众议员失败；41岁竞选州土地局长失败；46岁竞选国会参议员失败。

　　这就是46岁以前的亚伯拉罕·林肯的生活经历。林肯生下来就一贫如洗，而且一生中不断面对挫折和打击，8次竞选均落选，两次经商均告失败，中间还曾精神崩溃过。但一次次的失败并没有把他打倒，就算在成功的概率极小的情况下，他也不放弃，勇敢地接受命运的挑战。在他52岁时，被选为美国第十六任总统，随后更是做出了永载美国史册的功绩。

没有谁可以一步登天，没有谁的成功是一蹴而就的，都是在经历了一连串的失败之后，才获得最终的成功。他们一直坚持，认为自己一定会成功，即使成功的概率很小也不放弃。以概率来计算，林肯和爱迪生成功的概率极小，但他们成功了。所以，环境、运气等因素并不是决定一个人成功与否的真正原因，真正起决定作用的是一个人的心志。只要你坚持下去，一定会成功！泰戈尔说："那些迟疑不决、懒惰、相信命运的懦夫永远得不到幸运女神的青睐。"

在苹果电脑公司任职时，李开复博士被美国当时最红的早间电视节目《早安美国》邀请，与公司CEO史考利一起在节目中演示苹果公司新发明的语音识别系统。

李开复那时负责开发的语音识别系统刚刚搭建，出现故障的可能性很大。因此，史考利上节目前问李开复："你对演示成功的把握有多大？"

李开复回答说："90%吧。"

史考利问："有没有什么办法可以提高这个概率？"

李开复马上回答说："有！"

史考利问："成功率可以提高到多少？"

李开复："99%。"

第二天的节目很成功，公司的股票也因此涨了两美元。

节目结束后，史考利称赞李开复："你昨天一定改程序改到很晚吧？辛苦你了。"

哪知道这时李开复却说："你高估了我的编程和测试效率，其实今天的系统和昨天的没有任何差别。"

史考利惊讶地说："你该不是冒着这么大的风险上节目吧？你不是答应我，说成功率可以提高到99％吗？"

李开复说："是的，我说过成功率保证在99％以上的话，这是因为我带了两台电脑，并将它们联机了。如果一台出了状况，我们马上用另一台演示。我们由概率可以这样推断：本来成功的概率是90％，也就是说一台电脑失败的可能性是10％，那么两台机器都失败的概率就是10％×10％，也就是1％，那么很显然，成功的概率就是99％！"

我们在平时的生活中，要做多种准备，尽量降低失败的风险。多给自己一些机会，多尝试一些不同的方法，增加自己成功的概率。

PART
02

用概率选择伴侣

    黄金周就要到了，你打算去某风景区游玩。每天开往风景区的只有3种类型的车，票价相同，但舒适程度不同，3种类型的车舒适程度分别为舒适、一般、不舒适。每隔5分钟发一次车，但是我们在外面候车时无法判定它是属于哪一类，而且也不一定按照舒适程度来发车。而对于你来说，因为时间充足，多等5分钟或10分钟时间是无所谓的，重要的是能不能坐上舒适的车。

    那么要搭上最舒服的那辆车，你应该采取什么样的候车策略才能使可能性变得最大呢？

    这是一个当人在不确定环境下的决策问题，不确定性是因为你对不同舒适程度的3辆车开过来的顺序并不清楚。但是，我们可以先把行车顺序列举出来，无非有这样6种情况：上中下、上下中、中上下、中下上、下中上、下上中。

    一般情况下我们是随便选择，也就是刚好哪辆车来就坐哪一辆，那么这时候坐上最舒适的车的概率就是三分之一。

    但是，你的目的是希望尽可能搭乘最舒适的车。因此，我们再来看看这种策略：当车来的时候，第一辆车不上；等第二辆，当第二辆比第一辆好时就上第二辆；如果第二辆比第一辆差，那就上第三辆。这样的策略与随便选择相比有什么区别呢？我们看看下表中的统计就知道：

	上中下	上下中	中上下	中下上	下中上	下上中
随机策略①	是	是	否	否	否	否
随机策略②	否	否	是	是	否	是

表中的"是"即代表我们能搭上最舒适的车。由表中的统计可以清楚地知道：这个策略与采用"随便"的策略相比，选择成功的概率提高了，由三分之一提高到二分之一。

所以，当你有多个候选对象的时候，要比较一番再做决定，没有必要仓促做决定，因为比较可以提高获得最佳对象的概率。这种方法不仅仅可以用来选搭什么车，还可以用来购物，筛选商业计划方案，甚至可以用来选择你的对象。

那么，概率是如何在择偶问题中发挥作用的呢？下面就让我们来看一下。

能够有一个自己最喜欢的人作为自己的伴侣是每个人的希望，但是，事情往往并非如此，大多数人的伴侣并不是自己最中意的那一个。那么，究竟应采取什么样的策略，才能使自己以最大可能选到最适合的异性呢？

假设你是一个男孩，在你20～30岁之间，一共有20位适合你的女孩与你相识。假设这些女孩都愿意作为你的伴侣，但很显然，最终只有一位成为你的伴侣。这20位女孩，你可以按照喜欢与否进行排序，对你来说，排在首位的就是最好的，而排在第二十位的就是最差的。

但是，这20位女孩不是同时出现在你的生命里，而是无序地和你相识。每出现一个，你都要做出决定：是拒绝还是留下。如果拒绝，你还可以继续选择后面的女孩，但是，对前面已经拒绝的女孩，你将没有机会再选一次；如果留下，她就会成为你的伴侣，但你将无法再选后面的女孩，就算后面的女孩个个都比你选的强，你也无法更改结果。

虽然我们在事后可以确定20位女孩的排名，但在观察完20位女孩之前，你只知道已经观察过的女孩中谁比谁更好，而并不知道全部女孩的排名。而且，女孩出现的时间段是完全随机的。也就是说，女孩出现时间的先后与你喜欢与否完全没有关系。你该做出怎么样的决策，才能使你选中最理想的伴侣的概率最大呢？

你可以跟着感觉走，随便选一位女孩作为你的终身伴侣。这样做你有5%的可能获得最喜欢的女孩，概率比较小。

把20位女孩分成前后两部分，前面出现的10位不管你喜欢与否，一概不接受。但是，你要对这10位女孩做到心中有数。接下来，在后来出现的10位女孩中，假如碰到比以前都喜欢的女孩就立刻接受。

我们可以算一下，如果采用这样的策略，你最喜欢的女孩成为你的终身伴侣的概率是$(10/20) \times (10/19)$，结果就是26.3%，这个概率远远高于5%。

这里的概率算法是这样的：确保得到最喜欢的女孩，必然要求最喜欢的女孩在后10名女孩中出现，否则你怎么也得不到，但是，最喜欢的女孩在后面10个中出现的概率是10/20。除此之外，还要求第二喜欢的女孩出现在前10名，这个概率为10/19。之所以是10/19，是因为除了最喜欢的还剩下19个。这样的话，第二喜欢的女孩出现在前10名的概率就是10/19。

这只是第二喜欢的女孩刚好出现在前10位的情况。第二喜欢的女孩也可能没有出现在先前的10位中，但是，只要在最喜欢的女孩出现之前的所有女孩中，次一顺位的出现在前10位就能确保该策略得到最喜欢的女孩。也就是说，该策略获得最喜欢的女孩的概率实际上是35.94%，远远超过26.3%。

假如一个人在20～30岁之间选择结婚对象，那么你应当在24岁开始认真考虑终身大事。假如有20位"候选"女孩，你应该从第11位女孩开始考虑。

但是，以上只是可以提高"相亲"时选到你喜欢的女孩的概率大一些，并不能保证你一定获得最喜欢的女孩。也许第一位就是你最喜欢的，那就很"悲剧"了。

所以，生活中"第一个出场的人"一般都很"悲剧"。比如一些选秀节目，第一个出场的很难获得第一；在求职时，第一个面试的失败概率大于后面的。因为那些主考官只是把第一个出场的当作一个"标准"来衡量后面的人。

由此可见，概率是有规律可循的，而并不是瞎猜。

概率可以帮助我们解决生活中的一些谜题，但也有人利用概率来骗人。

假如你知道320个人喜欢玩体育彩票，而且还知道他们的地址，你可以分别写信给他们，说你可以预知三场西甲联赛的结果。接着以1000元的价格，把你对哪一队会赢得胜利的预测卖给他们。你在事先声明，如果你对比赛结果的预测错了，你就会把钱退还给他们。在第一场比赛时，你把预测其中一队会赢的信寄给其中160个人，把预测另一队会获胜的信寄给另外160个人。比赛结果出来了，其中有160个人知道你的预测结果是错的，你把钱退给他们；对于收到正确预测结果的那160个人，在第二场比赛开始前，你再寄信给他们，并把他们分成两组。在其中一半的信中，你预测某队会赢得下一场比赛；在另一半的信中，你预测另一队会赢。第二场比赛结束后，会有80个人收到两场比赛的正确预测结果，把收到你的错误预测结果的80人的钱退还。然后你把剩下的80人再次分为两组，再次寄出两个完全相反的预测结果。等到第三场比赛结束时，就会有40个人收到三场比赛的正确预测结果。

那么我们看看，你现在赚了多少钱，一个人1000元，40个就是4万元。而且这样一来，你下次再找40个人的时候，你就可以说，我可以预测欧冠决赛的冠军，价格是5000元，仍然采用上述的做法，最后你将获得20个人的5000元，也就是10万元。

只不过写了几封信就赚了这么多的钱，你也许觉得奇怪，这就是概率的神奇之处。

PART
03

什么时候该撒谎

　　有一个人因犯罪被判了死刑。行刑的前一天，他被带到了知府大人面前。知府大人看了看他的犯罪记录，觉得应该判死刑，就在处决名单上画了个勾。

　　这个人急忙对知府说："大人，我有特殊的本领，还请大人饶小人一命。"

　　知府便问："说来听听，你有什么特殊的本领？"

　　这个人说："听说知府大人有一匹马，小人不才，曾得异人指点，能让马学会飞。"

　　知府大人很是惊讶，看着他说："你真有如此本领？"

　　他接着说："只要大人给我一年时间，我对它进行稍加训练，一定能让马学会飞。"

　　知府虽有些狐疑，但一想到自己的马将来可以飞起来，那到时候骑在上面将是什么感觉啊！于是同意了，还从死囚中给他选了一个人做助手。

　　就这样，他和选中的死囚两人牵马离开了牢房。

　　他的助手很奇怪，就在路上问他："你真的能让马飞起来吗？"

这个人笑了笑说："马当然不能飞起来，我是在撒谎。不撒谎死路一条，撒谎还可以活一年时间，这一年谁知道会出现什么变化呢？谁又知道会发生什么事情呢？知府大人有可能已经卸任了，甚至死去都有可能，而我们也可能会生病而死，马也可能会死掉。只要发生上面任一种情况，我们就可以永远自由了，为什么不赌一下呢？而且马真的会飞也说不定啊！"

生活中，欺骗现象无所不在。向大家介绍欺骗策略，并不是想让大家去骗人，而是希望大家不要被骗，或者在一些特定的情况下，采取欺骗的策略。

东汉末年时，孙权为夺取荆州，杀掉了关羽。但他又怕刘备为报仇攻打自己，于是派人把关羽的首级送到了许昌，想嫁祸于曹操。但是，这一计谋被曹操的谋臣识破。于是曹操迅速命工匠刻了一具沉香木的躯体，使其与关羽的首级连在一起。并追授关羽为荆王，以王侯之礼厚葬关羽。曹操还派专门的官员长期守护关羽之墓，并亲自在灵前拜祭。曹操的行动粉碎了孙权的阴谋。刘备得知消息后，最终决定发兵攻打孙权。

聪明的人在被骗时，或当危机来临时，往往将计就计。先让骗人者相信自己已经被骗，再采取措施反过来对付骗人者。问题的关键是，识破敌人的计谋以及他们所想达到的目的滞后。为了赢对方，要增加自己的行动步骤，甚至会付出一定的代价，以使敌人相信自己，还要具有放长线钓大鱼的耐心与气度。在前期也许会有损失，但在最后阶段会使对手吃尽苦头。

整部《三国演义》中，战争场面占70%以上，但凡涉及战争必用计，有计则有欺骗。"兵者，诡道也！"在欺骗的策略中，有一种故意示弱的方法。

张飞在前几十回中经常喝酒误事，而且他脾气暴躁，动辄鞭挞部下。他的这个弱点常常会给对手留下可乘之机，在第二回，他喝酒之后打了督邮，以致刘备才刚刚做了县令又被迫辞职。在第十四回，张飞酒后痛打曹豹。曹豹回家后连夜差人给吕布送信，让吕布率兵偷袭徐州，自己可为内应。吕布怎会放过如此良机，立刻领军偷袭徐州。张飞酒还未醒，只得逃出，就这样把徐州丢掉了。

但是，在战争中，即使像张飞这样的莽汉也能变得狡诈起来，学会用自己的弱点来麻痹对手。

在第七十回张飞智取瓦口隘的时候，我们看到了一个不一样的张飞。

却说张郃部兵三万，分为三寨，各傍山险：一名宕渠寨，一名蒙头寨，一名荡石寨。当日张郃于三寨中，各分军一半去取巴西，留一半守寨。早有探马报到巴西，说张郃引兵来了。

张飞急唤雷铜商议。铜曰："阆中地恶山险，可以埋伏。将军引兵出战，我出奇兵相助，郃可擒矣。"张飞拨精兵五千与雷铜去讫。飞自引兵一万，离阆中三十里，与张郃兵相遇。两军摆开，张飞出马，单搦张郃。郃挺枪纵马而出。战到二十余合，郃后军忽然喊起：原来望见山背后有蜀兵旗幡，故此扰乱。张郃不敢恋战，拨马回走。张飞从后掩杀。前面雷铜又引兵杀出。两下夹攻，郃兵大败。张飞、雷铜连夜追袭，直赶到宕渠山。张郃仍旧分兵守住三寨，多置檑木炮石，坚守不战。

张飞离宕渠十里下寨，次日引兵搦战。郃在山上大吹大擂饮酒，并不下山。张飞令军士大骂，郃只不出。飞只得还营。次日，雷铜又去山下搦战，郃又不出。

雷铜驱军士上山，山上檑木炮石打将下来。雷铜急退。荡石、蒙头两寨兵出，杀败雷铜。次日，张飞又去搦战，张郃又不出。飞使军人百般秽骂，郃在山上亦骂。张飞寻思，无计可施。

相拒五十余日，飞就在山前扎住大寨，每日饮酒；饮至大醉，坐于山前辱骂。

玄德差人犒军，见张飞终日饮酒，使者回报玄德。玄德大惊，忙来问孔明。孔明笑曰："原来如此！军前恐无好酒；成都佳酿极多，可将五十瓮作三车装，送到军前与张将军饮。"玄德曰："吾弟自来饮酒失事，军师何故反送酒与他？"孔明笑曰："主公与翼德做了许多年兄弟，还不知其为人耶？翼德自来刚强，然前于收川之时，义释严颜，此非勇夫所为也。今与张郃相拒五十余日，酒醉之后，便坐山前辱骂，旁若无人：此非贪杯，乃败张郃之计耳。"玄德曰："虽然如此，未可托大。可使魏延助之。"孔明令魏延解酒赴军前，车上各插黄旗，大书"军前公用美酒"。魏延领命，解酒到寨中，见张飞，传说主公赐酒。飞拜受讫，吩咐魏延、雷铜各引一支人马，为左右翼；只看军中红旗起，便各进兵；教将酒摆列帐下，令军士大开旗鼓而饮。有细作报上山来，张郃自来山顶观望，见张飞坐于帐下饮酒，令二小卒于面前相扑为戏。郃曰："张飞欺我太甚！"传令今夜下山劫飞寨，令蒙头、荡石二寨，皆出为左右援。当夜张郃乘着月色微明，引军从山侧而下，径到寨前。遥望张飞大明灯烛，正在帐中饮酒。张郃当先大喊一声，山头擂鼓为助，直杀入中军。但见张飞端坐不动。张郃骤马到面前，一枪刺倒，却是一个草人。急勒马回时，帐后连珠炮起。一将当先，拦住去路，睁圆环眼，声如巨雷：乃张飞也。挺矛跃马，直取张郃。两将在火光中，战到三五十合。张郃只盼两寨来救，谁知两寨救兵，已被魏延、雷铜两将杀退，就势夺了二寨。张郃不见救兵至，正没奈何，又见山上火起，已被张飞后军夺了寨栅。张郃三寨俱失，只得奔瓦口隘去了。张飞大获胜捷，报入成都。玄德大喜，方知翼德饮酒是计，只要诱张郃下山。

以前总是酒后莽撞的张飞这次将计就计，故意喝得酩酊大醉，以此来欺骗敌人，并最终成功制敌。

博弈的双方往往对自己和对方的优势及弱点都了如指掌，而且往往会想方设法地加以利用，把弱点作为突破对方防线的重点，这也成为策略欺骗的基础。

一个人的特点和习惯最容易让对方形成思维定式，在三国故事中，不乏这样的例子。诸葛亮认为，曹操性多疑，精谋略而不识诡计，曹操也因此差点在华容道丧命。司马懿感叹诸葛亮一生不曾用险，但没想到诸葛亮会来个"空城计"让自己上当。在拳击比赛中，选手的特点几乎被对手调查得很详细，但是，如果谁能在熟悉的人面前做出一些出其不意的变化，就很容易取得胜利。

边缘策略：
不按套路出牌

唐朝时，曾是宰相的陆元方之子陆象先气度很大。在青年时，就以喜怒不形于色而闻名。

陆象先在通州做刺史时，家里的仆人在街上遇见他的下属参军没有下马。这个仆人虽然没有礼貌，但参军却对此小题大做，命人鞭打仆人。原本参军仅仅是陆象先负责军事的下属官员，而且陆象先的仆人也未必认识他。事后，参军见到陆象先时说："我不该打您的仆人，下官有错，请大人免去小人的职位吧。"

陆象先早已知道这件事，便对他道："仆人见到你不下马，打也可以，不打也可以；你打了仆人，罢官也可以，不罢官也可以。"说完就不再理睬这位参军，径直离开了。参军离开之后，不知如何是好，既没有说罢免自己，也没有说不罢免自己。但参军从此收敛了很多，因为他记住了那句"罢官也可以，不罢官也可以"。

在双方已经有了矛盾的时候，人们为了避免因这种矛盾而导致同归于尽的结果，都希望找到一个方法，使对手不敢再做对自己不利的事，同时也不至于狗急跳墙，使出两败俱伤的策略来。这种方法就是创造一种风险，告诉对方，再这么做会有他不希望看到的事情发生，这就是边缘策略。

边缘策略是故意创造一种人们可以辨认却又不能完全控制的风险。实际上，"边缘"这个词本身就有这样的意思。作为一种策略，它可以迫使对手撤退，将对手带到灾难的边缘。

边缘策略的本质在于故意创造风险。这个风险很大，甚至大到让你的对手难以承受的地步，迫使对手按照你的意愿行事。那么，是不是存在一条一边安全而另一边危险的边界线呢？实际上，人们只是看见风险以无法控制的速度逐渐增长，而并不存在这么一个精确的边界线。边缘策略的关键在于要意识到这里所说的边缘是一道光滑的斜坡，而不是一座陡峭的悬崖，它是慢慢变得越来越陡峭的。

在市场竞争中，一些公司就是运用小步慢行的边缘策略来获得利益的。

在H市，移动和联通号码比例是3∶1。在价格上，移动采用紧跟策略，只比联通贵一点点。联通如果降价，移动就跟着降价。

在该市移动公司的楼下，有一个批发市场是整个城市卡号销售的中心。移动公司借地利之便，再加上自己又是卡号销售的大头，便强令所有的窗口只卖移动的卡。这样一来，联通在当地市场的占有率便开始下降，不久已经降到5∶1了。

有人给联通出了个主意：降价！把价格低一角。如果移动跟着降，那联通就再降一角，降到移动不敢降为止，降到消费者疯狂抢购联通卡为止。这样的话，不仅移动是亏损的，先降价的联通也要亏损。但移动的底子大，如果联通一年亏1亿元，它将亏5亿元。

如果联通采取这样的策略，一场价格战将会爆发！对于联通来说，这就是可以采取的一个边缘策略。如果联通破釜沉舟，那么价格降到一定程度的时候，移动一定会屈服，从而求着联通来谈判！谈判的结果必然是双方产生隐性的合作，由开始的对立慢慢开始合作，最后达到双赢。

边缘政策和其他任何策略一样，目的都是通过改变对方的期望，来影响其行动。我们普通人也可以运用，故意创造和操纵一个在双方看来同样的风险，逼迫对手妥协。

第十九篇

威胁与承诺：
胡萝卜加大棒

威胁与许诺

　　春秋时期，楚国令尹孙叔敖在苟陂县一带修建了一条大水渠，其规模之大足以贯穿楚国南北，能够灌溉沿渠数万顷农田。但是，在天旱渠水退去时，沿堤的农民就在堤岸边种植庄稼。更有甚者，还把农作物种到了渠中央。等到雨水一多，渠水升高，农民为了使自己的庄稼不被淹死，便不顾堤坝毁坏的危险，偷偷在上面挖开口子放水。一条辛苦挖成的水渠就这样被弄得千疮百孔，而且一遇大水，决口处经常发生水灾，原本利民的工程却因为小农思想而变成了祸害。

　　历代苟陂县的行政官员面对这种情形都无可奈何，屡禁不止，又不能把这里的人全部抓起来。因此，每当渠水暴涨成灾时，县令只好调动军队前去救灾，这种情形一直延续到宋代。当时有一个姓李的进士出任苟陂县知县，经过几番思考之后，他解决了这个难题。他命下属在衙门两旁贴出告示，上面的内容是这样的："今后凡是水渠决口，只抽调沿渠的百姓去修堤坝，不再调动军队修堤，哪里决堤由哪里的百姓修。"自此以后，再也没有人偷偷地去决堤放水了。

在博弈中，一个策略行动的目的就在于改变对方的看法和行动，使博弈的另一方的行动对自己有利。不派军队修堤坝，看似可能造成所有代价都由农民负担的后果，但其实不然，李县令要的不是这个策略带来的后果，而是这个可能出现的后果对农民的威胁作用。只有农民继续"作恶"，这个后果才会成为现实，而只要农民安守本分，上面的这个策略就丝毫不起作用，这也正是县令想要的结果。有时候，宣布一种无条件的回应规则，限制自己的行动可以成功达到博弈者的目的。

你可能认为保留选择余地总归是有好处的，而且"退一步海阔天空"是中国人的处世文化中很重要的一条。但从博弈论的角度来看，却恰好与此相反。少了行动自由换来的却是在策略上得益，因为这么做改变了对方对你以后可能反应的预期，你可以充分利用这一点为自己谋利。而只要你有行动的自由，就意味着你还有让步的空间。

乍看上去，这样的策略行动可能束缚自己，但却可以使你获得策略上的优势，抢占先机，扭转整个局面。

在使用回应规则时，虽然你是跟在别人后面行动，但你必须在别人开始行动之前就宣布自己的策略。

父母对孩子说："你想看电视必须先吃完饭。"实际上，这就是在确立一个回应规则。很显然，这个规则必须明确地提前对孩子说，不然孩子很可能不愿吃饭，或者抱着饭碗坐到电视机前。那样的话，你再说吃完饭才可以看电视就一点用也没有。

其实，在社会生活中，威胁与许诺是非常常见的现象。比如女生告诉她的男朋友，如果他敢结交其他的女生，只要被发现一次，就立刻分手，这是威胁；而她男朋友向她发誓，绝对对她专一，决不会背叛爱情，这就是承诺。

　　威胁是对不肯与你合作的对手进行惩罚的一种回应规则。它分为两种：一是强迫性的威胁，二是阻吓性威胁。比如绑匪挟制人质进而要求其家人提供一定的金钱来赎回，如果他的要求得不到满足，他将撕票，这就是强迫性威胁。假如苏联出兵攻击北约国家，美国会威胁说，你要是武力攻击，我就会以武力攻击你，这就是阻吓性威胁。强迫性威胁的用意在于强迫某人采取行动，阻吓性威胁的目的在于阻止某人采取某种行动。两种威胁中的博弈双方都是小心翼翼，如履薄冰。

　　除了威胁之外，还有第二大类的回应规则，许诺——对愿意与你合作的人提供回报。比如警察会对被告说，只要你愿意成为污点证人，指证你的同伙，就会得到宽大处理。和威胁一样，许诺也可以分为鼓励性许诺和阻吓性许诺两种。鼓励性许诺的用意在于促使某人采取对你有利的行动，如我们在前文中提到的被告，警察对他的许诺就是鼓励性的；阻吓性许诺的目的在于阻止某人采取对你不利的行动，比如有一个孩子去游戏厅玩游戏，被他的同学发现了，这个孩子就对他的同学说："别告诉我父母我来玩游戏了，我可以把我的MP4借你玩几天。"两种许诺也面临同样的结局：随时会发生有人不遵守诺言的情况。

威胁有时候也可以称为警告。比如，公司主管对他的下属们说，如果再发现上班时间不穿工作服，扣除当天工资。这就是一种警告，其目的在于告诉其他人，他们的行动将会产生什么影响，你将如何回应他们的行动。

许诺有时也可称为保证。生活中，我们经常听到这样的话："我保证怎么怎么样。"这就是一种许诺。

威胁与许诺有时候很难区分。就像警察劝被告做污点证人，其中有威胁的成分，也有许诺的成分，是威胁还是许诺只和当时的情形有关。

但是，上述两对概念是有区别的。

有一次，在盛夏时节，曹操大宴百官。他吩咐侍妾，用玉盘进献西瓜为百官解暑。一个小妾捧着盘子，低着头来到大殿献瓜。曹操问："西瓜熟否？"

小妾答道："熟。"

不曾想，曹操听后大怒，竟命人将小妾拉出去斩了。座中的百官很是纳闷，但碍于曹操的淫威，都不敢问是什么原因。

曹操又命别的侍妾进献西瓜。侍妾们因为害怕都不敢去，其中一个比较聪明的侍妾大着胆子走到大殿，再次为群臣献瓜。

曹操又问："西瓜熟否？"

这个小妾回答："不生。"

听了她的回答，曹操再次大怒，下令将她也斩了。

他再次吩咐侍妾进献西瓜。这时侍妾们没有人再敢前来献瓜，都怕发生不测。她们都推让着，最后，她们叫兰香来献瓜。兰香虽然刚来不久，但却很是善解人意，平素也最得曹操欢心。

只见兰香高擎玉盘，与眉齐高，来到大殿进献西瓜。

曹操问："西瓜味道如何？"

兰香回答："很甜。"

曹操再次大怒。兰香也没能逃脱被斩首的命运。

这时在场的百官惶恐不安，一起离座拜伏在殿前，在曹操面前请罪，但心里却都在想：不知道曹丞相今日为何这般？

曹操说："诸公不必惊慌，且请安坐，听我解释为何处罚她们。前面的两个小妾，也算是跟在我身边很久了，竟然不知道进献西瓜必须要把盘子捧到和眉毛一样高。不仅如此，她们两个在回答我的话时，使用的竟然都是开口字（当时在大庭广众之下，古代女子说开口字是一种失礼的行为）。她们太笨了！留下来也是无用之辈，所以我斩了她们。兰香很聪明，把盘子举得高高的，又是用合口字来回答，对我的心意洞若观火。但是，正因如此，我才把她斩了，免得她日后成为我身边的隐患，我不能时时都被别人看透。"

前两个侍妾和后一个侍妾为什么被杀并不重要。曹操主要是借这几个侍妾的人头来告诉百官：我对所有人都有生杀予夺的权力，不要反抗我，不要自作聪明，更不要妄想猜测我的心思。后来，杨修就是因为太聪明了，妄图"揣摩上意"而被曹操杀害。

实际上，上面的这个故事是曹操与百官之间的威胁博弈，而不是他与侍妾之间的博弈。曹操只是用三个侍妾的死来表明自己对百官的优势，以及对百官可能的背叛进行警告。

威胁在一定的情形下，可能在改变原来的回应规则，使之不再成为最佳选择。这时，威胁所要采用的策略，就有可能与自身利益相冲突，因而就出现了可信度问题，对方有理由怀疑等到他们出招之后，你会有动机推翻自己的威胁。

而警告，则起到一个宣示的作用，使人知道你不会改变自己设立的特定回应规则。你只不过告知他们，打算采取怎样的措施回应他们的行动。它可以视为确保威胁的可信度的一种方式：爱妾都可以杀掉，何况尔等。

警告与保证更多的是起一个告知的作用，不会改变你为影响对方而设立的回应规则，而威胁与许诺是真正的策略行动。

可信度是
威胁的基础

    在你做出威胁或许诺的时候，不应超过一定的范围。这件事做起来应该是代价越小越好，因为，假如这个许诺成功地影响了对方的行为，你就要准备实践自己的诺言。因此，威胁或许诺的时候，只要达到必要的最低限度就可以了。

    假如日本不同意进口更多的美国大米、牛肉和柑橘，美国不会威胁日本说，你们不这么做，我就动武。动武也许真的能达到目的，但却要付出意想不到的代价，当然了，这有可能博得美国一些农场主和政治家的欢心。有几个很好的理由说明美国不能这么做：

    （1）没有人会相信这么一个威胁，因为现在的世界形势不会因为这种经济纠纷而轻易动武，这样的威胁不会成功。

    （2）就算这个威胁真的有用，那么日本一定会重新审视与美国的关系，它还适不适合做自己的盟友。

    （3）其他国家就会谴责美国，说美国采取暴力手段威胁日本，使其国际声誉受损。

    （4）这个威胁本来是经济纠纷，却加入一个本来毫不相干的武力因素，这使原来的问题更加复杂。

之所以不能用这样的威胁，是因为这个威胁不恰当，它超出了经济纠纷的底线。不仅自己不能说到做到，对方更是不会相信，自己的信誉也会降到低谷。

在我们实施威胁策略的时候，首先考虑的是可信度的问题，即能不能让对方相信。在这个基础上，再考虑把威胁扩大到足以阻吓或者强迫对方的地步。假如受到威胁的博弈方感到害怕，知道反抗不会有用，就会乖乖就范，你的威胁策略就能成功。当然了，有时候策略是成功的，但是你的博弈对手却偏偏选择不利于自己的策略，他不肯从命。那这一点就不是我们能决定的了。

在实施威胁策略的时候，我们往往不会遇到最理想的状况，不然我们也不会采取威胁这种策略了，因此，如何把握威胁和许诺的可信度就是实施这种策略的关键。这一点我们只要仔细考察美国不能威胁动武的原因，就会看清楚现实与理想状况究竟有什么区别。我们从以下几点来分析一下：

第一，发出威胁的博

弈方，其前提就可能是先付出一定的代价。从个人到企业，从企业到国家，无置身于众多博弈之中。他们在一个博弈中的行动，会对所有其他博弈产生影响。比如，美国若是威胁对日本动武，不仅会影响到美日两国现在的关系，也影响到两国以后的关系，其他国家也会从这件事上看出美国的"霸权"政策，并因此而断绝与美国的部分贸易关系。因此，这么一个不恰当的威胁将使美国失去很多直接和间接的损失。

第二，这个不恰当的威胁还可能产生相反的作用。日本会先与美国进行谈判，先缓一步，再在世界范围内寻求舆论支持；美国希望日本尽快开放国内市场，但在世界舆论的谴责下，结果只能是无功而返。

第三，除非我们绝对有把握不会发生不可预见的情况，否则威胁应当慎用。假设日本同意美国的条件，可是美军某指挥官想起自己当年不幸沦为战俘的惨痛经历，就会抓住这个机会报仇雪恨。又或者假设美国错误地判断了日本农场主的势力，而他们宁可让国家投入战争也不愿失去自己受到保护的市场……美国在这些诸如此类错误的可能性下，应该考虑好之后再行动。我们在做任何决策时，特别是做出一个很大的威胁决定时，都要考虑到各方面的情况。

一个不恰当的威胁是不能让日本相信的，所以，美国实施这个威胁就不可能影响其行动。那么，美国该施加怎样的威胁呢？应该是能奏效的、最小而又最恰当的威胁，应该选择一个经济方面的威胁。比如，美国可以威胁说要削减日本汽车或者电器的进口配额。

中国北方流传着一个"鸣镝射马"的故事。西汉王朝初期，在漠北草原上有一个匈奴部落，它的首领单于叫头曼。他有两个儿子，一个是前妻生的冒顿，另一个是头曼所宠爱的后妻阏氏生的小儿子。头曼很喜爱后妻和小儿子，便打算立小儿子为太子。后妻也害怕冒顿在头曼死后，会和自己的儿子争夺头领之位，便撺掇头曼派冒顿到月氏王国当了人质。之后，后妻找了个借口，劝说头曼发兵攻打月氏，因为冒顿在那里做人质，如果攻打月氏国，冒顿就可能被杀。冒顿机警地偷到一匹马，在开战之前逃了回来。头曼有些后悔当初不该这么对儿子，便分给他一块地，并给他一万名部众。

　　冒顿在打猎之余，发明了一种发射时能发出声音的响箭——鸣镝。他命令随从说："只要听到鸣镝响了，你们一齐射向鸣镝的方向。"冒顿鸣镝射向鸟兽，随从都一起跟着也射向鸟兽，没射的人立即被处死。冒顿又用箭射自己的战马，有的随从有些迟疑，结果所有迟疑不射的人又全被处死。又一次，冒顿用响箭射他自己的妻子，随从中有人认识冒顿的妻子，就没有跟着射，但这些不射的再次被全部处死。最后，冒顿用鸣镝射向自己的父亲，随从们不敢不射。老单于被乱箭射杀，他的后妻与小儿子更是不能幸免，也被处死。冒顿宣称自己是新一代的首领单于，并建立了匈奴汗国。

　　一项可能改变的行动，在一个懂得策略思维的对手面前根本起不了任何作用。他会认为这只是一种战术诈骗，因为他知道你的言行未必一致，所以不会重视你的行动。要建立威胁和许诺的可信度，就必须让别人相信你确实会实践你的无条件行动，会像冒顿一样实践威胁，信守许诺。但是，人们要进行检验，不会按照表面意思领会一个承诺的内容。所以，你必须采取其他附加行动，使扭转这一行动变得代价高昂才能使一个威胁策略的行动变得可信。当冒顿的鸣镝射向鸟兽时，把没有跟射的随从立即斩首，就是可信度对这个策略行动做出的一个威胁。这是血的威胁：如果下一次行动你们不这么做，你们就会和处死的人一样，下一次也会被处死！

关于威胁的可信性问题，在《经济学透视》杂志上，美国普林斯顿大学的古尔教授曾经发表文章做如下说明：

有两兄弟，一个8岁，一个6岁，哥哥老是抢弟弟的玩具，两个孩子老是为玩具吵架，每天都闹得不可开交。父亲不耐烦了，便对孩子说："你们想怎么玩就怎么玩，但是不要来吵我。如果你们再有谁向我告状，不管谁对谁错，两个一起都关起来，叫你们谁也玩不上。"与没有玩具相比，被关起来的情况更加糟糕。

现在哥哥又把弟弟的玩具抢去了。弟弟无奈之下威胁哥哥："你要是不把玩具还给我，我就到爸爸那里去告状。"哥哥想，如果弟弟真的去告状，自己就要被关起来；不告状的话，只不过是没玩具玩。但是，弟弟如果去告状，一样也要被关起来，而不告状只不过是没有玩具玩而已，因此他不会去告状。所以，哥哥对弟弟的威胁不加理睬。如果弟弟是个理性的人，他是不会选择去告状的，而依然会选择忍气吞声。这是因为他的威胁是不可信的。

承诺与威胁的可信度有多大，策略成功的概率就有多大，因为承诺与威胁都是在博弈者进行策略选择之前做出的。因此，许诺代价越小越好，只要达到必要的最低限度就行了。

博弈的参与者发出威胁的时候，首先可能认为威胁必须足够大，大到足以阻吓或者强迫对方的地步，接下来才考虑可信度。即让对方相信，假如他不按你威胁的这么做，下场就一定是你威胁的结果。假如对方感到害怕，并且知道反抗的下场，他就会顺从。若是在理想状况下，没有别的需要考虑的相关因素。但是，我们为什么还要担心实践这个威胁有可怕的情况发生呢？因为，我们永远不会遇到理想状况。

运用博弈论来分析，对手往往不像他们所发出的威胁那么强硬。这对于被威胁者是一个福音，但是反过来却是威胁者的不幸。好在博弈论提供了很多提高威胁可信度的方法。

活学活用

使用威胁和许诺的策略有时候需要变通，不能生搬硬套，当你真的能够做到活学活用的时候，你会发现再难的事也很容易解决。

清朝雍正、乾隆年间，屡次大兴文字狱，许多著作都被"封杀"，特别是沾到"清""明"等字样的作品。写了这些书的作者会被处死，如果有人"引用"这些书里的文字，同样是犯罪的。不仅如此，就算是看了这些书也会被处罚。

乾隆年间，江西某地有两名生员陈某和江某，两人是同窗。在乡试中，陈某考取了第一名，江某对此颇为嫉妒。江某的学业本也不错，就是比陈某稍微逊色一点。江某便想，要是陈某的成绩"作废"，我不就是第一名了吗？于是，江某对主考官说，陈某的试卷中引用了禁书里的文字。主考官听了以后很是吃惊，便命人传唤陈某。

主考官问："你的考卷中引用了禁书里的文字，你可知罪？"

陈某回道："大人，学生在卷中并未引录禁书文字，还请大人详查。但是，不知大人何以有此判断，难道大人您亲自拿禁书核对过？"

主考官说："本官自然也没有见过禁书，当然也没有核对你的试卷，但你的同窗江某举报，说你的考卷中用了禁书里的文字，职责所在，当然要查问一下。"

陈某回答道："既然如此，我愿意和江某当面对质。"

主考官命人传江某到场。陈某质问江某："你说我试卷中抄录了禁书里的文字，有何凭证？你怎么会知道我引用了禁书里的文字？难道你看过禁书？"

江某被这一连串的反问吓得脸色苍白，不知道如何应对。但他明白，如果想状告陈某成功，自己必须先承认看过禁书，这样的话自己也会被处死。于是，江某只好对主考官说，自己在撒谎。主考官居中调解，江某向陈某道歉认错，事情才算结束。

在受到别人的威胁时，要想保护自己，只能对对手进行反威胁。而把同样的威胁抛还给对手，将对手和自己绑在一起，使他无法从中脱身。这是进行反威胁的一种方法。如果陈某当时急于分辩自己没有引用禁书里的文字，主考官很难相信，而且很难解释得清楚。他只好灵机一动，让诬陷他的人帮自己解释。

有一家大公司日常工作报销的开支费用很高，总经理大伤脑筋。后来，他想了一个主意：聘请一位面孔冷酷、资历很深的会计师做公司会计。然后，他对所有的员工说："他是公司专门请来的，审核所有的报账费用，如果他今后发现有报假账的员工，无论是谁，直接开除。"

公司职员每天早晨都会把一大摞费用账单放在这个会计师的办公桌上。在新的会计师到任的一个月内，公司开支费用降低了20%。总经理满意地笑了——看来这种方法还是很有效果的。

其实，这位被请来的会计师是总经理的一个亲戚。他根本不懂如何做会计，更未曾翻阅过那些账簿，他只是总经理请来的一个"威胁工具"。但是，没有员工知道这一点。在他的威胁下，他们没有讨价还价的余地。

PART
04

杀一儆百策略

李林甫当上宰相之后，立即切断百官和唐玄宗的联系，不准大臣们在玄宗面前提意见。

他希望所有的谏官都害怕他，不敢做出冒犯他权力的举动。为此，他把谏官召集起来训话："当今皇上圣明，我们做臣下的不用议论来议论去的，只要按皇上旨意办事就行了。所以，做好你们的事就行了，不该做的不要去做，不然的话，也许会有麻烦。"为了让谏臣们害怕，李林甫以惩罚来威胁他们。

有一个谏官偏偏不听，第二天，上奏本给唐玄宗提建议。但他没想到，刚下朝就接到降职到外地去做县令的命令。大家知道李林甫降了他的职，便不敢再向玄宗提意见了，不然的话，下一个被贬的就可能是自己。李林甫使用了一个最常用的策略，当众宣布他会惩罚冒犯他的谏臣。如果所有的人都相信他的威胁，他们就不敢冒犯他。如果有人敢不信这个威胁，那就杀一儆百。

李林甫身居相位长达19年，在这么长的时间里，一直把持着朝政。这和他能运用有效的威胁策略——杀一儆百有着很大的关系，这样一来，群臣不敢有丝毫异动。

但是，上述的威胁方法是建立在李林甫有权势的基础上，如果他没有权，他的威胁就不会奏效。

其实，有时候我们做出的威胁策略即使只对一个人，但在效果上却可以威慑到许多人，这一点有时候我们自己都不知道。比如你是一家公司的老板，你雇了10个雇员。如果你的雇员知道自己不会丢掉工作，那他们就不会努力，反而会懈怠，因为努力会让人心力交瘁，工作既然不会丢掉，那么与其努力工作还不如懈怠。而你当然希望所有的雇员都能努力工作，为了让他们努力工作，你会对雇员说，不好好工作你就开除他。在这个博弈中，你的对策是当众宣布你会把懈怠的雇员开除。如果所有的雇员都相信你的威胁，他们就会一起努力工作。但是，事情并不是这么简单，这个博弈还有多种变化。

现在我们来假设这样一种情况：你顶多只能开除一名雇员，开除的人数超过一个，公司就无法运转，而这一点雇员也知道。假如现在你公司的员工出现了懈怠，而且大部分员工都是这样，你当然不可能把他们都开除。如果你的策略是随便选一个比较懈怠的雇员来开除，那就可能出现两种情况：一是有利于你的结果，每个人都会很认真地工作，因为他们怕被你开除。二是不利于你的结果，既然你只能开除一个人，那么他们很可能一起结盟懈怠。在这种情况下，如果所有雇员都偷懒，那么每个人获得正常报酬的概率是90%，而被开除的概率是10%。所以，对雇员来说，偷懒获得正常报酬的概率要远远大于被开除的概率，那么他们还是会偷懒。

有没有一种威胁可以激励所有的员工呢？这就用到了随机分配策略，实际上也是类似杀一儆百的威胁。假设10个员工按顺序以1号、2号、3号……来代替，你告诉1号员工，如果他不努力工作就会被开除。那么在这种威胁下，1号员工一定会努力工作。接下来，再告诉2号员工，1号员工已经努力工作了，如果你懒惰的话就会被开除。2号员工一定会努力工作，因为1号员工已经努力工作，如果不这么做就会被开除。接着，再告诉3号员工，如果1号和2号员工努力工作，而他不努力的话就会被开除。同理，3号员工也一定会努力工作，因为他认为1号和2号员工都在努力，因此自己只要一偷懒便会丢了饭碗……直到所有的员工都愿意好好工作为止。这时候，员工们就无暇串通起来偷懒了。

每个人都宁愿承担被惩罚的风险，选择不工作。这类博弈的要点在于，要让惩罚具有明确的连锁关系，使用这种方法可以使结果更好。只要你的员工是理性的人，就会顺从你的威胁。

这种随机抽查的策略在生活中有着广泛的应用，比如在火车上列车员会查票，但是不可能都查，只能随机地抽查。这是为了防止有人逃票，这个方法虽然不可能全部杜绝逃票的人，但却可以最大限度地威慑其他人不去逃票。

而在某种情况下，杀一儆百的威胁是"罚"的威胁，而许诺就是"赏"。

春秋时期，有一次鲁国国都北边的一片森林起火，那天北风强劲，火势迅速向南蔓延，很快就会烧到鲁国国都。国君鲁哀公坐不住了，亲自去救火。他看到旁边有一些随从不去救火，却去猎杀被火逼出来的野兽。鲁哀公大怒，便让人请孔子过来，问计于孔子。

孔子说："救火的人不仅辛苦还没有奖赏，而那些追赶野兽的人不仅猎到了野兽还不受惩罚，如果是我，我也不会选择救火的，这也是众人不救火的原因。"

鲁哀公说："是这个道理，寡人应该赏罚分明。"

孔子说："话虽如此，如果这么多人都去救火，难道人人都赏吗？那国家的花费就太大了，何况现在正值危急之时，也来不及做这些了。不过，您可以不提'赏'，只用'罚'就能让人来救火。"

鲁哀公听从孔子的话，命人向猎杀野兽的人和不救火的人传令："如果不去救火，以叛逃罪论处。"这道命令颁布后，众人很快聚拢起来，一起扑灭了大火。

从博弈论的角度来看，赏就是承诺，罚就是威胁，二者各有侧重。罚是纠正，赏是激励。用赏可以引导别人自觉发挥价值，为事业努力奋斗；但在资源有限而且存在利益冲突的博弈中，用赏的方法效果是有限的。在这种情况下，用可信的威胁，使可能犯规的人害怕受到直接或间接的惩罚而采取合作态度。对每一个犯规者进行惩罚，并由此杀鸡儆猴，这是最为原始和基本的威胁。相对来说，罚对人的威慑力比赏的作用强。但是，必须考察实施惩罚的方式，才能用一种惩罚的威胁来制服多人。

有这样一个实验就说明了赏和罚的区别。有一个博士找来了100位吸烟者，并将他们分成3组："奖赏组""惩罚组"以及"观察组"，要求他们在3个月内戒掉烟瘾。

　　研究人员对"奖赏组"的人员实施的戒烟方法是一种直接奖励法，戒烟者只要坚持每天不抽烟，就可以得到一定数额的奖金。而对"惩罚组"的人员采用的是一种保证金法，戒烟者每天交给指定人员100元，如果月底不能达到预定的戒烟目标，就收不回这些钱；如果达到目标，不仅可以拿回自己的钱，还可以另外得到奖金。而对"观察组"的戒烟者，他们则不给任何奖励，也没有任何惩罚。

　　3个月以后，"奖赏组"有20％的人成功戒烟，"惩罚组"有25％的人戒了烟，而"观察组"只有10％戒了烟。

　　由此可见，"罚"的作用最大。要实行有效的措施使对方屈服，就要用罚而不要用赏。古人常说：要立威，赏不如罚。也就是这个道理，而杀一儆百是一种常用的方式。

概率不等于成功率

清官难做